一体化课程教学改革教材

电 工 基 础

（含学生工作页）

王威力　主　编

李小艳　副主编

科学出版社

北　京

内 容 简 介

本书为一体化课程教学改革教材，由《电工基础》及与之配套的《电工基础学生工作页》组成。本书内容包括学习电学基本知识、探究电路基本元件、探究直流电路、探究磁场及其相关知识、分析单相交流电路和运用三相交流电 6 个项目，30 个教学任务，涵盖了《电工基础》新课标要求的知识和技能。

为了便于学生明确目标、学习知识、记录数据及结论、完成练习和评价，每个教学任务配有学生工作页，与教材完全同步配套，能有效导学、助学、促学，并能及时反馈教学成果。

本书配有富媒体电子教材和网络学习平台，包括微课、视频、动画、仿真、课件等丰富的信息化教学资源，便于学生学习和教师组织教学。

本书可供中等职业院校或技工院校电气技术、电工电子、机电类专业教学使用，还可供相关专业工程技术人员学习使用。

图书在版编目（CIP）数据

电工基础：含学生工作页/王威力主编. —北京：科学出版社，2017
（一体化课程教学改革教材）
ISBN 978-7-03-054618-0

Ⅰ. ①电… Ⅱ. ①王… Ⅲ. ①电工学－教材 Ⅳ. ①TM1

中国版本图书馆 CIP 数据核字（2017）第 235869 号

责任编辑：张云鹏 / 责任校对：刘玉靖
责任印制：吕春珉 / 封面设计：东方人华平面设计部

科 学 出 版 社 出版
北京东黄城根北街 16 号
邮政编码：100717
http://www.sciencep.com
新科印刷有限公司 印刷
科学出版社发行 各地新华书店经销
*
2017 年 11 月第 一 版 开本：787×1092 1/16
2017 年 11 月第一次印刷 印张：21
字数：500 000
定价：53.00 元（共两册）
（如有印装质量问题，我社负责调换〈新科〉）
销售部电话 010-62136230 编辑部电话 010-62135120-2005（ST17）

前　言

本书根据《电工基础》新课标编写，适应中等职业学校及技工院校机电类专业教学改革的需要，力图体现"做中教，做中学"的职业教育理念，力求使理论基础与生产实际相结合，切实提高学生的综合实践能力。每个教学任务配有工作页，工作页是我院电气技术应用专业国家中等职业教育改革发展示范校建设、精品校建设成果。

本书分 6 个项目、30 个教学任务，涵盖了《电工基础》新课标要求的知识和技能，具体内容见下表：

项目名称	教学任务	参考学时	教学模式
学习电学基本知识	认识电路	2	理实
	学习电路的基本物理量	4	理实
	探究欧姆定律	4	理论
	学习电功、电功率、焦耳热	4	理实
探究电路基本元件	探究电阻	4	理实
	探究电容	2	理实
	探究电感	2	理实
探究直流电路	探究串联电路	2	理实
	探究并联电路	2	理实
	探究混联电路	2	理论
	学习其他元件的连接方式	2	理论
	验证基尔霍夫定律	4	理实
	学习电源等效变换	2	理论
	验证叠加原理	2	理实
	验证戴维南定理	4	理论
探究磁场及其相关知识	探究电流周围产生的磁场	2	理实
	探究磁场中的主要物理量	2	理论
	探究磁场对电流的作用力	2	理实
	探究电磁感应原理	4	理实
	探究自感与互感现象	2	理实
	认识磁路	2	理论
分析单相交流电路	认识交流电	4	理论
	探究纯电阻电路	2	理实
	探究纯电感电路	2	理实
	探究纯电容电路	2	理实
	绘制相量图	2	理论
	求解单相交流电路	4	理论

续表

项目名称	教学任务	参考学时	教学模式
运用三相交流电	探究家用照明电路原理图的设计	2	理实
	探究三相异步电动机绕组的连接方式	4	理实
	探究提高功率因数的方法	2	理论
复习与机动	项目三、四、五	8	理论

本书具有以下特色：

1）内容与形式上的创新：取消了传统教材的章节结构，以典型工作任务为载体，教学内容的选择以"能用、够用、适用"为原则，并配有学生工作页。学生可通过任务实施和案例实验验证来巩固知识，习得技能。本书整体编排落实基础知识，突出技能训练，注重方法指导，使理论与实验有机结合。在编写本书的过程中，编者有意识地联系当前的社会实际与专业知识，及时吸收新理论、新知识、新技术、新工艺。

2）富媒体特色鲜明：本书配有富媒体电子教材和学习平台，涵盖精美图片、画廊、动画、视频。为方便教学，还配有课件和电子题库。

3）与专业课、实践课的衔接紧密：摒弃传统教材中大量复杂的例题、习题，增设大量与电子技术、安全用电、电工仪表、电机变压器、电力拖动等专业知识相关的例题、习题，实现专业基础课为专业课、实践课服务。

4）评价方式改革：实现多元过程评价（自评、互评、师评），每个工作页都设有过程评价标准和量化表格。学生可通过总结评价进一步学习知识、掌握技能、提升职业能力，真正实现以评促学。

本书由王威力担任主编，李小艳担任副主编。具体编写分工如下：项目一任务一、项目三、项目四由王威力编写，项目一任务二～任务四、项目五由李小艳编写，项目二由王雪艳编写，项目六由谢孔霞编写。全书由王威力统稿。

由于编者水平和时间有限，书中不妥之处在所难免，恳请广大读者批评指正！

编 者

目　　录

项目一
学习电学基本知识

学习目标

1. 认识电路，掌握电路的组成及各部分的作用，理解电路的功能，熟记基本的电气元件符号，遵守实验室操作规程，掌握安全用电常识。

2. 掌握电流、电压、电位、电动势、电功、电功率等基本物理量的定义、符号、单位、物理意义及计算公式；能够利用电表测试电路中的基本物理量。

3. 能够利用实验验证欧姆定律，能够运用欧姆定律分析简单的实际问题。

项目概述

项目一重点介绍电压、电流、电功、电功率、欧姆定律等电学基础知识，是学习本门课程的基础；还将介绍电工实验室、虚拟仿真实验室、简单仪表的使用和测量电路参数的方法，是学习电类课程的关键。

任务一　认 识 电 路

任务描述

认识电路，掌握电路的组成及各部分的作用，理解电路的功能，熟记基本的电气元件符号，能够识读和绘制简单的电路图，学习电工实验室操作规程和安全用电常识。

📚 **相关知识**

一、电路的定义及组成

电路是由各种元器件（或电工设备）按一定方式连接起来的总体，为电流的流通提供了路径。电路是由电源、负载、开关和导线四部分组成的。手电筒实物电路图如图 1-1 所示。

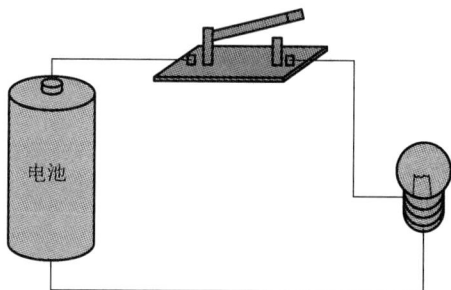

图 1-1 手电筒实物电路图

二、电路各组成部分的作用

1. 电源

电源是提供电能的装置，它的作用是将其他形式的能转化为电能。例如，干电池电源是将化学能转化为电能的装置，太阳能电源是将太阳能转化为电能的装置，火力发电电源是将内能转化为电能的装置，核能发电电源是将核能等转化为电能的装置。

2. 负载

负载是消耗电能的装置，它的作用是将电能转化为其他形式的能。电路通过负载，将电源的电能转化为其他形式的能。电动机驱动各种机械是将电能转化为机械能；电炉、电热器和电烙铁是将电能转化为热能；电灯是将电能转化为光能和热能。这些都是常见的负载。

3. 开关

开关是控制电路通、断的装置，起控制作用。

4. 导线

导线连接电源、负载与开关，起连接作用。

三、电路的功能

电路既能实现能量的转换和传输（强电），又能进行信号的处理和传递或信息的存储（弱电）。

四、电气元件符号

常见电气元件及符号如表 1-1 所示。

表 1-1　常见电气元件及符号

名称	元件	图形符号	文字符号
灯泡		⊗	EL
开关			S
电阻			R
电感器			L
熔断器			FU
三相异步电动机		M 3~	M
电压表		V	V
干电池			GB
二极管			D
电流表		A	A
电容器			C
滑动变阻器			RP

任务实施

一、绘制电路图

1）观察图 1-2 所示电路中有哪些元件，并在图框中绘制出电路图。

2）观察图1-3所示电路中有哪些元件，并在图框中绘制出电路图。

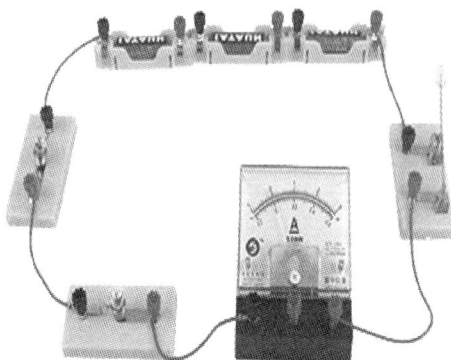

图1-2　任务实施用图1

图1-3　任务实施用图2

二、参观实验室

扫描二维码参观实验室：

1）参观电工实验室。

2）参观电工虚拟仿真实验室。

参观实验室

========== 强 化 拓 展 ==========

专业拓展

安全用电常识

防止触电的基本原则：不接触低压带电体，不靠近高压带电体，电工操作时注意绝缘，并尽可能单手操作。

发现有人触电一定要先切断电源，切断电源的方法有以下几种：

1）拔：拔掉电气设备电源。

2）拉：拉下触电者附近的电源开关。

3）切：一时找不到电源，用绝缘工具切断导线。

4）挑：用干燥木棒等绝缘物品将破损的导线挑开。

5）拽：站在绝缘木材上，用单手拖拽触电者，使其与带电体分离。

6）垫：利用绝缘木板直接垫在触电者身下，使其与大地隔离。

当触电者脱离电源以后，可根据触电者的不同情况采取抢救措施：

1）如果触电者清醒但有乏力、心慌、头昏等症状，应使其休息并送医院治疗。

2）如果触电者意识不清、无知觉，但还有呼吸、心跳等生命体征，应解开其上衣，疏散人群，以利于其呼吸，等待医护人员到来抢救。

3）如果触电者无意识、无呼吸但有心跳，应采用人工呼吸法进行紧急抢救，同时向医院或急救中心求救。扫描二维码观看人工呼吸急救法视频。

人工呼吸急救法

4）如果触电者无意识、无心跳但有呼吸，应采用胸外心脏按压法进行紧急抢救，同时向医院或急救中心求救。

5）如果触电者无意识、无呼吸、无心跳，应采用人工呼吸法与胸外心脏按压法交替进行紧急抢救，同时向医院或急救中心求救。

发生电气火灾时应先迅速切断电源，再进行救火。当必须带电灭火时，禁止使用水、泡沫灭火器灭火，应使用不导电的干粉灭火器或四氯化碳灭火器灭火，与此同时要拨打"119"报警。若用不绝缘的灭火器灭火，既有触电危险，又会损坏电气设备，甚至出现人员伤亡。

任务评价

多元过程评价表

项目		评价内容	评价分值	评价方式	量化得分
学习过程	任务描述	学习目标是否明确	5分	自评	
	相关知识	电路的定义及组成	5分	自评	
		电路各组成部分的作用	5分	互评	
		电路的功能	5分	互评	
		电气元件符号	10分	互评	
	任务实施	绘制电路图	5分	互评	
		参观电工实验室	5分	互评	
		参观电工虚拟仿真实验室	5分	互评	

续表

项目		评价内容	评价分值	评价方式	量化得分
学习过程	强化拓展	学习安全用电常识	10 分	互评	
	职业素养	积极答问	3 分	师评	
		自主探究	5 分	互评	
		细致认真	2 分	自评	
	6S 管理	学习状态、教材、用具	5 分	互评	
	课堂纪律	遵守纪律情况	10 分	师评	
	课后作业	完成作业	20 分	师评	
	出勤记录			总分	

任务二　学习电路的基本物理量

任务描述

本任务是学习电路中的基本物理量，掌握电流、电压、电位和电动势的符号、单位及在电路中的测量方法，理解电位的概念，掌握电压和电位的关系。

相关知识

一、电流

1. 电流的形成

电路中电荷的定向运动形成电流，如图 1-4 所示。电路中形成电流需要两个条件：一是有电源，二是电路闭合。

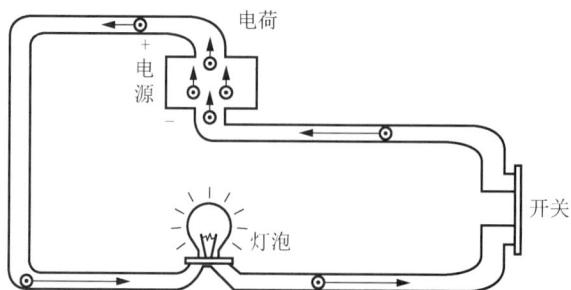

图 1-4　电流的形成

2. 电流的大小

在单位时间内通过导体横截面的电量称为电流，用 I 表示，公式为

$$I = \frac{Q}{t} \tag{1-1}$$

式中，Q——电量，单位为库仑（C）；

　　　t——时间，单位为秒（s）；

　　　I——电流，单位为安培（A）。

在实际应用中，电流的常用单位还有千安（kA）、毫安（mA）、微安（μA），它们之间的换算关系为 $1\text{kA} = 10^3\text{A}$，$1\text{mA} = 10^{-3}\text{A}$，$1\mu\text{A} = 10^{-6}\text{A}$。

3. 电流的方向

通常规定正电荷流动的方向为电流的正方向。在金属导体中，能定向移动的电荷是带负电的自由电子，与电流方向相反。在简单直流电路中，可以根据电源的极性判断出电流的方向，但在分析和计算复杂的直流电路时，有些电流的实际方向难以确定，这时可以先任意假定一个电流的正方向（用带箭头的线段表示）如图1-5所示，这一任意假定的电流方向称为电流的参考方向。根据电流的参考方向列方程求解。

图1-5　假定电流方向

如果计算结果 $I>0$，说明电流的实际方向与参考方向相同；如果计算结果 $I<0$，说明电流的实际方向与参考方向相反。

4. 电流的分类

电流的分类如下：

电流
- 直流（DC）
  - 稳恒直流：大小和方向都不随时间变化的电流[图1-6（a）]。
  - 脉动直流：大小随时间变化，但方向不随时间变化的电流[图1-6（b）]。
- 交流（AC）：电流的大小和方向都随时间变化的电流[图1-6（c）]。

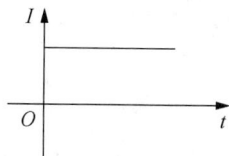
（a）稳恒直流

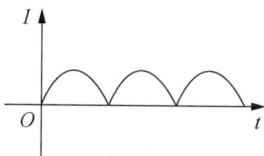
（b）脉动直流

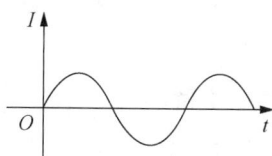
（c）交流

图1-6　电流的分类及其波形

我们通常所说的直流是大小和方向都不随时间变化的稳恒直流电。

5. 电流的测量

电路中的电流大小可用电流表（安培表）进行测量。图 1-7 所示为几种常用的电流表。扫描二维码观看测量电流视频。

测量电流

图 1-7　几种常用的电流表

测量电流的步骤及注意事项：

1）判断电流类型，选择正确的电流表。直流电使用直流电流表测量，交流电使用交流电流表测量。

2）判断电流的大小，选择合适的量程。若用小量程去测量大电流，则会烧坏电流表；若用大量程去测量小电流，则会影响测量的准确度。尽量使指针指在电流表的中间部分。在无法估计电流的大小时，先选用较大的量程进行测量。

3）串联电流表。电流表必须串联到被测电路中。直流电流表连接时要注意极性，电流从"＋"接线柱流入，从"－"接线柱流出。

注意：不能把电流表直接短接到电源两端，否则电流表会因短路而烧坏。

二、电压与电位

1. 电压的定义

电场力将单位正电荷从 a 点移到 b 点所做的功，称为 a、b 两点间的电压，用 U_{ab} 表示，也可以直接用 U 表示。从定义中可以看出电压是衡量电场力做功本领的物理量。

电压的单位为伏特，简称伏，用 V 表示。实际中，电压的常用单位还有千伏（kV）、毫伏（mV）、微伏（μV），它们之间的换算关系为 $1kV=10^3V, 1mV=10^{-3}V, 1\mu V=10^{-6}V$。

2. 电位的定义

电位本质上是电压，人们为了维修和分析电路方便，通常指定电路中一点为参考点，电路中某点与参考点之间的电压即为该点的电位。电路中 a 点的电位就用 U_a 表示。电位的单位和电压一样，也是伏特（V）。理论上，参考点是可以随意假定的，在电路中用符号"⊥"标出。在实际中，人们经常把大地作为参考点，电子线路中，常选一条特定的公共线或机壳作为电位参考点。参考点的电位为 0，高于参考点的电位为正，低于参考点的电位为负。

3. 电压与电位的关系

电路中任意两点之间的电位差就等于这两点之间的电压，即

$$U_{ab}=U_a-U_b$$

所以电压又称电位差或电压降。

注意： 电路中某点的电位与参考点的选择有关，但两点间的电位差与参考点的选择无关。

4. 电压的方向

通常我们规定电压的正方向是由高电位指向低电位。电压的方向可以用如下三种方法表示：

双下标：U_{ab}，表示电压方向由第一个下标指向第二个下标。

箭头：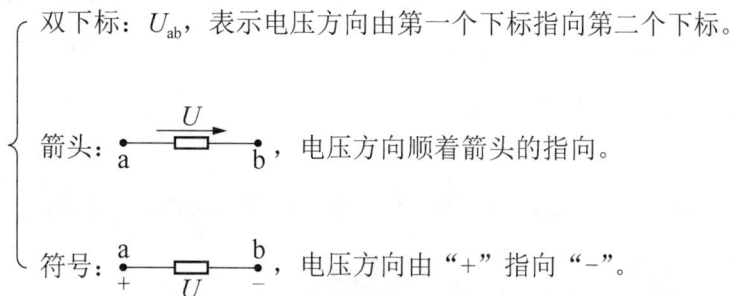，电压方向顺着箭头的指向。

符号：，电压方向由"+"指向"−"。

对于电源来说，正极的电位高于负极；在电源内部，电压方向由负极指向正极。对于负载来说，电流由高电位流向低电位，所以负载上的电压和电流的方向是一致的。在复杂电路中无法判断电压、电流的方向时，如果假定了电流的参考方向，那么通常使电压的参考方向和电流一致（即采用相关联参考方向）。

5. 电压的测量

电压的大小可用电压表（伏特表）进行测量。图 1-8 所示为几种常用的电压表。扫描二维码观看测量电压视频。

测量电压

图 1-8　几种常用的电压表

测量电压的步骤及注意事项：

1）判断电压类型，选择正确的电压表。对交、直流电压应分别采用交流电压表和直流电压表。

2）判断电压的大小，选择合适的量程。和电流表使用方法相同。

3）将电压表并联在被测电路的两端。电压表必须并联在被测电路的两端，直流电压表接入时要注意极性，即"+"端接高电位，"-"端接低电位，不能接错，否则指针反转会损坏电压表。

三、电动势

电动势是电源的一个重要参数。图 1-9 所示为几种常用的直流电源。

（a）干电池　　　　　　　　（b）锂电池　　　　　　　　（c）蓄电池

图 1-9　几种常用的直流电源

1. 电动势的定义

在电源内部，非电场力（外力）将单位正电荷从电源的负极移到电源正极所做的功就是电源的电动势，用符号 E 表示。如图 1-10 所示，非电场力把正电荷从电源的负极拉到了电源的正极。干电池中的非电场力是由化学作用产生的。电动势是衡量非电场力做功本领大小的物理量。电动势的单位和电压一样，也是伏特（V）。

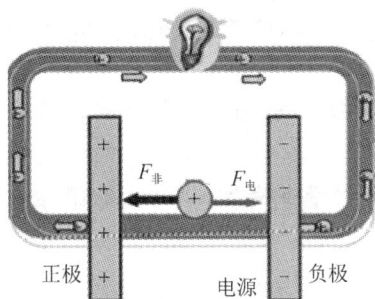

图 1-10　电动势的产生

2. 电动势的方向

电动势的方向规定为由电源的负极指向正极，如图 1-11 所示。

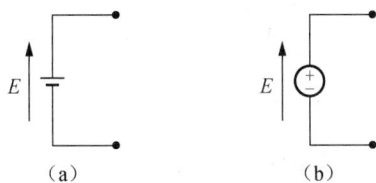

图 1-11　电动势的方向

3. 电动势与电压的关系

电动势是描述电源的物理量，只取决于电源本身，与外电路无关。在不接任何负载时，电源两端的电压在数值上和电源的电动势相等。我们经常用这种方法测量电源的电动势。

任务实施

一、判断分析

电流的参考方向如图 1-12 所示，经计算 $I_1 = -2A$，$I_2 = 1A$。

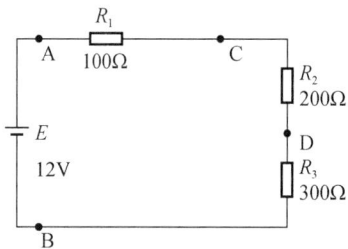

图 1-12　电流的参考方向

1）指出两个电阻上电流的实际方向。

分析：电流为负时，实际方向和参考方向相反；电流为正时，实际方向和参考方向相同。

结论：I_1 的方向由 b 指向 a，I_2 的方向由 d 指向 c。

2）比较两个电流的大小。

分析：电流的大小与正负号没有关系，正负号仅表示电流的方向。

结论：$I_1 > I_2$。

二、实验验证

验证电压和电位的关系用图如图 1-13 所示。扫描二维码观看仿真录屏，填写实验数据。

1）以 B 点为参考点，分别测量 A、B、C、D 各点电位值及电压值 U_{AB}、U_{AC}、U_{CD}、U_{DB}，将测量数据记入表 1-2 中。

2）以 A 点为参考点，重复步骤 1）。

图 1-13　验证电压与电位的关系用图

验证电压和电位的关系

表 1-2　各点电位值和电压值

测量值 参考点	U_A	U_B	U_C	U_D	U_{AB}	U_{AC}	U_{CD}	U_{DB}
B								
A								

强 化 拓 展

强化练习

已知 $U_A=10V$，$U_B=-5V$，$U_C=5V$，求 U_{AB} 和 U_{BC} 各是多少？

专业拓展

电位在电子技术中的应用

1. 简化电路

在电子电路中，为了简化电路，通常不画出电源，只标出电源端子的极性和对参考点的电位，如图 1-14 所示。

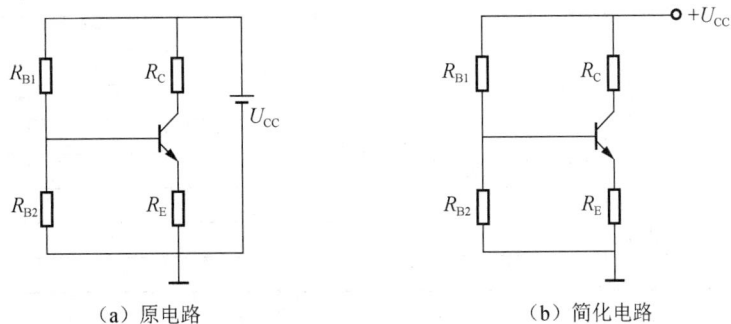

（a）原电路　　　　　　　　　　　（b）简化电路

图 1-14　电子电路

2. 晶体管的导通条件

NPN 型晶体管和 PNP 型晶体管的图形符号如图 1-15 所示。要使晶体管处于导通状态，C、B、E 三个极的电位必须符合一定的条件：

1）NPN 型晶体管：$U_C > U_B > U_E$。

2）PNP 型晶体管：$U_C < U_B < U_E$。

（a）NPN型晶体管　　　　　（b）PNP型晶体管

图 1-15　NPN 型晶体管和 PNP 型晶体管的图形符号

任务评价

多元过程评价表

项目		评价内容	评价分值	评价方式	量化得分
学习过程	任务描述	学习目标是否明确	5分	自评	
	相关知识	电流的符号、单位	5分	互评	
		电压的符号、单位	5分	互评	
		电压与电位的关系	5分	互评	
		电动势的符号、方向	5分	互评	
	任务实施	判断分析	5分	互评	
		实验验证	5分	互评	
	强化拓展	强化练习	10分	互评	
		专业拓展	10分	自评	
职业素养		积极答问	3分	师评	
		自主探究	5分	互评	
		细致认真	2分	自评	
6S管理		学习状态、教材、用具	5分	互评	
课堂纪律		遵守纪律情况	10分	师评	
课后作业		完成作业	20分	师评	
出勤记录				总分	

任务三　探究欧姆定律

任务描述

欧姆定律是电工最基本的定律，反映了电压、电流和电阻之间的关系，欧姆定律不仅在直流电路中适用，在以后的交流电路中也会应用到。本节的任务是掌握部分电路和全电路欧姆定律，掌握电路的三种状态，利用欧姆定律解决实际问题。

相关知识

一、部分电路欧姆定律

不含电源的非闭合电路称为部分电路。如图 1-16 所示，这段电路的总电阻为 R，整个电路的电流为 I，电路两端的电压为 U。

由图 1-17 所示的仿真实验证明：在这一电路中，电流与电压成正比，与整个电路的电阻成反比。这一结论称为部分电路欧姆定律，用公式表示为

$$I = \frac{U}{R} \tag{1-2}$$

式中，I——电流，单位为安培（A）；

　　　U——电压，单位为伏特（V）；

　　　R——电阻，单位为欧姆（Ω）。

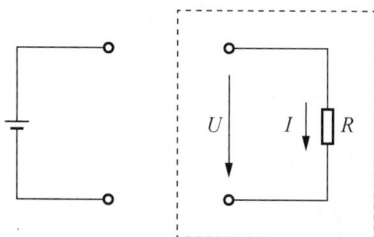

图 1-16　部分电路

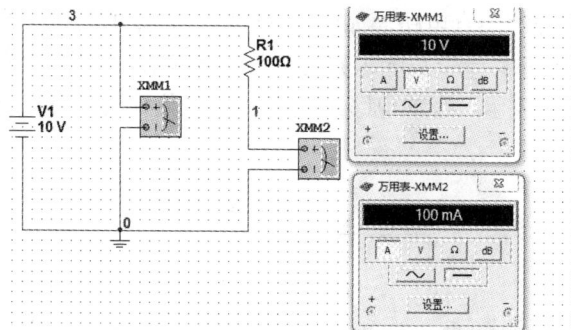

（a）

（b）

图 1-17　部分电路欧姆定律仿真实验

部分电路欧姆定律还可以变形为

$$U = IR$$

或

$$R = \frac{U}{I}$$

部分电路欧姆定律反映了在电路中三个物理量 U、I、R 之间的关系。在使用时应注意以下几点：

1）R、U、I 必须属于同一段电路。

2）虽然 $R = \dfrac{U}{I}$，但 R 不是由 U、I 决定的。

3）部分电路欧姆定律仅适用于金属导体或电解液。

二、全电路欧姆定律

全电路指含有电源的闭合电路，如图 1-18 所示。图中的点画线框内为一个实际的电源。电源有两个物理量：一个是电源的电动势，用 E 表示；另一个是电源本身的电阻，称为电源的内阻，用 r 表示。有的电路中，内阻不单独画出，而在电源符号的旁边注明内阻的数值。

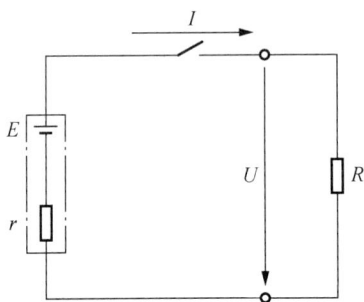

图 1-18　闭合电路

全电路欧姆定律：在全电路中，电流与电源的电动势成正比，与整个电路的内、外电阻之和成反比。其数学表达式为

$$I = \frac{E}{R+r} \tag{1-3}$$

式中，E——电源的电动势，单位为伏特（V）；

R——外电路（负载）电阻，单位为欧姆（Ω）；

r——内电路电阻，单位为欧姆（Ω）；

I——电路中的电流，单位为安培（A）。

由式（1-3）可得

$$E = IR + Ir = U_{外} + U_{内} \tag{1-4}$$

式中，$U_外$——外压降（电源向外电路输出的电压，也称电源的端电压）；

$U_内$——内压降（电源内阻上的电压）。

全电路欧姆定律又可表述为：电源电动势等于 $U_外$ 与 $U_内$ 之和。

任务实施

应用欧姆定律可以解决很多实际生活中的问题。由于测量电流时需要把电流表串联到电路中，操作起来不方便，因此可以通过测量电压值来间接得到电流值，如图 1-19 所示。

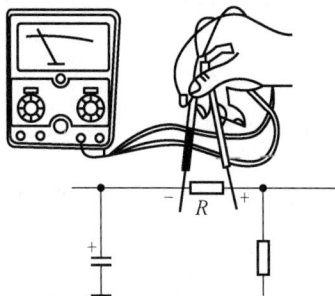

图 1-19　测量电压

案例一：应用欧姆定律判断电路能否正常工作。

某电阻 R 的工作电流为 0.5～0.6mA 时，电路才能正常工作，已知 R 为 100Ω，如何根据电压判断电路能否正常工作？

分析：根据欧姆定律，对于同一电阻，其电压和电流成正比。电流有工作范围，电压随电流的变化也有工作范围。

电压的最小值为

$$U = IR = 0.5 \times 10^{-3} \times 100 = 50 (\text{mV})$$

电压的最大值为

$$U = IR = 0.6 \times 10^{-3} \times 100 = 60 (\text{mV})$$

结论：当电压值为 50～60mV 时，电路能正常工作。否则，电路不能正常工作。

案例二：探究电烙铁发热量不足的原因。

有一电器维修人员，发现自己经常使用的一把电烙铁发热量不足，不知是什么原因。电烙铁的正常工作参数：电压 220V，电流 273mA。

分析：电烙铁的发热体就是一个电阻。发热量不足可能有两种原因，一是电压低于 220V，二是电烙铁的工作电流小于正常值。

用电压表测量电源电压，为正常值；用万用表的欧姆挡测量电烙铁的电阻（图 1-20），阻值为 1.1kΩ。

根据欧姆定律计算电烙铁的实际电流为

图 1-20　用万用表
测电烙铁电阻

$$I = \frac{U}{R} = \frac{220}{1100} = 0.2(\text{A}) = 200(\text{mA})$$

结论：$200\text{mA} < 273\ \text{mA}$，因此电烙铁发热量不足的原因是发热体老化，阻值变大，使得电流减小。

案例三：全电路欧姆定律分析计算。

有一电池，测得开路电压 $U_{\text{K}} = 3\text{V}$，接上 9Ω 的负载电阻时，测得其端电压为 2.7V，问电源的电动势和内阻分别是多少？

分析：电源开路时的电压在数值上等于电源的电动势。接上负载后，电源的端电压减小，是因为内阻上产生了内压降，再根据欧姆定律可得出内阻的大小。

计算：

电动势

$$E = U_{\text{K}} = 3\text{V}$$

内压降

$$U_{\text{内}} = E - U_{\text{外}} = 3 - 2.7 = 0.3(\text{V})$$

电路中的电流

$$I = \frac{U_{\text{外}}}{R} = \frac{2.7}{9} = 0.3(\text{A})$$

内阻

$$r = \frac{U_{\text{内}}}{I} = \frac{0.3}{0.3} = 1(\Omega)$$

结论：电源的电动势 $E=3\text{V}$，内阻 $r=1\Omega$。

━━━━━━━━━━ **强 化 拓 展** ━━━━━━━━━━

强化练习

有一电源电动势 $E=9\text{V}$，$r=0.4\ \Omega$，$R=9.6\Omega$，求电路中的电流、电源端电压和内压降。

专业拓展

电路的三种工作状态

电路有三种工作状态：开路、通路和短路，其中最危险的是短路。

如图 1-21 所示，开关打到 1，电路是断开的，不能形成闭合回路，就是开路。开路时电源的端电压等于电源的电动势，电路电流为 0。

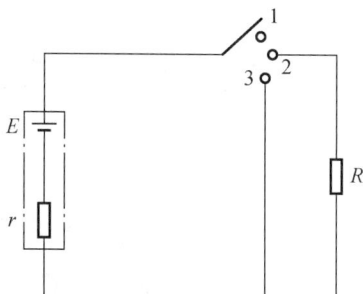

图 1-21　电路的工作状态

　　开关打到 2，电路是正常的通路状态。电路中的电流可根据全电路欧姆定律算出，即 $I = \dfrac{E}{R+r}$，电源的端电压 $U = E - Ir$。

　　开关打到 3，电源不接任何负载，直接正负极相连，称为短路。短路时 $I_D = \dfrac{E}{r}$，由于电源的内阻一般很小，因此短路电流很大，会导致电源和导线烧损。电源的端电压为 0。

任务评价

多元过程评价表

项目		评价内容	评价分值	评价方式	量化得分
学习过程	任务描述	学习目标是否明确	5 分	自评	
	相关知识	部分电路欧姆定律	5 分	互评	
		全电路欧姆定律	5 分	互评	
	任务实施	部分电路欧姆定律应用	5 分	互评	
		探究电烙铁发热量不足原因	5 分	互评	
		全电路欧姆定律分析计算	10 分	互评	
	强化拓展	强化练习	15 分	互评	
		专业拓展	5 分	自评	
职业素养		积极答问	3 分	师评	
		自主探究	5 分	自评	
		细致认真	2 分	自评	
6S 管理		学习状态、教材、用具	5 分	互评	
课堂纪律		遵守纪律情况	10 分	师评	
课后作业		完成作业	20 分	师评	
出勤记录				总分	

任务四　学习电功、电功率、焦耳热

任务描述

电功与电功率是人们生活中经常看到和用到的物理量，通过本任务的学习，同学们应熟练掌握功率的计算公式，能应用公式分析计算家庭用电情况，了解电流的热效应及焦耳定律。

相关知识

一、电功（电能）

电灯发光、电扇转动，说明电能通过负载时转化为了其他形式的能。电能转换的过程就是电流做功的过程。电流所做的功称为电功，用字母 W 表示，单位为焦耳，简称焦，符号为 J。电功的大小 W 与流过负载的电流 I、负载两端的电压 U 及通电时间 t 成正比，公式为

$$W = UIt \tag{1-5}$$

式中，W 的单位为 J；U 的单位为 V；I 的单位为 A；t 的单位为 s。

在实际生活和工程上，电功又称电能，电能的多少用电能表（图 1-22 所示为两种常见的电能表）测量，所以电功的实用单位为 kW·h（千瓦时），1kW·h 就是人们常说的 1 度电。1 度电就是功率为 1kW 的用电器在 1h 内所消耗的电能。它们之间的换算关系为

$$1 \text{ 度电} = 1\text{kW·h} = 3.6 \times 10^6 \text{J}$$

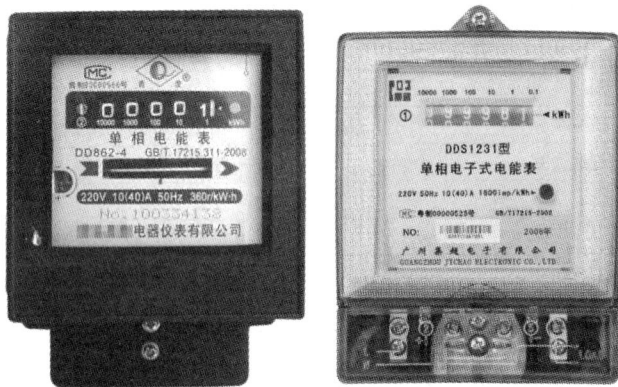

图 1-22　两种常见的电能表

对于纯电阻负载，根据欧姆定律可得

$$W = UIt = \frac{U^2}{R}t = I^2Rt$$

二、电功率

在日常生活中，有的用电器比较费电，也就是单位时间内电流做功比较快，在物理学中，电流做功的快慢用电功率来表示。

电流在单位时间内所做的功称为电功率，简称功率，用字母 P 表示。定义式为

$$P = \frac{W}{t} \tag{1-6}$$

功率的单位为瓦（W），常用的单位还有千瓦（kW）和毫瓦（mW）。公式还可以变形为

$$W = Pt \tag{1-7}$$

把式（1-5）带入式（1-7）中，得到功率的常用公式：

$$P = UI$$

对于纯电阻负载，功率的计算公式还有

$$P = \frac{U^2}{R} = I^2R$$

电气设备一般会在铭牌上标出额定功率，即在额定电压下用电器消耗的功率。

三、焦耳热

电流在通过导体时，导体消耗电能而发热的现象称为电流的热效应。电烙铁、电暖气、电烤箱都是利用电流的热效应工作的。英国物理学家焦耳通过实验证明：电流通过导体产生的热量，与电流的平方、导体的电阻和通电时间成正比。这就是焦耳定律。用公式表示为

$$Q = I^2Rt$$

式中，Q 的单位为焦耳（J）；I 的单位为安培（A）；R 的单位为欧姆（Ω）；t 的单位为秒（s）。

电流的热效应也有其不利的一面，它使工作中的电气设备发热，从而造成电气设备过早老化或烧坏，因此，许多电气设备加装散热装备来减少电流的热效应造成的危害。

任务实施

案例一： 教室用电分析。

教室里有 40W 的灯 20 盏，从早 7 点开始使用，一直到晚 9 点，每天使用 14h。计算这样一间教室这些灯每天使用多少度电？

分析：用电量的多少用电功 W 表示，根据 $P = \frac{W}{t}$，得出 $W = Pt$，所以 20 盏 40W 的

灯的功率 $P = 40 \times 20 = 800(\text{W}) = 0.8(\text{kW})$，使用 14h 消耗的电能 $W = Pt = 0.8 \times 14 = 11.2$ $(\text{kW} \cdot \text{h}) = 11.2$ 度。

结论：这样一间教室这些灯每天使用 11.2 度电。

案例二：家庭电热水器电线容量计算。

有一家庭需安装一台额定电压为 220V，额定功率为 2200W 的电热水器，请核算墙体内的电源线容量是否能满足需要。已知墙体电线为 2.5mm² 铜导线，安全载流量为 6A/mm²。

分析：电热水器正常工作时的电流

$$I = \frac{P}{U} = \frac{2200}{220} = 10(\text{A})$$

电源线容量为

$$2.5 \times 6 = 15(\text{A})$$

结论：因为 $10\text{A} < 15\text{A}$，所以电源线能满足电热水器安全工作的需要。

强化拓展

强化练习

阻值为 100Ω，额定功率为 $\frac{1}{4}$W 的电阻两端所允许加的最大电压为多少？允许流过的电流又是多少？

此题附答案：

由 $P = \frac{U^2}{R}$ 得

$$U = \sqrt{PR} = \sqrt{\frac{1}{4} \times 100} = 5(\text{V})$$

又由 $P = I^2 R$ 得

$$I = \sqrt{\frac{P}{R}} = \sqrt{\frac{\frac{1}{4}}{100}} = 0.05(\text{A})$$

专业拓展

1. 负载的工作状态

负载的工作状态分为满载、轻载和过载（超载）三种情况。

电气设备在额定功率下工作时，称为满载；低于额定功率的工作状态称为轻载，轻载时电气设备不能得到充分利用或根本无法正常工作；高于额定功率的工作状态称为过载，也称超载，过载时电气设备容易被烧坏或造成严重事故。

2. 电阻器体积与耗散功率

以满足电路功能需要为目的的电阻器已经标准化、系列化。电阻器除了标明其阻值之外，还要标明电阻器的耗散功率。电阻器的体积和阻值没有关系，因用途不同，消耗的功率不同，同一阻值的电阻器因其耗散功率不同，体积也不同。图 1-23（a）所示为电力电阻，耗散功率大，体积也很大；图 1-23（b）所示为 1/8W 碳膜电阻，功率很小，体积也很小；图 1-23（c）所示为安装在电子电路板中的贴片电阻，因流过的电流很小（功率很小），所以体积更小。

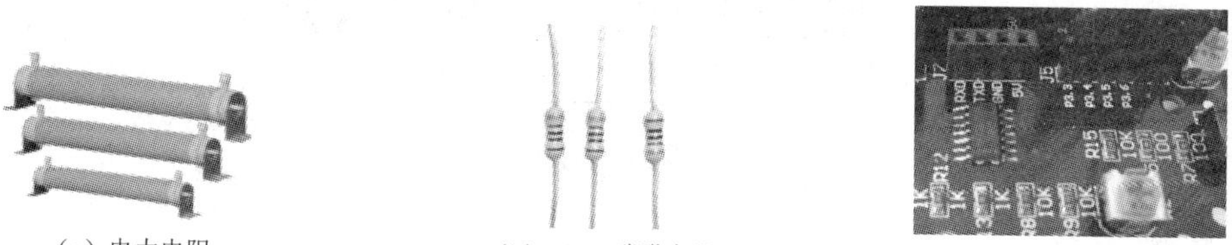

（a）电力电阻　　　　　　　　（b）1/8W 碳膜电阻　　　　　　　　（c）贴片电阻

图 1-23　不同功率、体积的电阻

任务评价

多元过程评价表

项目		评价内容	评价分值	评价方式	量化得分
学习过程	任务描述	学习目标是否明确	5分	自评	
	相关知识	电功	5分	互评	
		电功率	5分	互评	
		焦耳热	5分	互评	
	任务实施	教室用电分析	5分	互评	
		家庭电热水器电线容量计算	5分	互评	
	强化拓展	强化练习	20分	互评	
		专业拓展	5分	自评	
职业素养		积极答问	3分	师评	
		自主探究	5分	自评	
		细致认真	2分	自评	
6S管理		学习状态、教材、用具	5分	互评	
课堂纪律		遵守纪律情况	10分	师评	
课后作业		完成作业	20分	师评	
出勤记录				总分	

项目二
探究电路基本元件

学习目标

1. 掌握电阻、电容及电感的基本概念。
2. 了解电阻、电容及电感的种类、外形和参数。
3. 理解电容充放电的工作过程。
4. 掌握用万用表检测元件的基本方法。

项目概述

项目二介绍电路中的基本元件——电阻、电容和电感，它们是电路的组成单位。通过项目二的学习，同学们可初步了解耗能元件及储能元件的基本概念和外形，理解元件的储能过程，可以熟练地使用万用表来检测电路元件。

任务一　探　究　电　阻

任务描述

熟记电阻的符号、单位及决定电阻大小的各个因素，利用万用表检测电阻，认识各种成品电阻器。

相关知识

一、认识电阻

电阻器（简称电阻）是一种较常见、应用广泛的电子元件。电学中的电阻元件除了电阻器，白炽灯、电热器等都可视为电阻元件。电阻在电路中不仅可以单独使用，还可与其他元器件一起构成具有其他功能的电路。

1．电阻的作用

在电路中，通常把导线和负载上产生的热损耗归结于电阻元件。因此，电阻是反映材料或元器件对电路电流的阻碍作用，是耗能的一种理想元件。所谓耗能，是指元件吸收电能转换为其他形式能量的过程，且不可逆。所以电阻的突出作用是耗能，它能将电能转换成热能、光能、机械能等。

2．电阻的计算

1）电阻用 R 表示。

2）在一定温度下，导体电阻的大小与其自身的形状（导体的长度、横截面积）和材料性质有关。均匀导体的电阻计算公式表示为

$$R = \frac{\rho L}{S} \tag{2-1}$$

式中，ρ——电阻材料的电阻率，单位为欧·米（Ω·m）；

L——电阻自身的长度，单位为米（m）；

S——电阻自身的横截面积，单位为平方米（m²）。

3．电阻的单位

电阻的国际单位是欧姆（Ω），常用的单位还有千欧（kΩ）、兆欧（MΩ）等。它们的关系为 $1\text{k}\Omega=1000\Omega$，$1\text{M}\Omega=10^3\text{k}\Omega=10^6\Omega$。

4．电阻率

1）电阻率：用来表示物质的导电能力的物理量。

2）根据物体电阻率的不同，物体可分为导体、半导体和绝缘体三类。表 2-1 所示为几种常见材料的电阻率。

表 2-1　几种常见材料的电阻率

分类	材料名称	电阻率 p/（Ω·m）	应用
导体	银	1.6×10^{-8}	导线镀银
	铜	1.7×10^{-8}	导线

续表

分类	材料名称	电阻率 p /（$\Omega \cdot m$）	应用
导体	铁	10×10^{-8}	导线
半导体	纯净硅	2300	半导体材料
	纯净锗	0.6	半导体材料
绝缘体	橡胶	1.6×10^{-8}	绝缘材料
	玻璃	$10^{10} \sim 10^{14}$	绝缘材料

5. 常见电阻的图形符号

常见电阻的图形符号如图 2-1 所示。

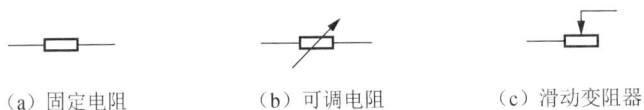

（a）固定电阻　　　（b）可调电阻　　　（c）滑动变阻器

图 2-1　常见电阻的图形符号

6. 常见电阻的外形

常见电阻的外形如图 2-2 所示。

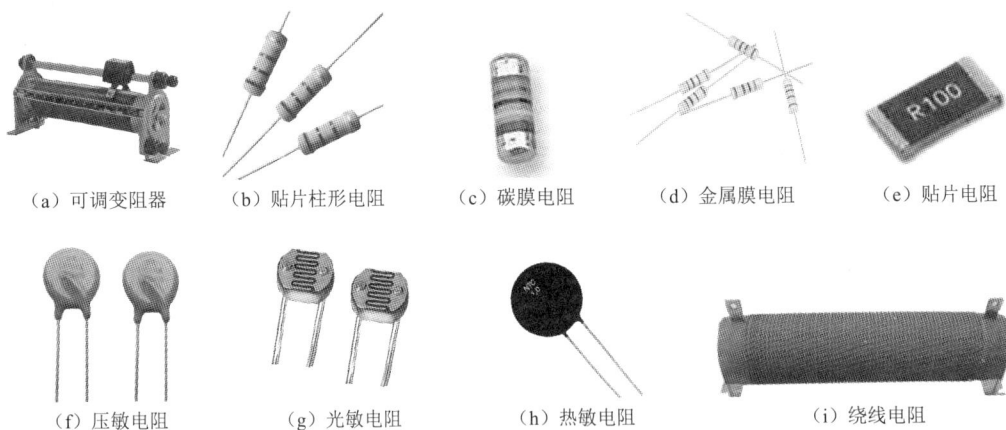

（a）可调变阻器　（b）贴片柱形电阻　（c）碳膜电阻　（d）金属膜电阻　（e）贴片电阻

（f）压敏电阻　　（g）光敏电阻　　（h）热敏电阻　　（i）绕线电阻

图 2-2　常见电阻的种类

7. 敏感电阻

1）敏感电阻：电阻值对于某种物理量（如温度、湿度、光照、电压、机械力、气体浓度等）具有敏感特性，当物理量发生变化时，敏感电阻的阻值就会随物理量的变化而发生改变，呈现不同的电阻值。

2）根据对不同物理量敏感的特性，敏感电阻可分为热敏、湿敏、光敏、压敏、力敏、磁敏和气敏电阻等类型。敏感电阻所用的材料几乎都是半导体材料，所以也称为半导体电阻。

① 热敏电阻：电阻阻值随温度变化而变化。

随着温度升高，电阻阻值升高的热敏电阻称为正温度系数热敏电阻；随着温度升高，电阻阻值下降的热敏电阻称为负温度系数热敏电阻。应用较多的是负温度系数热敏电阻。

② 光敏电阻：电阻的阻值随入射光的强弱变化而改变。当入射光增强时，电阻阻值减小；当入射光减弱时，电阻阻值增大。

③ 压敏电阻：对电压变化敏感的电阻器。

当电阻上的电压在标称值内时，电阻上的阻值呈无穷大状态；当电压略高于标称电压时，其阻值下降很快，使电阻处于导通状态；当电压减小到标称电压以下时，其阻值又开始增加。

同学们可以通过观察，举例说明敏感电阻的应用。

二、电阻的识读

1. 电阻的主要参数

1）标称值——电阻表面标称的电阻值。

2）允许误差——电阻的实际值对于标称值的最大允许偏差范围，也称精度。

3）额定功率——电阻上允许消耗的功率。

2. 电阻阻值的标注方法

（1）直标法

直标法即在电阻上直接标注电阻的标称阻值和允许误差。直标法一般用于体积较大（功率大）的电阻。

（2）文字符号法

文字符号法即将电阻的标称值用字母和数字符号有规律地组合标志在电阻上。有以下两种表示方法：

1）纯数字表示法：用 3 位或 4 位数表示，最后一位表示数字后面"0"的个数。例如，501 表示 500Ω，1602 表示 16 000 Ω。

2）字母和数字符号表示法：符号前面的数字表示电阻的整数部分，符号后面的数字表示电阻小数点后面的数值（防止小数点在印刷不清时引起误解）。

例如，4R6 表示 4.6 Ω，3k7 表示 3.7kΩ。

（3）色环表示法

色环表示法即在电阻表面印刷不同颜色的色环来表示不同电阻的标称值及误差，主要用于体积较小的电阻。色环表示法主要有四色环电阻表示法和五色环电阻表示法。

色环代表的数字含义如表 2-2 和表 2-3 所示。

表 2-2　色环颜色所代表的数字或意义（四环电阻）

颜色	第一色环	第二色环	第三色环应乘以 10 的倍率	第四色环允许误差
棕	1	1	10^1	
红	2	2	10^2	
橙	3	3	10^3	
黄	4	4	10^4	
绿	5	5	10^5	
蓝	6	6	10^6	
紫	7	7	10^7	
灰	8	8	10^8	
白	9	9	10^9	
黑	0	0	1	
金				±5%
银				±10%
无色				±20%

表 2-3　色环颜色所代表的数字或意义（五环电阻）

颜色	第一色环	第二色环	第三色环	第四色环应乘以 10 的倍率	第五色环允许误差
棕	1	1	1	10^1	±1%
红	2	2	2	10^2	±2%
橙	3	3	3	10^3	
黄	4	4	4	10^4	
绿	5	5	5	10^5	±0.5%
蓝	6	6	6	10^6	±0.25%
紫	7	7	7	10^7	±0.1%
灰	8	8	8	10^8	
白	9	9	9	10^9	
黑	0	0	0	1	
金				10^{-1}	
银				10^{-2}	

在识读色环电阻时一定要分清楚色环的始末，色环离电阻边缘较近的一端为首端，较远的一端为末端。

色环电阻识读方法如图 2-3 所示。

四环电阻　　　　　　　　　五环电阻

①　②　③　④　　　　　　①　②　③　④　⑤

有效数字　倍乘数　允许误差　　　　有效数字　倍乘数　允许误差

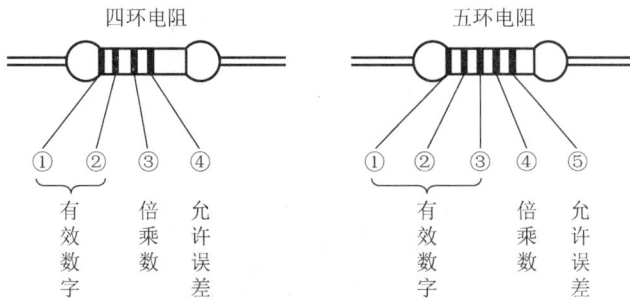

图 2-3　色环电阻识读方法

三、电阻的检测

1. 万用表

万用表是检测电路、电气元件常用的电子仪表之一，又称万能表、三用表，基本功能是测量电阻、电流和电压。

万用表的类型很多，一般由表头、测量电路、转换开关三部分组成。转动转换开关可以选择不同的量程和需要检测的类别。

万用表根据读数方式不同可分为指针式万用表和数字式万用表，如图 2-4 所示。

（a）指针式万用表　　　　　　　　（b）数字式万用表

图 2-4　万用表

2. 万用表的使用

（1）指针式万用表

指针式万用表的外形如图 2-5 所示。

29

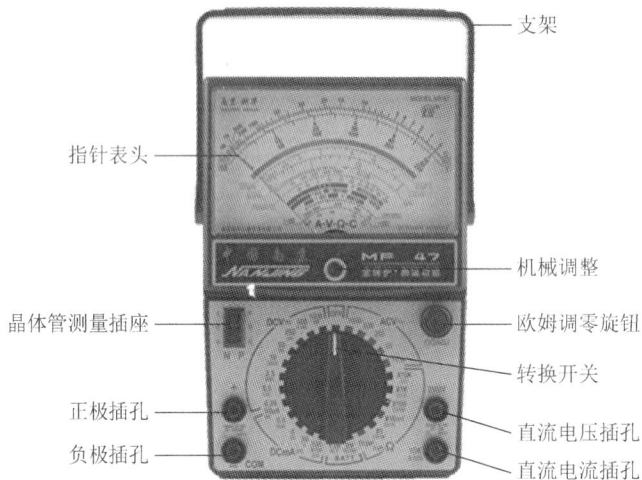

图 2-5　指针式万用表的外形

指针式万用表的表盘刻度线如图 2-6 所示。

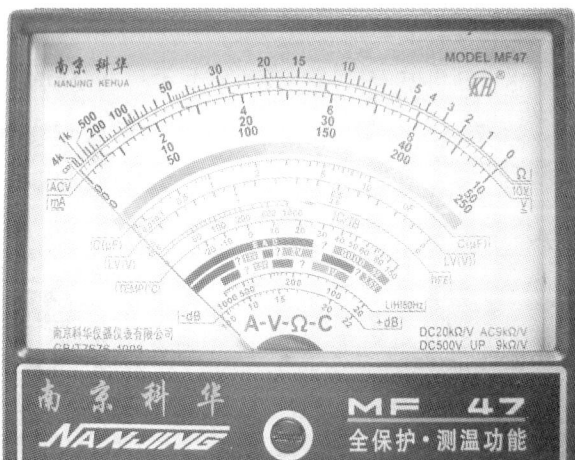

图 2-6　指针式万用表的表盘

表盘从上往下主要使用其中的 6 条刻度线：第一条刻度线标有"Ω"，指示的是电阻值，转换开关在欧姆挡时，即读此条刻度线；第二条刻度线标有"ACV"和"10V̲"，指示的是 10V 的交流电压值，当转换开关在交直流电压挡，量程在交流 10V 时，即读此条刻度线；第三条刻度线标有"mA̲"和"V̲"，指示的是交直流电流和交直流电压，当转换开关在交直流电流挡和交直流电压挡（量程在除交流 10V 以外的其他位置）时，即读此条刻度线；第四条刻度线标有"C（μF）"，指示的是电容值，当转换开关在电容挡时，即读此条刻度线；第五条刻度线标有"L（H）50Hz"，指示的是电感值，当转换开关在电感挡时，即读此条刻度线；第六条刻度线标有"dB"，指示的是音频电平，当转换开关在音频电平挡时，即读此条刻度线。

表头下方还设有机械调零旋钮，用以校正指针在左端"0"的位置。

万用表转换开关如图 2-7 所示。

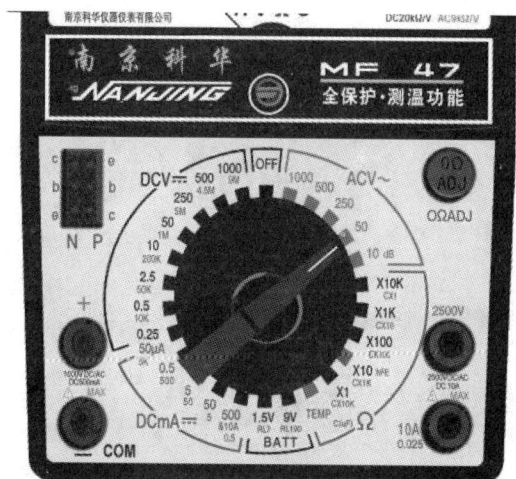

图 2-7　转换开关

转换开关可做 360°旋转，其中标有"Ω"字样的为电阻挡。对应的量程为×1 Ω、×10 Ω、×100 Ω、×1kΩ、×10kΩ挡。当测直流电压时，将转换开关拨至"DCV---"挡；当测交流电压时，将转换开关拨至"ACV～"挡。

转换开关的左下方标有"+""–"符号，分别是红、黑表笔的插孔。

使用方法：

1）将万用表水平放置。

2）机械调零：检查指针是否指在"0"的位置，如果不在这个位置，可用螺钉旋具转动表盘下方的机械调零旋钮，使指针指在刻度盘左端"0"的位置上。

3）正确测量。

① 插好表笔：将测试用红、黑表笔分别插入"+""–"插座中；测量直流电时，红表笔接高电位，黑表笔接低电位。

② 选择正确的测量类别和量程。测量未知电压或电流时，应先选择最高量程，挡位应从最大逐步减小，并在不超过量程的情况下，尽量选择大量程挡，以减小测量误差。

注意：测量电阻时，应在测量前进行欧姆调零，即把两个表笔短接，同时调节面板上的欧姆调零旋钮，使指针指在电阻刻度线的零刻度处。

4）测量并读数。

5）注意事项：

① 禁止用手接触表笔的金属部分，以保证人身安全和测量的准确度。

② 不允许带电旋转转换开关，特别是在测量高电压和大电流时，以防止电弧烧毁

开关触头。

③ 使用完万用表后，应将转换开关转换到交流电压最高挡。不要放在电阻挡上，以防两支表笔短接时，将内部干电池耗尽。

（2）数字式万用表

数字式万用表的外形如图 2-8 所示。

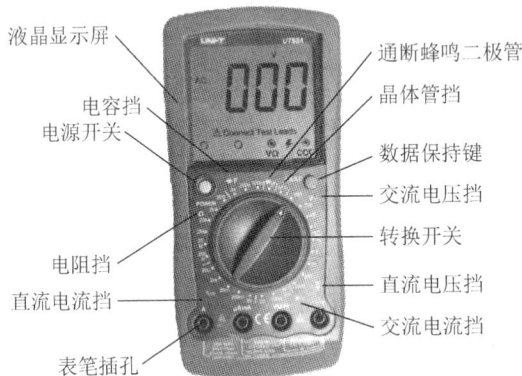

图 2-8　数字式万用表的外形

数字式万用表主要由液晶显示屏、电子线路、转换开关、表笔插孔等组成，与指针式万用表相比具有灵敏度高、准确度高、显示清晰、便于携带、读数迅速等优点。

这里简要介绍数字式万用表的使用方法：

1）数字式万用表的使用方法与注意事项与指针式万用表基本相同。

2）测量电阻时，如果被测电阻值超出所选择量程的最大值，万用表将显示"1"，这时应选择更高的量程。

3）无法估计被测电压或者电流的大小时，应先拨至最高量程挡测量一次，再视情况逐渐减小量程。

3. 利用万用表检测电阻

利用指针式万用表测量普通电阻的方法及注意事项如下。

（1）测量前

1）万用表水平放置好。

2）机械调零。

3）观察被测电阻，如果电阻连接在电路中，应先切断电源再测量，切不可带电测量。

（2）测量时

1）估测被测电阻的大小，在电阻挡选择合适的倍率挡。

2）电阻调零：将红、黑表笔短接，看表盘的指针是否指向"0"，如果不指向"0"，旋转调零旋钮，使指针指在"0"位。

3）测量电阻：测量电阻时双手不能碰触电阻的引脚和表笔的金属部分。

4）观察表针是否在表盘的中值附近。选用量程时使指针尽可能指示在刻度盘的1/3～2/3区域内。

5）读数：根据指针所在的位置确定指示值，再乘以倍率，即得电阻的实际阻值。

注意：每换一次倍率挡都需要重新调零。若调不到"0"，很可能是电池使用过久，应更换电池。

任务实施

一、计算电阻

案例一：导体材料为铜线，其长度为 0.4m，横截面积为 $0.5m^2$，试计算该导体的电阻。

分析：导体的 L、S 两个参数已知，ρ 查表也可知，可根据公式求出其阻值。

探究：$R = \rho \dfrac{L}{S} = 1.7 \times 10^{-8} \times \dfrac{0.4}{0.5} = 1.36 \times 10^{-8}(\Omega)$

结论：由于测量时有误差，这个方法在使用时只能粗略计算；如果需要精确的电阻阻值，这个方法并不可取，需要对电阻进行进一步的测量。

案例二：如果把案例一中的铜线均匀拉长 1 倍，其电阻阻值会变大吗？

分析：由于导体的体积不变，所以根据圆柱体积公式：$V = \pi r^2 h = Sh$ 可知，当将铜线均匀拉长一倍，则圆柱体的高度变成了原来的 2 倍，要维持原来的体积不变，那么圆柱体的底面积就相应的改变。

探究：改变前的体积、面积、长度分别用 $V_原$、S_1、L_1 表示，改变后的体积、面积、长度分别用 $V_变$、S_2、L_2 表示。

1）根据圆柱体积公式得 $V_原 = S_1 L_1$。因为均匀拉长一倍，所以 $L_2 = 2L_1$。又因为体积不变，所以 $S_2 = S_1/2$。

2）根据电阻的计算公式得 $R_原 = \rho L_1 / S_1$，当导线长度改变后 $R_变 = \rho L_2 / S_2 = \rho \cdot 2L_1 / (S_1/2)$，化简后得 $R_变 = 2\rho \cdot 2L_1 / S_1 = 4\rho L_1 / S_1$。

结论：其电阻阻值会变大。导体的长度改变的同时，横截面积也在变化，考虑问题要全面。

二、识读电阻

电阻的识读在以后进入工作单位是非常实用的，下面通过识读电阻，将电阻的识读方法牢记于心。

案例三：有一组贴片电阻，上面分别印有 104、1304、3R7、7k8，请写出它们分别表示多大的电阻。

分析：当看到此题目时，同学们认为这些电阻用的是什么识读方法？

探究：可看出用的是文字符号法。

104 表示 100 000 Ω，也可写为 100kΩ；

1304 表示 1 300 000 Ω，也可写为 1.3MΩ；

3R7 表示 3.7Ω；

7k8 表示 7.8kΩ。

案例四： 如图 2-9 所示，判断电阻的标称值及允许误差。

分析：此题目的电阻识读用的什么方法？需要哪些数据？怎样判断电阻的始末？

探究：根据图形判断电阻的开始是红色环，此电阻为五色环电阻。

读出第 1、2、3 色环表示的数字：267，为有效数字；

识别第 4 色环的颜色，10^3 为倍乘数；

识别第 5 色环的颜色，黑色允许误差忽略不计；

图 2-9　案例四用图

所以此电阻的标称值为 $267×10^3$ Ω，允许误差忽略不计。

结论：不论什么样的电阻，识读都很重要。掌握电阻的识读，在电路抢修中会节约时间，提高工作效率。

三、测量电阻

利用万用表测量电阻是电工的基本技能，技能要求为能看懂表盘，能根据要求测量电阻。

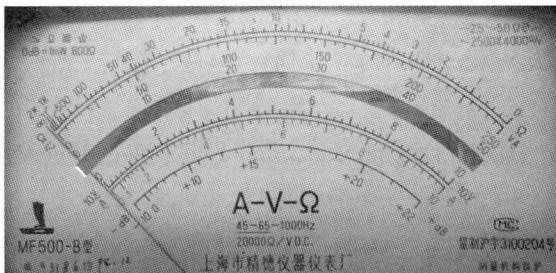

案例五： 图 2-10 所示为指针式万用表标准表盘，根据要求写出表 2-4 中的读数。选用电阻倍率挡×1Ω、×10kΩ、×1kΩ进行读数。

图 2-10　指针式万用表标准表盘

表 2-4　电阻读数

序号	指针位置	转换开关位置	读数	备注
1	0 左偏 4 格	×1		
2	15 右偏 3 格	×10k		
3	30 左偏 2 格	×1k		

分析：此类题目为模拟实验，回忆用指针式万用表测量电阻的步骤及读数的方法。

探究：

1）0 左偏 4 格，读数为 0.8，电阻值 $R=0.8\times1\Omega$（电阻倍率挡）$=0.8\Omega$。

2）15 右偏 3 格，读数为 12，电阻值 $R=12\times10k\Omega$（电阻倍率挡）$=120k\Omega$。

3）30 左偏 2 格，读数为 34，电阻值 $R=34\times1k\Omega$（电阻倍率挡）$=34k\Omega$。

结论：用万用表测量电阻时，由于测量电阻的刻度线是不均匀的，所以读数时一定要看清楚每个刻度所代表的变化量；最后读数不要忘记乘以转换开关所指的倍率。

===== 强 化 拓 展 =====

强化练习

准备若干不同阻值的电阻，进行如下操作：

1）利用色环读出电阻 R_1、R_2 的标称阻值及允许误差。

2）使用万用表测量 R_1、R_2 的实际电阻值。

3）将测量数据按要求填入表 2-5 中。

表 2-5　测量数据

电阻	标称阻值	实际阻值	允许误差	实际误差	质量
R_1					
R_2					

任务评价

多元过程评价表

项目		评价内容	评价分值	评价方式	量化得分
学习过程	任务描述	学习目标是否明确	5分	自评	
	相关知识	认识电阻	8分	自评	
		电阻阻值的标注方法	6分	互评	
		万用表的组成及分类	5分	互评	
		万用表的使用	6分	互评	
	任务实施	粗略计算电阻	5分	互评	
		识读电阻	6分	互评	
		测量电阻	6分	互评	
	强化拓展	强化练习	8分	师评	
职业素养		积极答问	3分	师评	
		自主探究	5分	互评	
		细致认真	2分	自评	
6S 管理		学习状态、教材、用具	5分	互评	
课堂纪律		遵守纪律情况	10分	师评	
课后作业		完成作业	20分	师评	
出勤记录				总分	

任务二　探 究 电 容

任务描述

认识电容器，了解平行板电容器的概念及参数，掌握利用万用表检测电容器的方法，理解电容器的充、放电现象。

相关知识

一、认识电容器

电容器（简称电容）在电路中只进行能量的转换，而不消耗能量，所以它是储能元件。电容器在电路中扮演着十分重要的角色，应用广泛。

1. 常用电容器的外形

常用电容器的外形如图 2-11 所示。

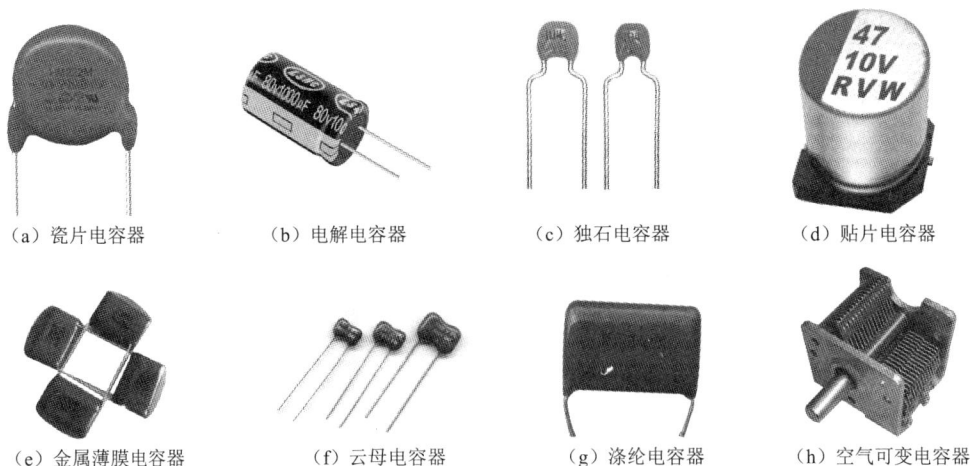

| （a）瓷片电容器 | （b）电解电容器 | （c）独石电容器 | （d）贴片电容器 |

| （e）金属薄膜电容器 | （f）云母电容器 | （g）涤纶电容器 | （h）空气可变电容器 |

图 2-11　常用电容器的外形

2. 常用电容器的图形符号

常用电容器的图形符号如图 2-12 所示。

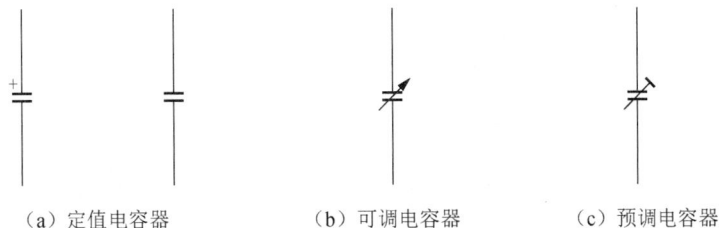

（a）定值电容器　　　　（b）可调电容器　　　　（c）预调电容器

图 2-12　常用电容器的图形符号

二、电容器的主要参数

1. 电容量

电容量是反映电容器储存电荷的能力，简称电容。电容量是一个常数，用字母 C 表示，数值上等于电容器在单位电压的作用下所储存的电荷量，即

$$C = \frac{Q}{U} \tag{2-2}$$

式中，Q——电容器所带电荷量，单位为库仑（C）；

$\quad\quad$ U——单位电压，单位为伏特（V）；

$\quad\quad$ C——电容器的电容量，单位为法拉（F）。

实际应用中法拉是很大的电容单位，常用的电容单位有微法（μF）、皮法（pF），它们之间的换算关系为 $1F=10^{6}\mu F=10^{12}pF$。

平行板电容器是常见的一种简单的电容器，其结构如图 2-13 所示。

平行板电容器由两个导体和中间夹着的绝缘物质构成。通常两块导体称为极板，中间的绝缘物质称为电容器的介质。

电容是电容器的固有属性，电容的大小只与电容器的结构、材料等内部特性有关，与外加电压及电容所带电荷量的多少无关。

设平行板电容器两极板的正对面积为 S，两极板间的距离为 d。电容器两极板间的距离越小，其电容越大；两极板间的正对面积越大，其电容越大。电容的计算式为

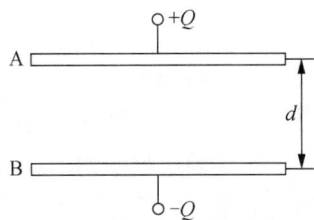

图 2-13　平行板电容器的结构

$$C = \varepsilon \frac{S}{d} \tag{2-3}$$

式中，S——平行板电容器两极板的正对面积，单位为平方米（m²）；

$\quad\quad$ d——平行板电容器两极板间的距离，单位为米（m）；

$\quad\quad$ ε——介质的介电常数，单位为法每米（F/m）。

介电常数是电介质自身的一种性质，真空介电常数 $\varepsilon_0 \approx 8.86 \times 10^{-12}$ F/m；其他介电常

数与真空介电常数的比值称为该介电常数的相对介电常数，用 ε_r 表示，它是一个无单位数，用来表征介质对电容器的电容量的影响程度。

电容量的表示方法有三种：

1）直标法：将电容的标称容量、耐压及偏差值直接标在电容体上。

2）数字表示法：只标数字不标单位的直接表示法，但此方法仅限于单位是 μF、pF 的电容。

3）数码表示法：用 3 位数字表示容量的大小，单位为 pF，最后一位为倍率数（读数方法类似于电阻），即 10 的几次方。

2. 允许误差

允许误差是电容器电容量的实际值与标称值的最大允许偏差范围。一般极性电容器的允许误差范围较大。

3. 额定工作电压

额定工作电压又称耐压值，是指在规定温度范围内电容器能长时间稳定工作的最大直流电压或交流电压的有效值。

三、电容器的基本特性

电容器最基本的功能就是储存电荷，它是一种储能元件，所以在电路中主要利用了它的充电和放电特性。

1. 电容器的充电

电容器充电就是使电容器带电的过程。如图 2-14（a）所示，当电路接通的一瞬间，灯泡最亮，慢慢灯泡会逐渐变暗，最后熄灭。

在实验过程中如果接入电压表和电流表，可以发现电压表的读数由零逐渐变大，最后达到 U；电流表的读数由大逐渐变小，如图 2-14（b）、（c）所示。

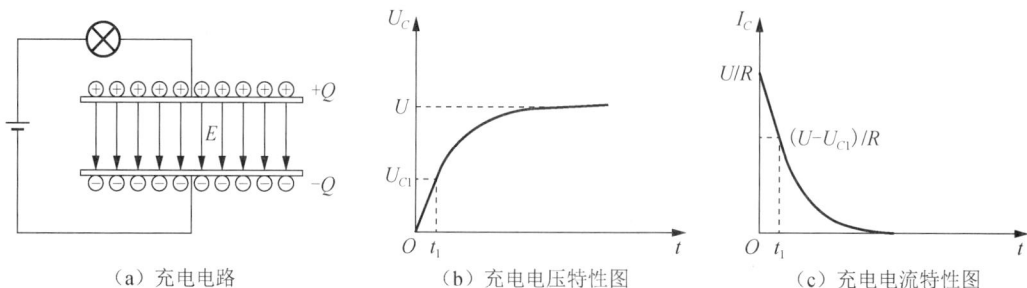

（a）充电电路　　　　　（b）充电电压特性图　　　　　（c）充电电流特性图

图 2-14　电容器充电电路及特性图

电容器充电时为什么会有这种现象产生呢？

充电过程开始的瞬间，电容器两端的电压为零，电源两端的电压却为最大，此时电路相当于电容器短路，所以开始时充电电流最大，灯泡最亮；当开始充电后，电容器两端极板开始聚集数量相等而符号相反的电荷，电容器两端电压逐渐增大。当电容器与电源之间的电压差逐渐减小时，电路中的充电电流也越来越小；当电容器两端电压达到最大电压 $E(U=E)$ 时，电流变成零，电路达到平衡状态，充电过程完成。

2. 电容器的放电

充电后的电容器失去电荷的过程称为电容器放电。如图 2-15（a）所示，把小灯泡连接在充电完成的电容器上，刚接通时，灯泡亮一下后，再逐渐变暗，最后熄灭。

在实验过程中如果接入电压表和电流表，可以看出在电路刚接通的一瞬间，电压表读数最大，电流表的读数也最大，电路接通有电流，灯泡最亮；随着电容器放电，电压表和电流表的读数逐渐下降，直至回到零，如图 2-15（b）、（c）所示，说明电容器放电结束。

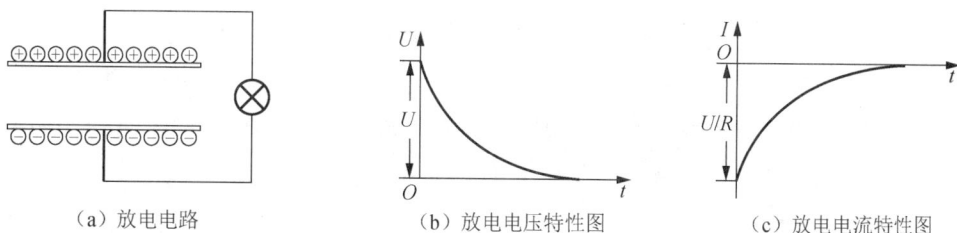

（a）放电电路　　　　　（b）放电电压特性图　　　　　（c）放电电流特性图

图 2-15　电容器放电电路及特性图

电容器放电时为什么会有这种现象产生呢？

电路接通瞬间，电容器开始放电，随着电容器两极板正、负电荷不断中和，电容器两端电压逐渐减小，放电电流也随之变小。当电容器两极板正负电荷全部中和时，电压表读数为零，电流表读数为零，放电结束。

电容器充放电达到稳定时所需要的时间用时间常数 τ 来表示，单位为 s，它与 R 和 C 的大小有关，有

$$\tau = RC \tag{2-4}$$

τ 越大，充电越慢，放电也越慢。

通过学习电容器充放电的特性可知，电容器本身不消耗能量，是一种储能元件，具有隔直流、通交流的特点。

四、电解电容器极性的判断与电容器质量的检测

1. 电解电容器极性的判断

电解电容器的极性有以下三种判断方法：

1）根据电容器上的标志识别。如图 2-16（a）所示，标有负号的位置就是电解电容器的负极。

2）根据电解电容器的引脚长短识别，长引脚为正极，短引脚为负极，如图 2-16（b）所示。

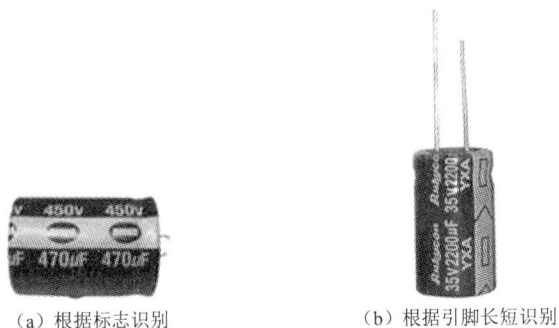

（a）根据标志识别　　　　　　　　（b）根据引脚长短识别

图 2-16　识别电容器的极性

3）对失掉正负极标志的电解电容器，可利用万用表的电阻挡进行识别。先将万用表拨到"×1k"挡或者"×10k"挡，分别用红、黑表笔接电解电容器的两引脚进行测量；而后对调表笔，再重复测量一次。当电解电容器性能良好时，两次测量结果中以阻值大的那次为准，黑表笔接的是正极，红表笔接的是负极。

2. 电容器质量的检测

电容器的常见故障有短路、断路、漏电、失效等，所以在使用前应认真检查判断。

电容器的检测是利用其充放电的特性，使用万用表电阻挡大致判断电容器的质量好坏。一般使用万用表的"×10k"挡和"×1k"挡。

操作时，将万用表的两表笔分别与电容器的引脚相接（注意：双手不能同时接触电容器的两引脚）；如果是电解电容器，则将万用表的红表笔接电解电容器的负极，黑表笔接电解电容器的正极。

电容器的检测大致分以下情况：

1）接通瞬间，万用表指针摆动一个小角度后复位，对调两个表笔，现象重复，说明电容器良好。摆动幅度越大，说明容量越大。

2）接通瞬间，万用表指针完全不动，说明电容器失效或断路。

3）接通后，表针迅速向右摆动，然后慢慢退回而不能复位，说明电容器漏电或短路。指针指示的电阻值越大，说明电容器漏电流越小。

4）接通后，表针摆动幅度很大，且不回摆，说明电容器已被击穿或严重漏电。

说明：在测量电解电容器时，对调红、黑表笔时，应在对调前将待测电容器两引脚短接，放掉电容器内残余的电荷，提高测量精度。

任务实施

案例一： 一个电容器外加电压 U=20V，测得 Q_1=4×10^{-8}C，则电容量是多少？若外加电压升高为 40V，这时所带电荷量为多少？

探究：由电容的定义式可知

$$C = \frac{Q}{U}$$

所以

$$C = (4 \times 10^{-8}) \div 20 = 2 \times 10^{-9} \text{(F)}$$

$$Q_2 = UC = 40 \times 2 \times 10^{-9} = 8 \times 10^{-8} \text{(C)}$$

结论：由电容的定义式可以求解成品电容器的容量，但是成品电容器的大小与所加电压的大小无关。

案例二： 某平行板电容器，当介质不发生改变时，若增大两极板的正对面积，电容量将_____；若增大两极板间的距离，电容量将_____。

探究：由平行板电容器的属性可知

$$C = \varepsilon \frac{S}{d}$$

所以，答案应该是变大、变小。

结论：电容器的大小取决于两极板的正对面积、两极板间的距离，以及介质介电常数。

案例三： 电容器在充电过程中，充电电流逐渐_____，而两端电压逐渐_____；在放电过程中，放电电流逐渐_____，而两端电压逐渐_____。

探究：要求熟练掌握电容器充放电的特点。

答案为变小，变大；变小，变大。

结论：电容器充放电是一个过渡过程，是一个逐渐变化的过程。不论是充电的过程还是放电的过程，充电电流和放电电流都是一个逐渐变小的过程。

强 化 拓 展

专业拓展

1. 分布电容

分布电容是指由非电容形态形成的一种分布参数。根据平行板电容器的特点，任何两个彼此绝缘又相互靠近的导体都可以看作电容器，所以必须注意，不只是电容器中才有电容，一般在线与线之间、印制板的上下层之间也可能形成电容。这种电容的容量很小，作用可以忽略不计，但是在高频电路和精密仪器中尤其要注意采取措施降低分布电容的影响。

2. 超级电容器

超级电容器（supercapacitor, ultracapacitor）又称双电层电容器（electrical double-layer capacitor）、黄金电容、法拉电容，通过极化电解质来储能。它是一种电化学元件，但在其储能的过程中并不发生化学反应，这种储能过程是可逆的，所以超级电容器可以反复充放电数十万次。它的突出优点是功率密度高、充放电时间短、循环寿命长、工作温度范围宽，是世界上已投入量产的双电层电容器中容量最大的一种。

任务评价

多元过程评价表

项目		评价内容	评价分值	评价方式	量化得分
学习过程	任务描述	学习目标是否明确	5分	自评	
	相关知识	认识电容器	5分	自评	
		电容器的主要参数	5分	自评	
		电容器的基本特性	10分	互评	
		电解电容器极性的判断与电容器质量的检测	10分	互评	
	任务实施	探究案例一	5分	自评	
		探究案例二	5分	自评	
		探究案例三	5分	自评	
	强化拓展	分布电容与超级电容器	5分	师评	
职业素养		积极答问	3分	师评	
		自主探究	5分	互评	
		细致认真	2分	自评	
6S 管理		学习状态、教材、用具	5分	互评	
课堂纪律		遵守纪律情况	10分	师评	
课后作业		完成作业	20分	师评	
出勤记录				总分	

任务三 探究电感

任务描述

认识电感器，了解电感的基本概念及基本特性。

一、认识电感器

电感器（简称电感）也是构成电路的基本元件。电感元件是实际电路中建立磁场、储存磁能特性的抽象和反映。电感元件在电路中只能进行能量转换，不消耗能量。一般的电感器由线圈构成，所以又称电感线圈。

电感器按形式可分为固定电感器和可变电感器两大类；按导磁性能可分为空心线圈和磁心线圈；按结构可分为单层、多层、蜂房式等类型。

1. 常用电感器的外形

常用电感器的外形如图 2-17 所示。

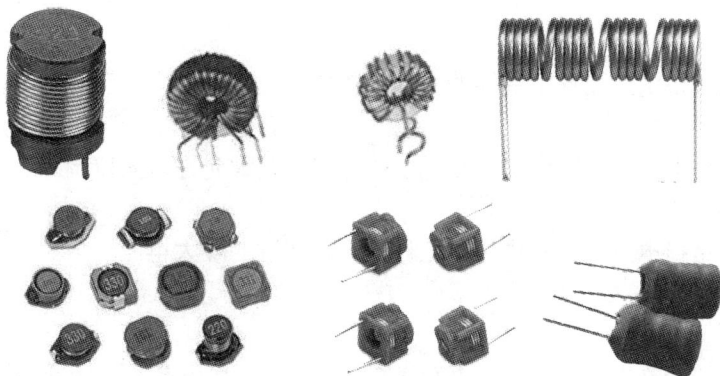

图 2-17　常用电感器的外形

2. 常用电感器的图形符号

常用电感器的图形符号如图 2-18 所示。

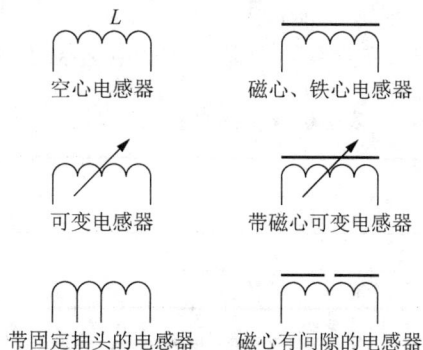

空心电感器　　　　磁心、铁心电感器

可变电感器　　　　带磁心可变电感器

带固定抽头的电感器　　磁心有间隙的电感器

图 2-18　常用电感器的图形符号

二、电感元件的相关参数

1. 电感量

当电路中有电流通过电感线圈时，线圈周围就建立了磁场。表示电感线圈储存磁场能量大小的参数称为电感量，也称电感，用 L 表示。它与线圈的尺寸、匝数和介质的磁导率有关（有关介质的相关内容将在项目四讲解）。

2. 电感的单位

电感的单位为亨利（H），比 H 小的还有毫亨（mH）、微亨（μH）。它们的换算关系为 $1H=10^3mH=10^6\mu H$。

3. 电感器的参数

（1）标称电感量
标称电感量是电感元件上标注的电感量数值。
（2）允许误差
允许误差是电感的实际电感量相对于标称值的最大允许偏差范围。
（3）额定电流
额定电流是指电感在电路中正常工作时允许通过的最大电流。

三、电感器的检测

检测电感器，首先检查外观，查看线圈是否松散，引脚是否折断或生锈；然后用万用表的"×1Ω"电阻挡检测电感元件。若阻值为 ∞，则电感线圈有断路；若为零，则线圈被短路；若阻值比正常值小，则说明线圈存在局部短路或者严重短路的情况。

任务实施

案例：利用万用表检测电感器的质量。
旋至电阻倍率挡×1Ω，检测电感器的电阻，判断电感器的状况，将结果填入表2-6中。

表2-6　电感器的检测记录表

序号	指针位置	电感器的状况
1	∞	
2	0Ω	
3	阻值小于正常值	

分析：此类题目为模拟实验，利用万用表检测电感器的特性。
探究：1）当电感器的电阻为 ∞ 时，电感器为断路。

2）当电感器的电阻为 0Ω 时，电感器为短路。

3）当电感器的电阻小于正常值时，线圈存在局部短路或者严重短路的情况。

======= 强 化 拓 展 =======

专业拓展

电感元件的特性

根据电感元件两端的 u、i 的变化（在项目四会详解）可知：

$$u_L = L \frac{\mathrm{d}i}{\mathrm{d}t} \qquad (2\text{-}5)$$

所以电压的大小取决于电流的变化快慢，如果电流不发生变化，即为直流电路时，电感两端就没有电压的产生。在直流电路中，电感元件相当于短路。

电感元件具有通交流、隔直流、通高频、阻低频的特性，故电感元件又称为动态元件。

任务评价

多元过程评价表

项目		评价内容	评价分值	评价方式	量化得分
学习过程	任务描述	学习目标是否明确	5分	自评	
	相关知识	认识电感器	5分	自评	
		电感元件的相关参数	10分	自评	
		电感器的检测	20分	互评	
	任务实施	探究案例	10分	互评	
	强化拓展	电感元件的特性	5分	自评	
职业素养		积极答问	3分	师评	
		自主探究	5分	互评	
		细致认真	2分	自评	
6S 管理		学习状态、教材、用具	5分	互评	
课堂纪律		遵守纪律情况	10分	师评	
课后作业		完成作业	20分	师评	
出勤记录				总分	

项目三
探究直流电路

学习目标

1. 了解串联、并联、混联电路的特点，学会应用串联、并联、混联电路的相关知识分析和解决简单的实际问题。

2. 认识电桥电路，掌握电桥平衡的条件和简单电桥电路的应用。

3. 能够利用实验验证基尔霍夫定律、叠加原理和戴维南定理。学会灵活运用基尔霍夫定律、支路电流法、叠加原理、电源变换、戴维南定理进行复杂电路的计算。

项目概述

项目三介绍电压、电流、电阻、电功、电功率、欧姆定律等知识的综合应用，是分析和解决电路问题的基础，起到了承上启下的作用。通过项目三的学习，同学们可以熟练应用串联、并联、混联电路的相关知识完成简单电路的计算、建立模型并解决简单的实际问题，通过实验或仿真探究几种计算复杂电路的定律及方法。项目三是直流电路的核心，是对口升学和技能鉴定考试的重点，同学们必须活学活用。

任务一　探究串联电路

任务描述

熟记串联电路的定义和特点，熟练掌握串联电路的计算，能够应用串联知识分析和探究简单的专业问题或实际问题。

相关知识

多个电气元件首尾依次相接就组成了串联电路。

将三个电阻串联在一起就组成了"手拉手"型电路，如图3-1所示。经过分析实验推导可知这类电路的特点如下。

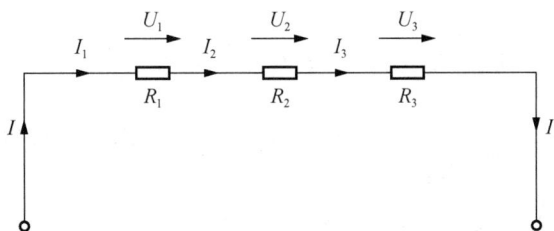

图3-1 三个电阻的串联电路

1. 电流关系

在串联电路中，流过每个元件的电流都是相等的，公式为

$$I = I_1 = I_2 = I_3 \tag{3-1}$$

2. 电阻关系

串联电路的等效电阻等于各个电阻之和，公式为

$$R = R_1 + R_2 + R_3 \tag{3-2}$$

n 个相同的电阻串联，总电阻的计算公式为

$$R_n = nR \tag{3-3}$$

3. 电压关系

串联电路两端的总电压等于各个元件上的电压之和，公式为

$$U = U_1 + U_2 + U_3 \tag{3-4}$$

根据电流关系可得，各个元件上的电压与其电阻值成正比，即

$$\frac{U}{R} = \frac{U_1}{R_1} = \frac{U_2}{R_2} = \frac{U_3}{R_3} \tag{3-5}$$

由此可得分压公式：

$$U_1 = \frac{R_1}{R_1 + R_2 + R_3}U , \quad U_2 = \frac{R_2}{R_1 + R_2 + R_3}U , \quad U_3 = \frac{R_3}{R_1 + R_2 + R_3}U$$

4. 功率关系

串联电路中每个元件的电功率与其电阻值成正比，公式为

$$\frac{P}{R} = \frac{P_1}{R_1} = \frac{P_2}{R_2} = \frac{P_3}{R_3} \tag{3-6}$$

任务实施

串联电路的应用十分广泛，下面我们共同分析几个案例，一起探究串联电路在实践中的应用。

案例一：由四个电阻组成的串联电路，其中 $R_1 = 1\Omega$，$R_2 = 10\Omega$，$R_3 = 100\Omega$，$R_4 = 1000\Omega$。

问题：分别求 R_1 和 R_2 串联的阻值 R_{12}，R_1、R_2、R_3 串联的阻值 R_{123}，四个电阻串联的总阻值 R。

探究：
$$R_{12} = R_1 + R_2 = 1 + 10 = 11(\Omega)$$
$$R_{123} = R_1 + R_2 + R_3 = 1 + 10 + 100 = 111(\Omega)$$
$$R = R_1 + R_2 + R_3 + R_4 = 1 + 10 + 100 + 1000 = 1111(\Omega)$$

结论：串联电路可以得到阻值较大的电阻，串入电路中的电阻越多，等效电阻阻值越大。

问题：R_1 和 R_4 串联的阻值 R_{14} 为多少？R_{14} 与 R_1 还是 R_4 接近？

探究：$R_{14} = R_1 + R_4 = 1 + 1000 = 1001(\Omega) \approx R_4$

结论：串联电路的总电阻比其中任一个电阻的阻值都要大。如果两个阻值相差较大的电阻串联，总电阻略大于并近似等于阻值大的电阻。

案例二：一个量程为 $U_0 = 100V$ 的电压表，内阻 $r=100k\Omega$，如图 3-2 所示，如果将它的量程扩大到 $U=200V$，需要串联多大的电阻？

探究：假设串联的电阻阻值为 R，电路如图 3-3 所示。

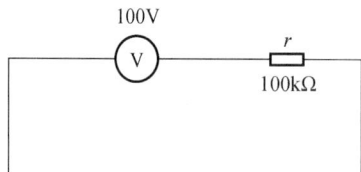

图 3-2　量程为 100V 的电压表　　　　图 3-3　串联电阻 R 后的电路

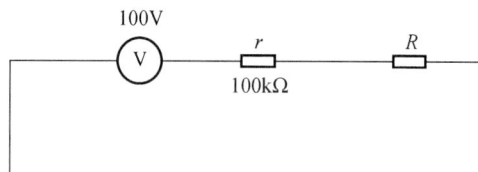

根据串联电路的电压值与电阻值成正比可得

$$\frac{U_0}{r} = \frac{U}{r+R}$$

带入数据得 $\dfrac{100V}{100k\Omega} = \dfrac{200V}{100k\Omega + R}$，解得 $R=100k\Omega$。

结论：串联电路可以扩大电压表的量程。

案例三：某弧光灯的额定电压 $U=40V$，额定电流 $I=10A$，将它接到电动势 $E=100V$

的直流电源上，需要串联的电阻为 R，如图 3-4 所示，则 R 为多大？

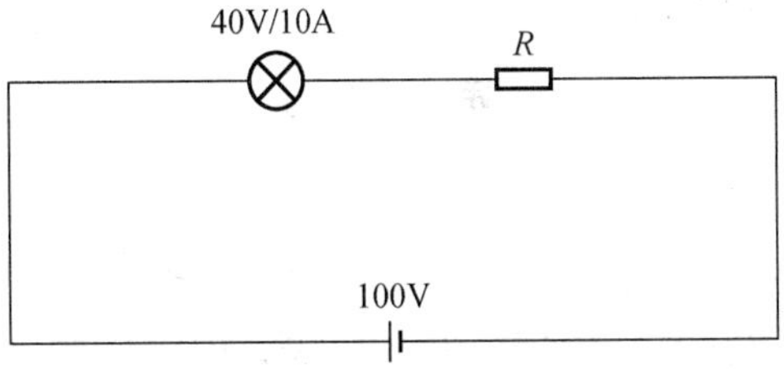

图 3-4　串联电阻的弧光灯电路

探究：电阻与灯串联时，首先保证灯在 40V 的额定电压下工作，则电阻 R 上分得的电压为 $U_R = E - U = 100 - 40 = 60(\mathrm{V})$；其次确保弧光灯的额定工作电流为 10A，根据串联电路中电流处处相等可知电阻 R 上的电流也为 10A；最后根据欧姆定律可得

$$R = \frac{U_R}{I} = \frac{60}{10} = 6(\Omega)。$$

结论：串联电阻可以调节和限制电路中的电流，起到保护作用。

案例四：图 3-5 所示为分压器电路图，求开关分别接通 E、D、C、B、A 各点时的电压。

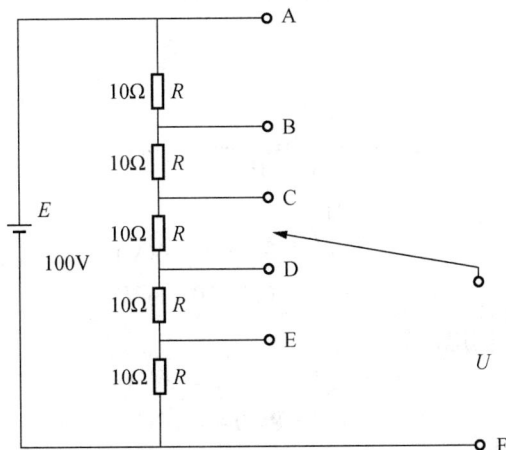

图 3-5　分压器电路图

探究：根据串联电路的特点可知，五个相同的电阻 R 将总电压 100V 平均分成五份，每个电阻 R 上的电压 $U_R = 20\mathrm{V}$，则有

$$U_{\mathrm{EF}} = U_R = 20\mathrm{V}$$
$$U_{\mathrm{DF}} = 2U_R = 40\mathrm{V}$$
$$U_{\mathrm{CF}} = 3U_R = 60\mathrm{V}$$
$$U_{\mathrm{BF}} = 4U_R = 80\mathrm{V}$$

$$U_{AF} = 5U_R = 100V$$

结论：串联电路可以组成分压器。

================ 强 化 拓 展 ================

强化练习

如图 3-6 所示，将 U=12V 的电压加在 R_1=10 Ω 和 R_2=20 Ω 的电阻串联电路上，问：

1）电路的电流 I 有多大？电阻电压 U_1、U_2 多大？功率 P_1、P_2 和总功率 P 为多大？

2）若 R_2 变为100Ω，则 I、U_1、U_2 如何变化？

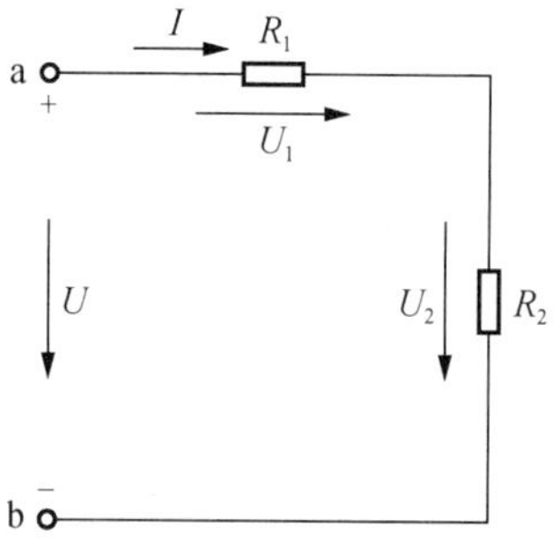

图 3-6　强化练习用图

此题附答案：

1）电路中的电流 I 为

$$I = \frac{U}{R_1 + R_2} = \frac{12}{10 + 20} = 0.4(A)$$

电阻 R_1 和 R_2 上的电压 U_1、U_2 为

$$U_1 = IR_1 = 0.4 \times 10 = 4(V)$$
$$U_2 = IR_2 = 0.4 \times 20 = 8(V)$$

可见，电阻越大，分得的电压越大。

$$P_1 = U_1 I = 4 \times 0.4 = 1.6(W)$$
$$P_2 = U_2 I = 8 \times 0.4 = 3.2(W)$$
$$P = UI = 12 \times 0.4 = 4.8(W)$$

即总功率等于每个电阻的功率之和。

2）若 R_2 变为100Ω，则 I、U_1、U_2 分别为

$$I = \frac{U}{R_1 + R_2} = \frac{12}{10 + 100} \approx 0.11(A) \approx \frac{U}{R_2} = 0.12(A)$$
$$U_1 = IR_1 = 0.11 \times 10 \approx 1(V)$$
$$U_2 = IR_2 = 0.11 \times 100 = 11(V)$$

当两个串联电阻相差较大时（10 倍及以上），小电阻几乎不起作用，电路中的电流

取决于大电阻的阻值，电路的总电压几乎全部落在大电阻上。

专业拓展

拓展点一：估算中性点直接接地的三相四线制电路的单相触电电流。人体单相触电电流路径如图 3-7 所示。

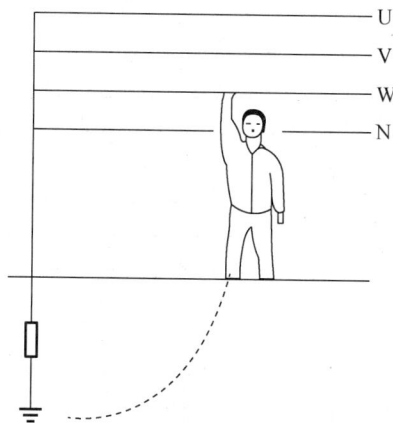

图 3-7　单相触电电流路径

已知：$U_{相}=220V$ ，$R_{人}=1700\Omega$ ，$R_{地}\leqslant 4\Omega$ ，估算流过人体的电流 $I_{人}$ 。

解：如图 3-7 所示，人体电阻与接地电阻是串联关系，则有

$$I_{人}=\frac{U_{相}}{R_{人}+R_{地}}=\frac{220}{1700+4}\approx 129(mA)$$

这里计算中接地电阻带入的是最大值，所以估算出的人体电流为最小值，而致命电流为 50mA，因此单相触电十分危险！

拓展点二：求解集成运算放大电路中同相输入端的电位。

已知：如图 3-8 所示，$R_1 = R_2 = R_3 = R_F = 5k\Omega$ ，$u_i = 12(V)$ ，求 u_P 。

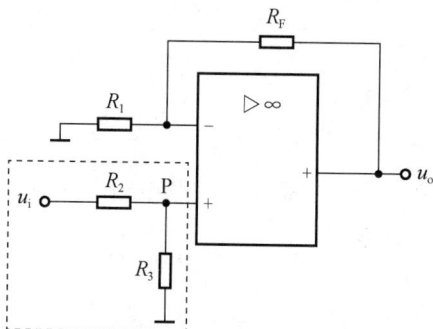

图 3-8　理想集成运算放大电路

解：由虚断特性知，$i_p = 0A$，虚线框中电路利用分压公式得

$$u_p = \frac{R_3}{R_2 + R_3} u_i = \frac{5}{5+5} \times 12 = 6(V)$$

任务评价

多元过程评价表

项目		评价内容	评价分值	评价方式	量化得分
学习过程	任务描述	学习目标是否明确	5分	自评	
	相关知识	串联电路的定义	2分	自评	
		串联电路的特点	10分	互评	
		学习分压公式	3分	自评	
	任务实施	探究案例一	5分	互评	
		探究案例二	5分	互评	
		探究案例三	5分	互评	
		探究案例四	5分	互评	
	强化拓展	强化练习	10分	互评	
		专业拓展	5分	自评	
职业素养		积极答问	3分	师评	
		自主探究	5分	互评	
		细致认真	2分	自评	
6S管理		学习状态、教材、用具	5分	互评	
课堂纪律		遵守纪律情况	10分	师评	
课后作业		完成作业	20分	师评	
出勤记录				总分	

任务二　探究并联电路

任务描述

熟记并联电路的定义和特点，熟练掌握并联电路的计算，能够应用并联知识分析和探究简单的专业问题或实际问题。

相关知识

两个或两个以上电气元件首、尾分别相接，组成一个由同一电源供电的电路，称其为并联电路，如图3-9所示。

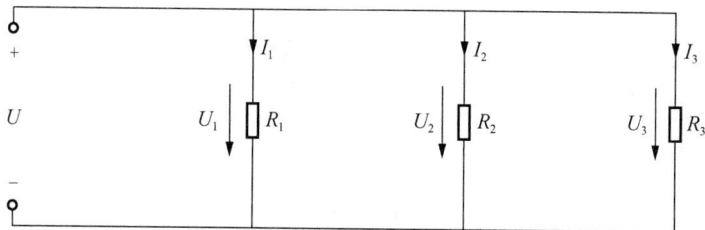

图 3-9 三个电阻的并联电路

将三个电阻并联在一起组成了"肩并肩"型电路，经过分析、实验推导可知这类电路的特点如下：

1. 电压关系

每个元件两端的电压都是相同的，公式为

$$U = U_1 = U_2 = U_3 \tag{3-7}$$

2. 电流关系

电阻并联电路总电流等于各支路电流之和，公式为

$$I = I_1 + I_2 + I_3 \tag{3-8}$$

3. 电阻关系

并联电路的等效电阻的倒数等于各个电阻的倒数之和，公式为

$$\frac{1}{R} = \frac{1}{R_1} + \frac{1}{R_2} + \frac{1}{R_3} \tag{3-9}$$

等效电阻的 3 种解法如下：

1）3 个及 3 个以上电阻并联用"倒数和"法：

$$\frac{1}{R} = \frac{1}{R_1} + \frac{1}{R_2} + \frac{1}{R_3} + \cdots + \frac{1}{R_n}$$

2）两个电阻并联用"积比和"法：

$$R = \frac{R_1 R_2}{R_1 + R_2} \tag{3-10}$$

3）n 个相同的电阻并联用"n 等分"法：

$$R_n = \frac{R}{n} \tag{3-11}$$

4. 分流

在并联电路中，并联电阻两端电压相同，根据 $U = IR$ 得

$$U = R_1 I_1 = R_2 I_2 = R_3 I_3 \qquad (3\text{-}12)$$

由此可知，并联电路中各个电阻上的电流与阻值成反比。

当两个电阻并联时，如图 3-10 所示，通过每个电阻的电流可以用分流公式计算。分流公式为

$$I_1 = \frac{R_2}{R_1 + R_2} I \qquad (3\text{-}13)$$

$$I_2 = \frac{R_1}{R_1 + R_2} I \qquad (3\text{-}14)$$

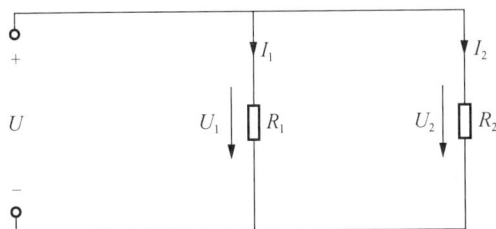

图 3-10 两个电阻并联

在电阻并联电路中，电阻小的支路通过的电流大，电阻大的支路通过的电流小。

5. 功率关系

在并联电路中，并联电阻两端电压相同，根据 $P = \dfrac{U^2}{R}$ 得

$$U^2 = R_1 P_1 = R_2 P_2 = R_3 P_3 \qquad (3\text{-}15)$$

由此可知，并联电路中每个元件的电功率与其电阻值成反比。

任务实施

并联电路的应用十分广泛，下面我们共同分析几个案例，一起探究并联电路在实践中的应用。

案例一： 我国民用市电的额定电压为 220V，各种用电器的额定电压也都是 220V，请按要求绘制电路图，要求将额定电压均为 220V 的电动机、电阻炉及 3 盏电灯接入电路，要求单独控制电动机、电阻炉和 3 盏电灯。

探究： 根据并联电路各电阻上（各负载）所加电压相同的特点，在电力供电系统中，采用负载并联的运行方式。可以用开关控制电路的通、断。工作在电网上的负载都为并联，电路图如图 3-11 所示。

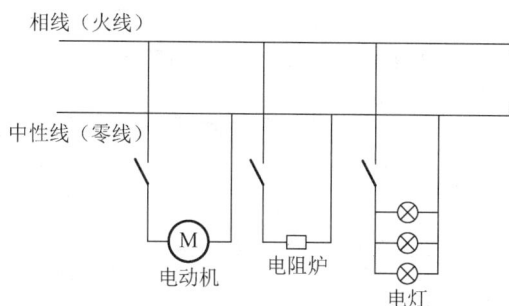

图 3-11 案例一探究

注意：为了安全起见，开关应从相线侧接入电路。

结论：额定电压相同的负载可以采用并联电路供电，这样设计各负载单独形成回路，任何一个负载的接通和断开都相互独立，互不影响。

案例二：并联电路电阻计算。

问题一：有三个电阻并联，其中 $R_1 = R_2 = R_3 = 6\Omega$。求 R_1、R_2 并联的阻值 R_{12} 和 R_1、R_2、R_3 并联的阻值 R_{123}。

探究：
$$R_{12} = \frac{R_1 R_2}{R_1 + R_2} = \frac{6 \times 6}{6 + 6} = 3(\Omega)$$

$$R_{123} = \frac{R_{12} R_3}{R_{12} + R_3} = \frac{3 \times 6}{3 + 6} = 9(\Omega)$$

结论：并联电路可以得到阻值较小的电阻，并入电路中的电阻越多，等效电阻值越小。

问题二：有两个电阻，阻值分别为 1Ω 和 1000Ω，并联的等效电阻为多大？

探究：
$$R = \frac{1 \times 1000}{1 + 1000} = \frac{1000}{1001} \approx 1(\Omega)$$

结论：并联电路的总电阻比其中任一个电阻值都要小，如果两个阻值相差较大的电阻并联，总电阻略小于并近似等于阻值小的电阻。在实践中，如果两个阻值相差较大的电阻并联，等效电阻可以用较小的电阻值来代替。

案例三：一个量程为 400mA 的毫安表，内阻 $r=2600\Omega$，如图 3-12 所示，如果将它的量程扩大到 3A，需要并联接入多大的电阻？

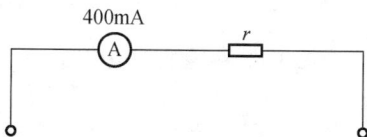

图 3-12 量程为 400mA 的毫安表

探究：假设并联的电阻阻值为 R，电路如图 3-13 所示。

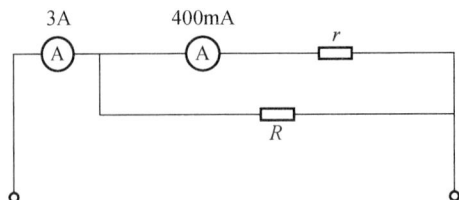

图 3-13　并联电阻 R 后的电路

根据干路电流等于各支路电流之和，则有
$$I_R = I - I_r = 3 - 0.4 = 2.6(\text{A})$$
根据并联电路的电流值与电阻值成反比可得
$$\frac{I_R}{I_r} = \frac{r}{R}$$

带入数据得 $\dfrac{2.6\text{A}}{0.4\text{A}} = \dfrac{2600\Omega}{R}$，解得 $R=400\Omega$。

结论：并联电路可以扩大电流表的量程。

==================== 强 化 拓 展 ====================

强化练习

1）如图 3-14 所示电路，$R_1 = 24\Omega$，$R_2=8\Omega$，$U=12\text{V}$，求：

① 总电阻 R、总电流 I、总功率 P；

② 流过 R_1 的电流 I_1 和流过 R_2 的电流 I_2；

③ R_1 消耗的电功率 P_1 和 R_2 消耗的电功率 P_2。

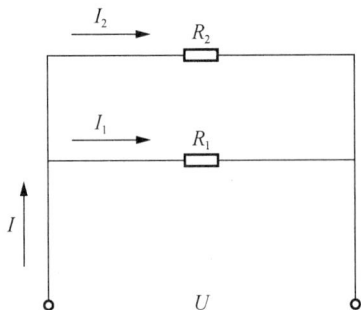

图 3-14　强化练习电路图

此题附答案：

① 电路的总电阻为
$$R = \frac{R_1 R_2}{R_1 + R_2} = \frac{24 \times 8}{24+8} = 6(\Omega)$$

电路的总电流为

$$I = \frac{U}{R} = \frac{12}{6} = 2(\text{A})$$

电路的总功率为

$$P = UI = 12 \times 2 = 24(\text{W})$$

② 流过 R_1 的电流 I_1 为

$$I_1 = \frac{U_1}{R_1} = \frac{12}{24} = 0.5(\text{A})$$

流过 R_2 的电流 I_2 为

$$I_2 = \frac{U_2}{R_2} = \frac{12}{8} = 1.5(\text{A})$$

③ R_1 消耗的电功率 P_1 为

$$P_1 = U_1 I_1 = 12 \times 0.5 = 6(\text{W})$$

R_2 消耗的电功率 P_2 为

$$P_2 = U_2 I_2 = 12 \times 1.5 = 18(\text{W})$$

2）三个不同阻值的电阻 R_1、R_2、R_3 并联，四个同学在计算等效电阻时分别用了不同方法，试分析他们的方法是否正确？为什么？

同学甲：
$$R = \frac{1}{R_1} + \frac{1}{R_2} + \frac{1}{R_3}$$

同学乙：
$$R = \frac{R_1 R_2 R_3}{R_1 + R_2 + R_3}$$

同学丙：
$$R = \frac{R_1 + R_2 + R_3}{3}$$

同学丁：
$$R = \frac{R_1 R_2 + R_2 R_3 + R_1 R_3}{R_1 R_2 R_3}$$

专业拓展

避雷器保护原理

避雷器由接闪器、引下线、接地装置组成。避雷器与用电器并联，原理图如图 3-15 所示。

避雷器本质是引雷器，是一种特殊的可变电阻。线路无雷击时电压不是很高，此时避雷器阻值很大，线路接近断路状态，电源电流几乎全流向用电器，即正常时避雷器不耗电能。电流分配关系如图 3-16 所示。

雷暴天气，当雷击靠近设备时，避雷器的接闪器将雷引到避雷器上，避雷器遇雷击后，避雷器电压升高，电阻急剧下降，几乎为零，近似短路，此时避雷器阻值远小于用电器阻值，小电阻强分流保护用电器。遇雷击时电流分配关系如图 3-17 所示。

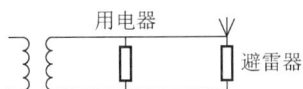

图 3-15　避雷器原理图　　　图 3-16　无雷击时电流分配关系　　　图 3-17　遇雷击时电流分配关系

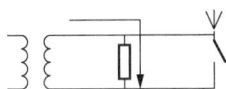

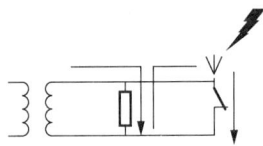

任务评价

多元过程评价表

项目		评价内容	评价分值	评价方式	量化得分
学习过程	任务描述	学习目标是否明确	5分	自评	
	相关知识	并联电路的定义	2分	自评	
		并联电路的特点	10分	互评	
		学习分流公式	3分	自评	
	任务实施	探究案例一	5分	互评	
		探究案例二	5分	互评	
		探究案例三	5分	互评	
	强化拓展	基础练习	5分	互评	
		提升练习	5分	互评	
		专业练习	10分	互评	
职业素养		积极答问	3分	师评	
		自主探究	5分	互评	
		细致认真	2分	自评	
6S 管理		学习状态、教材、用具	5分	互评	
课堂纪律		遵守纪律情况	10分	师评	
课后作业		完成作业	20分	师评	
出勤记录				总分	

任务三　探究混联电路

任务描述

　　复习串联电路和并联电路的特点，认识混联电路，探究求解混联电路的方法，能够熟练应用串、并联知识分析和计算混联电路。

相关知识

实际工作和生活中，单纯的串联或并联电路是很少见的，最为常见的是混联电路。既有电阻串联，又有电阻并联的电路，称为电阻混联电路，如图 3-18 所示。

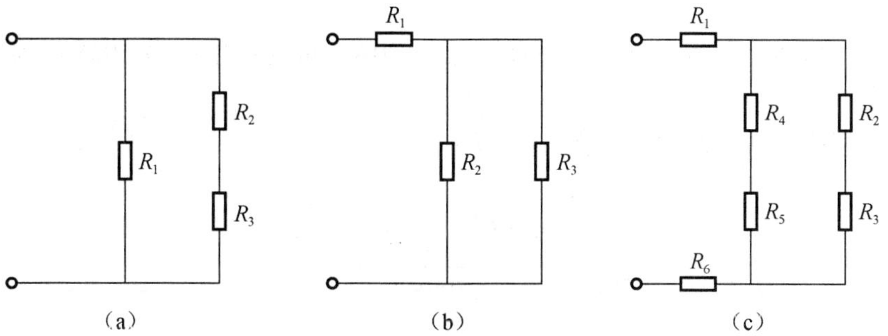

（a）　　　　　　　　　（b）　　　　　　　　　（c）

图 3-18　几种典型的混联电路

混联电路中串联部分具有串联电路的特点，并联部分具有并联电路的特点。
串、并联电路的特点见表 3-1。

表 3-1　串、并联电路的特点

连接方式	串联	并联
电流	$I_1 = I_2 = \cdots = I_n$	$I = I_1 + I_2 + \cdots + I_n$ 两个电阻并联时的分流公式为 $I_1 = \dfrac{R_2}{R_1 + R_2} I$, $I_2 = \dfrac{R_1}{R_1 + R_2} I$
电压	$U = U_1 + U_2 + \cdots + U_n$ 两个电阻串联时的分压公式为 $U_1 = \dfrac{R_1}{R_1 + R_2} U$, $U_2 = \dfrac{R_2}{R_1 + R_2} U$	$U_1 = U_2 = \cdots = U_n$
电阻	$R = R_1 + R_2 + \cdots + R_n$ 当 n 个阻值为 R_0 的电阻串联时，有 $R = nR_0$	$\dfrac{1}{R} = \dfrac{1}{R_1} + \dfrac{1}{R_2} + \cdots + \dfrac{1}{R_n}$ 当 n 个阻值为 R_0 的电阻并联时 $R = \dfrac{R_0}{n}$
电功率	$P = P_1 + P_2 + \cdots + P_n$ 功率分配与电阻成正比 $\dfrac{P_1}{P_2} = \dfrac{R_1}{R_2}$	$P = P_1 + P_2 + \cdots + P_n$ 功率分配与电阻成反比 $\dfrac{P_1}{P_2} = \dfrac{R_2}{R_1}$

混联电路的求解方法是先将电路简化成简单的串联电路和并联电路，再根据串、并联电路的相关知识进行计算。

任务实施

一、串、并联知识的复习和综合运用

1. 串联知识复习

灯正常工作所需电压为 50V，所需电流为 10A，现电源电压为 100V，问应串联多大阻值的电阻？

探究：根据题意绘制电路如图 3-19 所示。

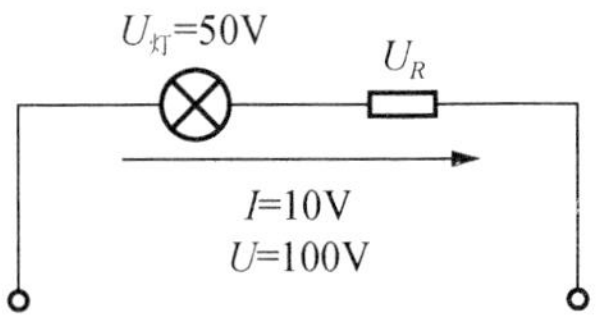

$U_{灯}=50V$　U_R

$I=10V$
$U=100V$

图 3-19　串联知识复习用图

因为串联电路的总电压等于各段电压之和，则电阻上的电压为

$$U_R = U - U_{灯} = 100 - 50 = 50(V)$$

又因为串联电路电流处处相等，则通过电阻的电流与通过灯的电流相同，也为 10A。根据欧姆定律可求串入的电阻为

$$R = \frac{U_R}{I} = \frac{50}{10} = 5(\Omega)$$

2. 并联知识复习

有一个 1000Ω 的电阻，分别与 10Ω、1000Ω、1100Ω 的电阻并联，并联后的等效电阻各为多少？

探究：

$$R = 1000 // 10 = \frac{1000 \times 10}{1000 + 10} \approx 10(\Omega)$$

$$R = 1000 // 1000 = \frac{1000 \times 1000}{1000 + 1000} \approx 500(\Omega)$$

$$R = 1000 // 1100 = \frac{1000 \times 1100}{1000 + 1100} \approx 524(\Omega)$$

结论：并联电路的等效电阻越并越小；两个阻值相差很大的电阻并联，其等效电阻阻值由较小电阻的阻值决定。

3. 串、并联知识的综合运用

两个白炽灯，它们的额定电压都是 220V，A 灯的额定功率为 40W，B 灯的额定功

率为100W，电源电压为220V。

1）将它们并联连接时，白炽灯的电阻分别为多少？它们能正常工作吗？功率分别为多少？哪一盏灯亮？

2）将它们串联连接时，白炽灯的电阻分别为多少？它们能正常工作吗？实际功率分别为多少？哪一盏灯亮？

探究：

1）白炽灯的电阻分别为

$$R_A = \frac{U_A^{\ 2}}{P_A} = \frac{220^2}{40} = 1210(\Omega)$$

$$R_B = \frac{U_A^{\ 2}}{P_B} = \frac{220^2}{100} = 484(\Omega)$$

因为白炽灯在额定电压下工作，所以白炽灯并联时能正常工作，其功率分别为40W和100W，所以100W的B灯亮。

2）白炽灯串联时，白炽灯的电阻不变，仍为 $R_A=1210\Omega$，$R_B=484\Omega$，白炽灯的电压分别为

$$U_A = \frac{R_A}{R_A + R_B}U = \frac{1210}{1210 + 484} \times 220 = 157(V) < 220(V)$$

$$U_B = \frac{R_B}{R_A + R_B}U = \frac{484}{1210 + 484} \times 220 = 63(V) < 220(V)$$

白炽灯的实际功率分别为

$$P_A = \frac{U_A^{\ 2}}{R_A} = \frac{157^2}{1210} = 20.4(W)$$

$$P_B = \frac{U_B^{\ 2}}{R_B} = \frac{63^2}{1210} = 8.2(W)$$

因为白炽灯不在额定电压下工作，所以白炽灯串联时不能正常工作，其实际功率分别为20.4W和8.2W，所以A灯亮。

结论：并联在同一电源下，电阻小的灯更亮；串联在同一电源下，电阻大的灯更亮。

二、探究混联电路的求解方法

1. 相对简单的混联电路的求解方法

案例一： 在图3-20所示的混联电路中，$R_1=R_2=R_3=R_4=3\Omega$，$U=10V$。试求总电阻、每个电阻上的电压和电流值，以及电路的总功率分别为多少？

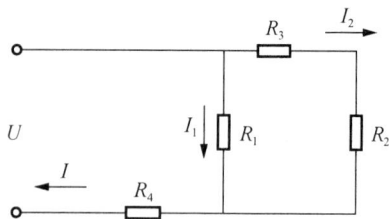

图 3-20 案例一电路图

探究：R_2 与 R_3 串联，再与 R_1 并联，最后与 R_4 串联。

求解总电阻：

$$R_{23} = R_2 + R_3 = 3 + 3 = 6(\Omega)$$

$$R_{123} = R_1 \mathbin{/\!/} R_{23} = \frac{R_1 R_{23}}{R_1 + R_{23}} = \frac{3 \times 6}{3 + 6} = 2(\Omega)$$

$$R = R_{123} + R_4 = 2 + 3 = 5(\Omega)$$

求解总电流：

$$I = \frac{U}{R} = \frac{10}{5} = 2(\text{A})$$

求解总功率：

$$P = UI = 10 \times 2 = 20(\text{W})$$

求解每个电阻上的电压和电流：假设 4 个电阻上的电压分别为 U_1、U_2、U_3、U_4；流过 R_2 和 R_3 上的电流为 I_2，流过 R_1 的电流为 I_1，流过 R_4 的电流为总电流 $I = 2\text{A}$，则有

$$U_4 = I \times R_4 = 2 \times 3 = 6(\text{V})$$

$$U_1 = U - U_4 = 10 - 6 = 4(\text{V})$$

R_2 和 R_3 相等，它们分得的电压也是相同的，即

$$U_2 = U_3 = \frac{U_1}{2} = 2(\text{V})$$

再根据欧姆定律得

$$I_1 = \frac{U_1}{R_1} = \frac{4}{3}\text{A}$$

$$I_2 = \frac{U_1}{R_2 + R_3} = \frac{4}{3 + 3} = \frac{2}{3}(\text{A})$$

结论：能够直接看出电路层次关系的简单的混联电路，可先求出总电阻、总电流和总功率，再根据简单的串、并联特点分步计算。

2. 相对复杂的混联电路的求解方法

案例二： 在图 3-21 所示的混联电路中，$R_1 = R_2 = R_3 = 1\Omega$，$R_4 = R_5 = 2\Omega$。求电路的等效

电阻 R_{AB}。

探究：为了方便分析各个电阻之间的连接关系，可将电路进行微调，如图 3-22 所示。

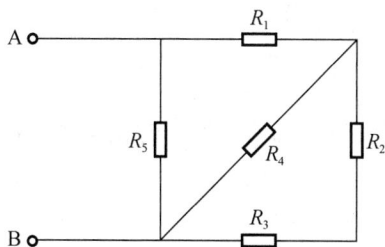

图 3-21 案例二电路图

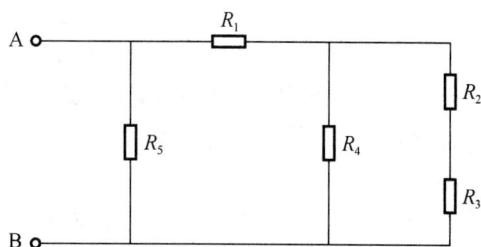

图 3-22 案例二调整后电路

电路调整后非常容易看出 R_2 与 R_3 串联，再与 R_4 并联，然后与 R_1 串联，最后与 R_5 并联。

R_2 与 R_3 串联可以得到 R_{23}，如图 3-23 所示。

$$R_{23} = R_2 + R_3 = 1 + 1 = 2(\Omega)$$

R_{23} 与 R_4 并联得到 R_{234}，如图 3-24 所示。

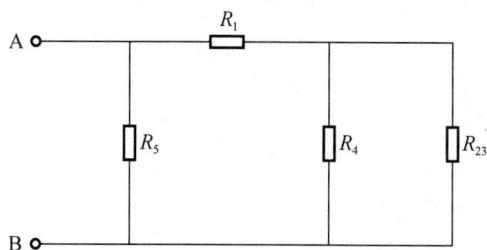

图 3-23 案例二简化电路（一）

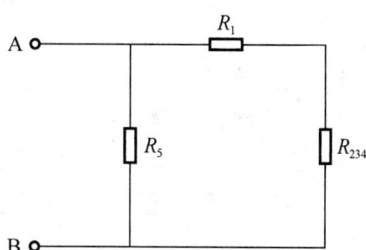

图 3-24 案例二简化电路（二）

$$R_{234} = \frac{R_{23}R_4}{R_{23}+R_4} = \frac{2 \times 2}{2+2} = 1(\Omega)$$

R_1 与 R_{234} 串联得到 R_{1234}，如图 3-25 所示。

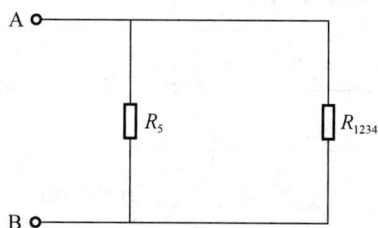

图 3-25 案例二简化电路（三）

$$R_{1234} = R_1 + R_{234} = 1 + 1 = 2(\Omega)$$

R_{1234} 与 R_5 并联可得

$$R_{AB} = \frac{R_{1234}R_5}{R_{1234} + R_5} = \frac{2 \times 2}{2 + 2} = 1(\Omega)$$

结论：对混联电路的分析和计算大体上可分为以下几个步骤。

1）整理清楚电路中电阻串、并联关系，必要时重新绘制电路图，画出串、并联关系明确的电路图。

2）用串、并联等效电阻公式计算出电路中总的等效电阻。

3）利用已知条件进行计算，确定电路的总电压与总电流；根据电阻分压关系和分流关系逐步推算出各支路的电流和电压。

===== 强 化 拓 展 =====

专业拓展

1. 利用等电位点法分析和计算混联电路

对于很难看出层次关系的混联电路，可采用等电位点法进行分析和计算。其解题步骤如下：

1）确定等电位点、标出相应的字母符号。

2）画出串、并联关系清晰的等效电路图。

3）根据基本的串、并联关系和已知条件求解。

拓展练习：计算图 3-26 所示电路的等效电阻 R_{AB}。

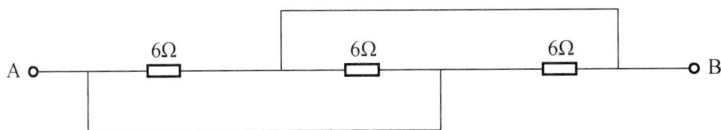

图 3-26 拓展练习电路图

解：分别标出 A、B 两点的等电位点，如图 3-27 所示。

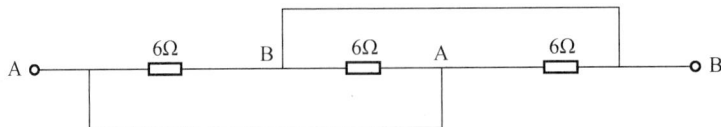

图 3-27 标注等电位点的电路图

不难发现，三个电阻均一侧与 A 点相连，另一侧与 B 点相连，三个电阻为并联关系，等效电路图如图 3-28 所示。

图 3-28 等效电路图

三个 6Ω 的电阻并联，等效电阻 R_{AB} 为

$$R_{AB} = \frac{6}{3} = 2(\Omega)$$

2. 认识直流电桥

直流电桥电路如图 3-29 所示，图中的四个电阻 R_1、R_2、R_3、R_x 称为电桥的桥臂，检流计所在支路被称为桥支路。

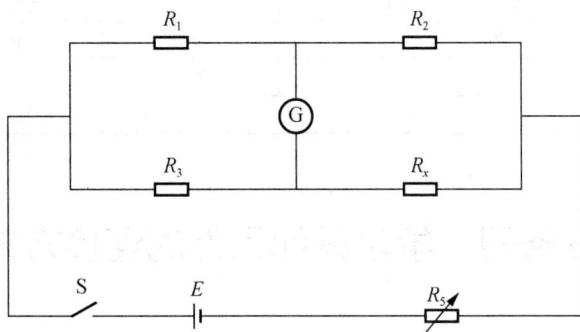

图 3-29 直流电桥电路

电桥平衡的条件是对臂电阻相乘的积相等，公式为

$$R_1 R_x = R_2 R_3$$

处于平衡状态的电桥的桥支路电流为零。利用上述特点我们可以利用电桥电路测量未知电阻 R_x，则有

$$R_x = \frac{R_2 R_3}{R_1}$$

任务评价

多元过程评价表

项目		评价内容	评价分值	评价方式	量化得分
学习过程	任务描述	学习目标是否明确	5分	自评	

续表

项目		评价内容	评价分值	评价方式	量化得分
学习过程	相关知识	认识混联电路	5分	自评	
		串、并联电路的特点	5分	互评	
	任务实施	串联电路知识解题	5分	互评	
		并联电路知识解题	5分	互评	
		串、并联知识的综合运用	5分	互评	
		简单的混联电路的求解	5分	互评	
		复杂的混联电路的求解	5分	互评	
	强化拓展	等电位点法解题	5分	互评	
		巩固练习	5分	互评	
		提高练习	5分	互评	
职业素养		积极答问	3分	师评	
		自主探究	5分	互评	
		细致认真	2分	自评	
6S 管理		学习状态、教材、用具	5分	互评	
课堂纪律		遵守纪律情况	10分	师评	
课后作业		完成作业	20分	师评	
出勤记录				总分	

任务四　学习其他元件的连接方式

🔍 任务描述

探究电容器串、并、混联电路的特点，探究电池组串、并联电路的特点，了解电感的连接方式。

📚 相关知识

一、电容器的串联

1. 定义

若干个电容器首尾相接的连接方式称为电容器的串联，其串联电路和等效电路如图 3-30 所示。

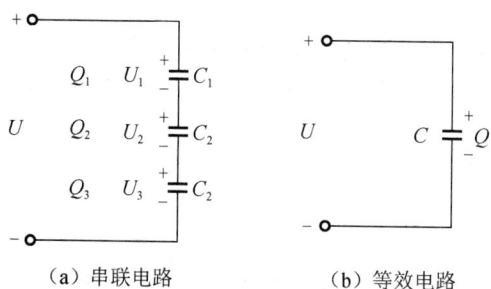

（a）串联电路　　　　　　（b）等效电路

图 3-30　电容器的串联电路及其等效电路

2. 特点及公式

1）电量特点：各电容器所带电量相等，公式为

$$Q = Q_1 = Q_2 = Q_3 \tag{3-16}$$

2）电压特点：总电压等于每个电容器两端电压之和，公式为

$$U = U_1 + U_2 + U_3 \tag{3-17}$$

3）电容特点：等效电容的倒数等于各个电容的倒数之和，公式为

$$\frac{1}{C} = \frac{1}{C_1} + \frac{1}{C_2} + \frac{1}{C_3} \tag{3-18}$$

3. 推广公式

1）两个电容串联的等效电容为

$$C = \frac{C_1 C_2}{C_1 + C_2} \tag{3-19}$$

2）两个电容串联的分压公式（各电容器两端电压与电容量成反比）为

$$U_1 = U \frac{C_2}{C_1 + C_2} \tag{3-20}$$

$$U_2 = U \frac{C_1}{C_1 + C_2} \tag{3-21}$$

3）当 n 个电容器的电容相等，均为 C_0 时，总电容 C 为

$$C = \frac{C_0}{n} \tag{3-22}$$

4. 总结与注意的问题

当单独一个电容器的耐压不能满足电路要求，而它的容量又足够大时，可将几个电容器串联起来再接到电路中使用。电容器串联时，等效电容 C 的倒数是各个电容器电容的倒数之和。总电容比每个电容器的电容都小。这相当于加大了电容器两极板间的距离 d，因而电容减小。

注意:

1）串联电容组中每一个电容器都带有相等的电荷量。

2）电容器串联时电容间的关系，与电阻并联时电阻间的关系相似。

二、电容器的并联

1. 定义

将两个或两个以上电容器接在相同的两点之间的连接方式称为并联，其并联电路和等效电路如图 3-31 所示。

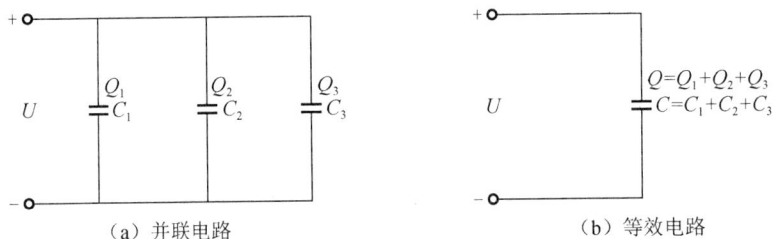

（a）并联电路 （b）等效电路

图 3-31 电容器的并联电路及其等效电路

2. 特点及公式

1）电量特点：总电量为各个电容器的电量之和，公式为

$$Q = Q_1 + Q_2 + Q_3 \tag{3-23}$$

2）电压特点：各个电容器两端电压相等，公式为

$$U = U_1 = U_2 = U_3 \tag{3-24}$$

3）电容特点：等效电容为各个电容器的电容量之和，公式为

$$C = C_1 + C_2 + C_3 \tag{3-25}$$

3. 推广公式

当 n 个电容器的电容相等，均为 C_0 时，总电容 C 为

$$C = nC_0 \tag{3-26}$$

当单独一个电容器的电容量不能满足电路的要求，而其耐压均满足电路要求时，可将几个电容器并联起来再接到电路中使用。当电容器并联时，总电容等于各个电容之和。并联后的总电容扩大了，这种情况相当于增大了电容器极板的有效面积，使电容量增大。

注意:

1）电容器并联时，加在各个电容器上的电压是相等的。每只电容器的耐压均应大于外加电压，否则，一旦某一只电容器被击穿，整个并联电路就被短路，会对电路造成危害。

2）电容器并联时电容间的关系，与电阻串联时电阻间的关系相似。

任务实施

一、探究串联电池组的特性

1. 串联电池组的定义

把几个电池首尾依次连接起来，这种连接方式称为电池的串联，又称串联电池组。外接负载时的电路图如图3-32所示。

扫描二维码观看实验视频，总结实验结论。

图 3-32 串联电池组电路

串联电池组

2. 串联电池组的计算公式

设串联电池组由 n 个电动势为 E、内阻为 r 的电池组成。

1）串联电池组的电动势等于单个电池电动势之和，公式为

$$E_串 = nE \tag{3-27}$$

2）串联电池组的内阻等于单个电池内电阻之和，公式为

$$r_串 = nr \tag{3-28}$$

3）串联电池组的干路电流的计算公式为

$$I = \frac{E_串}{R + r_串} = \frac{nE}{R + nr} \tag{3-29}$$

结论：利用电池串联可以输出较高的电动势。当用电器所要求的额定电压高于单个电池的电动势时，可以用串联电池组供电。

注意：用电器的额定电流必须小于电池允许通过的最大电流；电池极性应连接正确。

二、探究并联电池组的特性

1. 并联电池组的定义

把几个电池的正极与正极、负极与负极连接起来，这种连接方式称为电池并联电路，又称并联电池组。外接负载时的电路和等效电路如图3-33所示。

扫描二维码观看实验视频，总结实验结论。

图 3-33　并联电池组电路

并联电池组

2. 并联电池组的计算公式

设并联电池组由 n 个电动势为 E、内阻为 r 的电池组成。

1）并联电池组的电动势等于单个电池的电动势，公式为

$$E_{并} = E \qquad (3\text{-}30)$$

2）并联电池组的内阻等于单个电池内阻的 $\dfrac{1}{n}$，公式为

$$r_{并} = \frac{r}{n} \qquad (3\text{-}31)$$

3）并联电池组的干路电流为

$$I = \frac{E_{串}}{R + r_{并}} = \frac{E}{R + \dfrac{r}{n}} \qquad (3\text{-}32)$$

结论：多个电池并联后，输出电动势不变，输出电流增大。所以，当用电器的额定电流大于单个电池的额定电流时，可用并联电池组供电。

注意：电池并联时，单个电池的电动势应该满足用电器的需要。

━━━━━━━━━━ 强 化 拓 展 ━━━━━━━━━━

专业拓展

电感的串、并联

1）电感元件的串联如图 3-34 所示。

$$L = L_1 + L_2$$

2）电感元件的并联如图 3-35 所示。

$$\frac{1}{L} = \frac{1}{L_1} + \frac{1}{L_2}$$

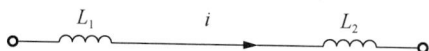

图 3-34 电感元件的串联

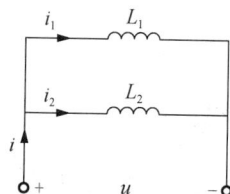

图 3-35 电感元件的并联

任务评价

多元过程评价表

项目		评价内容	评价分值	评价方式	量化得分
学习过程	任务描述	学习目标是否明确	5分	自评	
	相关知识	电容器串联的特点	5分	互评	
		电容器并联的特点	5分	互评	
	任务实施	电池组串联实验	5分	自评	
		电池组串联特性总结	5分	互评	
		电池组并联实验	5分	自评	
		电池组并联特性总结	5分	互评	
	强化拓展	认识电感的连接方式	5分	自评	
		等效电容的计算	5分	互评	
		巩固练习	10分	互评	
职业素养		积极答问	3分	师评	
		自主探究	5分	互评	
		细致认真	2分	自评	
6S管理		学习状态、教材、用具	5分	互评	
课堂纪律		遵守纪律情况	10分	师评	
课后作业		完成作业	20分	师评	
出勤记录				总分	

任务五　验证基尔霍夫定律

任务描述

　　认识复杂的直流电路，了解支路、节点、回路和网孔的基本概念，能够利用实验验证基尔霍夫定律，能够熟练应用基尔霍夫定律求解复杂电路中的基本物理量，学会利用支路电流求解复杂电路。

相关知识

一、复杂电路中的基本概念

1）复杂电路：不能用电阻串、并联化简求解的电路，如图 3-36 所示。

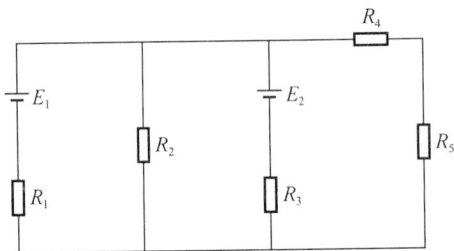

图 3-36　复杂电路

2）支路：由一个或几个相互串联的电路元件所构成的无分支电路。含有电源的支路称为有源支路，不含电源的支路称为无源支路。

3）节点：3 条或 3 条以上支路所汇成的交点。

4）回路：电路中任一条闭合路径。

5）网孔：内部不含支路的回路，网孔又称为独立回路。

复杂电路的求解不能再利用串、并联知识和欧姆定律解决，可以应用基尔霍夫定律进行求解。

二、基尔霍夫定律

1. 基尔霍夫第一定律（基尔霍夫电流定律）

基尔霍夫第一定律又称节点电流定律。它指出：流进某一节点的电流之和恒等于流出该节点的电流之和，公式为

$$\sum I_{进} = \sum I_{出} \tag{3-33}$$

基尔霍夫第一定律仿真电路如图 3-37 所示。扫描二维码，读出 3 条支路上的电流值，验证是否符合上述规律？

【例 3-1】电路如图 3-38 所示，求流出 A 节点的电流 I_3 为多大？

解：流入 A 节点的电流为 I_1、I_2，流出 A 节点的电流为 I_3，根据基尔霍夫电流定律可得

$$I_3 = I_1 + I_2 = 3 + 2 = 5(A)$$

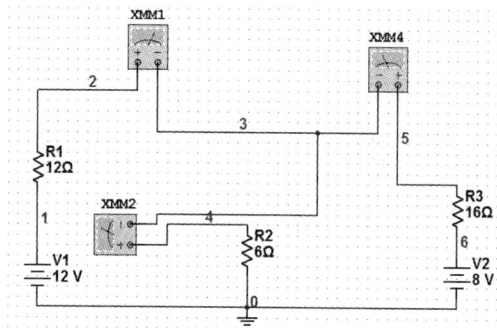

图 3-37 基尔霍夫第一定律仿真电路

验证基尔霍夫第一定律

对于节点 A 有 $I_1+I_2=I_3$，通过移项可改写成 $I_1+I_2-I_3=0$，即对任何一个节点来说，流入（或流出）该节点电流的代数和恒等于零，公式为

$$\sum I = 0 \qquad\qquad (3-34)$$

注意：在应用基尔霍夫电流定律解题时，可先任意假设支路电流的参考方向，列出节点电流方程。通常可先设流进节点的电流为正，流出节点的电流为负，再根据计算值的正负来确定未知电流的实际方向。当支路的电流是负值时，说明所假设的电流方向与实际方向相反。

【例 3-2】 图 3-39 所示电路中，$I_1=5A$，$I_2=-3A$，$I_3=1A$，试求 I_4。

解：根据图 3-39 中所假设的参考方向，由基尔霍夫电流定律可知 $I_1+I_2-I_3+I_4=0$，代入已知值：$5+（-3）-1+I_4=0$，可得 $I_4=-1A$。式中括号外正负号是由基尔霍夫电流定律根据电流的参考方向确定的，括号内数字前的负号则是表示实际电流方向和参考方向相反。计算结果为负值说明 I_4 的实际电流方向和参考方向相反。

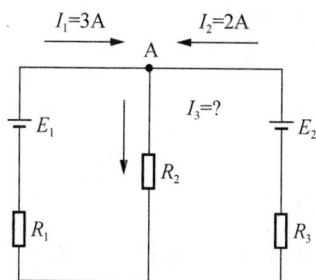

图 3-38 例 3-1 电路图

图 3-39 例 3-2 电路图

【例 3-3】 电路如图 3-40 所示，求图（a）、（b）中的电流 I_3。

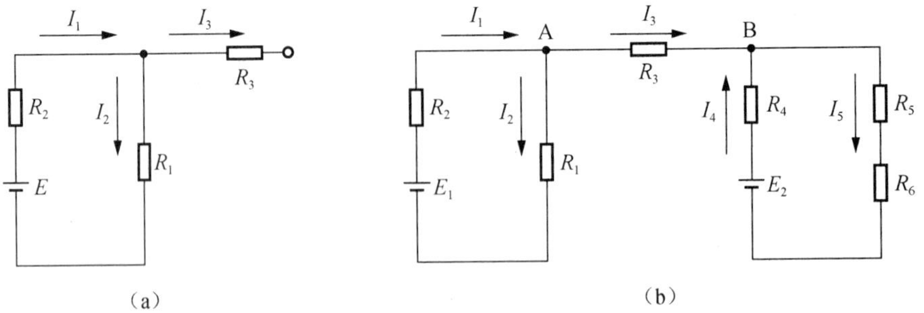

图 3-40　例 3-3 电路图

解：对于图 3-40（a）的节点来说，$I_1=I_2$，$I_3=0A$。对于图 3-40（b）中的 A、B 两个节点来说，$I_1=I_2$，$I_4=I_5$，$I_3=0A$。

结论：没有构成闭合回路的单支路电流为零。

基尔霍夫电流定律可以推广应用于任何一个闭合面或假设的闭合面（广义节点），如图 3-41 所示。

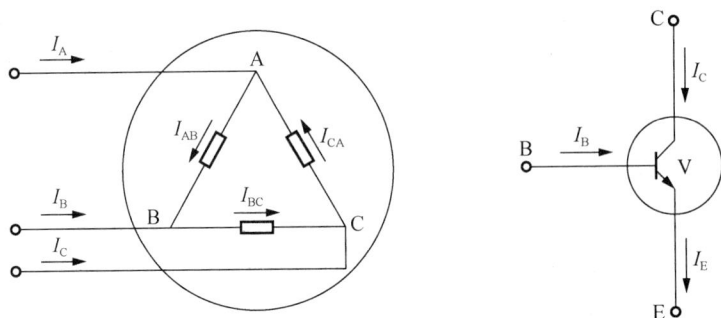

图 3-41　广义节点

应用基尔霍夫电流定律可以列出

$$I_A=I_{AB}-I_{CA}$$
$$I_B=I_{BC}-I_{AB}$$
$$I_C=I_{CA}-I_{BC}$$

三式求和得

$$I_A+I_B+I_C=0 \quad 或 \quad \sum I = 0$$

结论：流入广义节点的电流恒等于流出该广义节点的电流，或流入广义节点的电流的代数和为零。

根据上述结论可将晶体管看成广义节点，则有 $I_E=I_C+I_B$。

2. 基尔霍夫第二定律（基尔霍夫电压定律）

基尔霍夫第二定律又称回路电压定律。它指出：在闭合回路中，各段电路电压降的

代数和恒等于零，公式为

$$\sum U = 0 \tag{3-35}$$

基尔霍夫第二定律仿真电路如图 3-42 所示。扫描二维码，读出电阻上的值，验证是否符合上述规律。

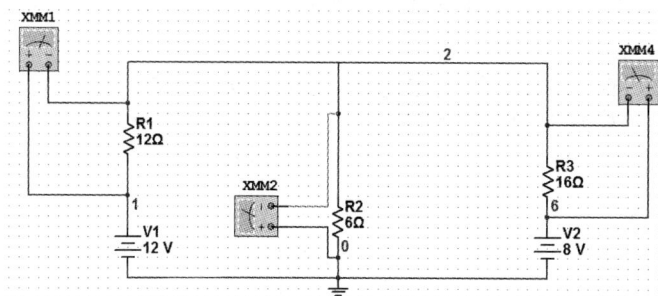

图 3-42 基尔霍夫第二定律仿真电路

验证基尔霍夫第二定律

【例 3-4】求如图 3-43 所示电路的电流 I。

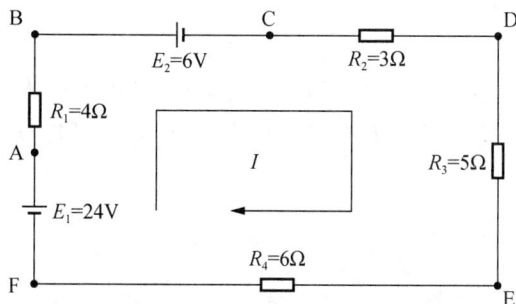

图 3-43 例 3-4 电路图

根据 $\sum U = 0$ 及电流的参考方向，列基尔霍夫电压公式：

$$U_{AB} + U_{BC} + U_{CD} + U_{DE} + U_{EF} + U_{FA} = 0$$

即

$$I_1 R_1 + E_2 + I_2 R_2 + I_3 R_3 + I_4 R_4 - E_1 = 0$$

代入已知数据得

$$4I + 6 + 3I + 5I + 6I - 24 = 0$$

解得

$$I = 1A$$

注意：在用式 $\sum U = 0$ 时，凡电流的参考方向与回路绕向一致者，该电流在电阻上所产生的电压降取正，反之取负。电动势也作为电压来处理，方向从电源的正极指向负极电压取正，反之取负。

将 $I_1 R_1 + E_2 + I_2 R_2 + I_3 R_3 + I_4 R_4 - E_1 = 0$ 移项得

$$E_1-E_2=I_1R_1+I_2R_2+I_3R_3+I_4R_4$$

可得到基尔霍夫电压定律的另一种表示形式，公式为

$$\sum E = \sum IR \qquad\qquad (3-36)$$

结论：在回路中，电动势的代数和恒等于电阻上电压降的代数和。

注意：在用式 $\sum E = \sum IR$ 时，电阻上电压的规定与用式 $\sum U = 0$ 时相同，而电动势的正负号则恰好相反。

基尔霍夫电压定律也可以推广应用于不完全由实际元件构成的假想回路。

【例 3-5】如图 3-44 所示，列出含 U_{AB} 的方程。

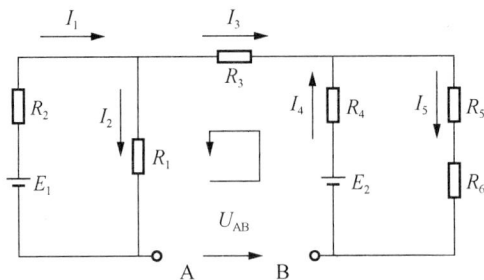

图 3-44　例 3-5 电路

解：图 3-44 所示电路中，A、B 两点并不闭合，但仍可将 A、B 两点间电压列入回路电压方程，可得 $U_{AB}-E_2+I_4R_4-I_3R_3+I_1R_1=0$，$U_{AB}=E_2-I_4R_4+I_3R_3-I_1R_1$。其中 $I_3=0A$，则有 $U_{AB}=E_2-I_4R_4-I_1R_1$。

任务实施

实验器材：直流稳压电源、数字万用表、电阻、面包板等。

实验电路：如图 3-45 所示。

实验过程：扫描二维码，观察实验过程。

实验数据：请在表 3-2 中填写数据。

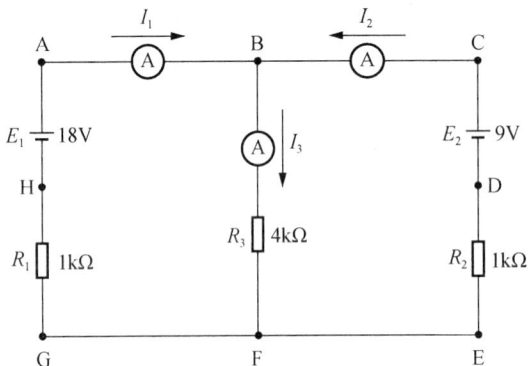

图 3-45　实验电路

验证基尔霍夫定律实验过程

表 3-2 实验数据

物理量	I_1	I_2	I_3	U_{CD}	U_{DE}	U_{GH}	U_{HA}	U_{BF}
测试值								

实验结论：

1）验证基尔霍夫电流定律：

流入 B 节点的电流有_____，流出 B 节点的电流有_____。

$\sum I_进$ = _____， $\sum I_出$ = _____。

结论：流入 B 点的电流之和_____流出 B 点的电流之和，即 $\sum I_进$ _____ $\sum I_出$。

2）验证基尔霍夫电压定律：

$U_{AB} = U_{BC} = U_{EF} = U_{FG}$ = _____ V，假定每个回路的绕向均为顺时针为正，则有

在 ABFGH 回路中：$\sum U_1$ = _____ = _____。

在 BCDEF 回路中：$\sum U_2$ = _____ = _____。

在 ABCDEFGH 回路中：$\sum U_3$ = _____ = _____。

结论：对于任何一个闭合回路，绕行方向的各段电压的代数和为_____，即 $\sum U$ = _____。

━━━━━ **强 化 拓 展** ━━━━━

专业拓展

利用支路电流法计算复杂电路

以支路电流为未知量，应用基尔霍夫定律列出联立方程，求出各支路电流的方法称为支路电流法。

对于 n 条支路、m 个节点的电路，应用支路电流法解题的步骤：

1）选定各支路电流为未知量，并标出各电流的参考方向，并标出各电阻上的正、负。

2）按基尔霍夫电流定律，列出 $m-1$ 个独立的节点电流方程式。

3）指定回路的绕行方向，按基尔霍夫电压定律列出 $n-m+1$ 个回路电压方程。

4）代入已知数，解联立方程式，求各支路的电流。

5）确定各支路电流的实际方向。

【例 3-6】利用支路电流法求解图 3-46 所示的电路中的各支路电流。

解：图 3-46 中共有 2 个节点、3 条支路，根据支路电流法可列 1 个独立电流方程、2 个独立电压方程。假设电流及选定回路绕向如图 3-46 所示。

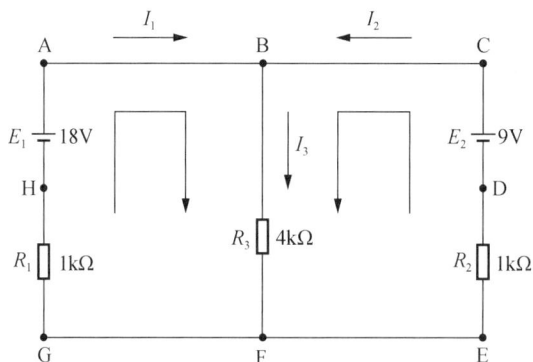

图 3-46　选定回路绕向

对 B 节点可列独立的电流方程为

$$I_1 + I_2 = I_3 \qquad ①$$

对 ABFGH 回路列独立的电压方程为

$$I_1 R_1 - E_1 + I_3 R_3 = 0 \qquad ②$$

对 EDCBF 回路列独立的电压方程为

$$I_2 R_2 - E_2 + I_3 R_3 = 0 \qquad ③$$

代入已知数据得

$$I_1 + I_2 = I_3$$
$$10^3 I_1 - 18 + 4 \times 10^3 I_3 = 0$$
$$10^3 I_2 - 9 + 4 \times 10^3 I_3 = 0$$

联立求解得 $I_1 = 6\text{mA}$ ， $I_2 = -3\text{mA}$ ， $I_3 = 3\text{mA}$ 。

支路电流法　　扫描二维码学习支路电流法的微课。

任务评价

多元过程评价表

项目		评价内容	评价分值	评价方式	量化得分
学习过程	任务描述	学习目标是否明确	5分	自评	
	相关知识	复杂电路知识	5分	自评	
		基尔霍夫电流定律	10分	互评	
		基尔霍夫电压定律	10分	互评	
	任务实施	实验操作及数据记录	10分	互评	
		验证基尔霍夫定律结论	5分	互评	

续表

项目		评价内容	评价分值	评价方式	量化得分
学习过程	强化拓展	利用支路电流法解题	5 分	互评	
		巩固练习	5 分	互评	
职业素养		积极答问	3 分	师评	
		实验探究	5 分	互评	
		细致认真	2 分	自评	
6S 管理		学习状态、教材、用具	5 分	互评	
课堂纪律		遵守纪律情况	10 分	师评	
课后作业		完成作业	20 分	师评	
出勤记录				总分	

任务六　学习电源等效变换

任务描述

认识电压源、电流源模型，掌握电源变换的方法，能够熟练应用电源变换法求解复杂电路。

相关知识

电路中的电源既提供电压，也提供电流，因此电源既可以看作电压源，也可看作电流源。

1. 电压源

电压源是为电路提供一定电压的电源，它由内阻 r 和电动势 U_S 串联组成。电压源模型如图 3-47 所示。

2. 理想电压源

相同的输出电流条件下，电源内阻越小，输出电压越大。内阻为零的电压源称为理想电压源，又称恒压源。理想电压源模型如图 3-48 所示。

3. 电流源

电流源是为电路提供一定电流的电源，它由内阻 r 和恒定电流 I_s 并联组成。电流源模型如图 3-49 所示。

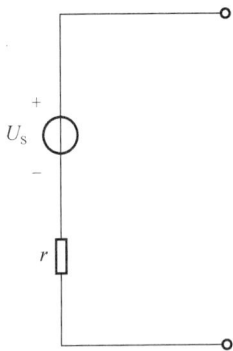

图 3-47　电压源模型

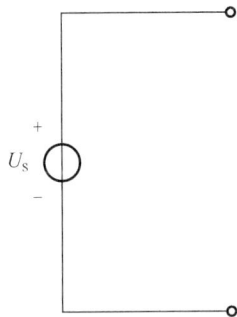

图 3-48　理想电压源模型

4. 理想电流源

具有高内阻的电流源，其输出电流变化范围很小，电源内阻趋近无穷大时，输出电流接近于恒定，内阻无限大的电流源称为理想电流源。理想电流源模型如图 3-50 所示。

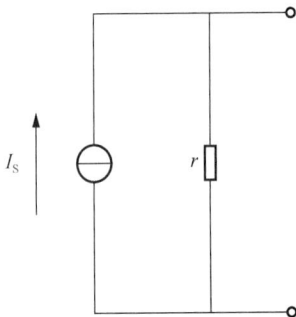

图 3-49　电流源模型

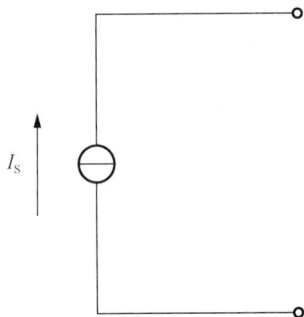

图 3-50　理想电流源模型

任务实施

实际中电路的内阻不可能为零，也不可能为无限大，所以理想的电压源和理想的电流源是不存在的。在电路分析和计算中，与内阻串联的电压源和与内阻并联的电流源是可以等效变换的。

注意： 这里的等效变换是针对外电路而言的，即把它们与相同的负载连接，负载两端的电压、负载中的电流、负载消耗的功率都相同。

两种电源等效变换关系如下：

$$I_S = \frac{U_S}{r} \tag{3-37}$$

$$U_S = rI_S \tag{3-38}$$

应用 $I_S = \dfrac{U_S}{r}$ 可将电压源等效变换成电流源，内阻 r 阻值不变，要注意将其改为并联；应用 $U_S = rI_S$ 可将电流源等效变换成电压源，内阻 r 阻值不变，要注意将其改为串联。电路图如图 3-51 所示。

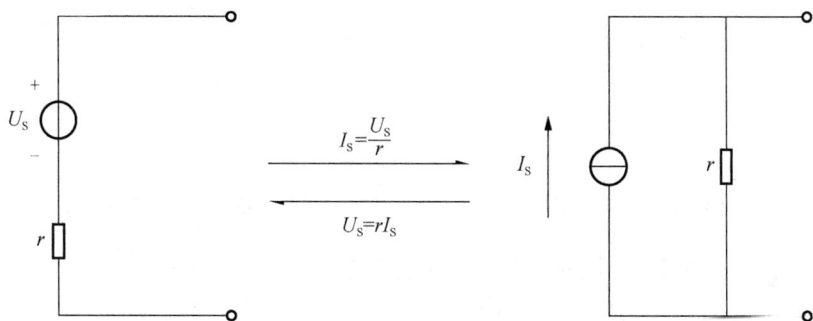

图 3-51　电压源与电流源的等效变换

注意：

1）实际电压源与实际电流源之间能够等效变换。理想电压源与理想电流源之间是不能进行等效变换的。

2）电压源与电流源等效变换时，U_S 与 I_S 的方向是一致的，即电压源的正极与电流源输出电流的方向相同。

3）两种实际电源模型等效变换是指电源的外部等效，对外部电路各部分的计算是等效的，但对电源内部的计算不是等效的。

【例 3-7】试将图 3-52 所示电路中的电压源转换为电流源。

解：将电压源转换为电流源，内阻不变，电路如图 3-53 所示。

$$I_S = \frac{U_S}{r} = \frac{6}{2} = 3(A)$$

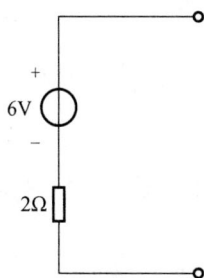

图 3-52　例 3-7 电路图　　　　　　图 3-53　例 3-7 变换后的电流源

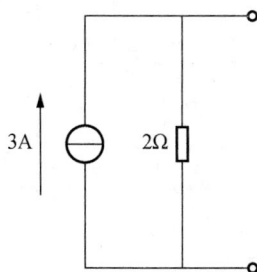

【例 3-8】试将图 3-54 中的电流源转换为电压源。

解：将电流源转换为电压源，内阻不变，电路如图 3-55 所示。

$$U_S = I_S r = 4 \times 5 = 20(\text{V})$$

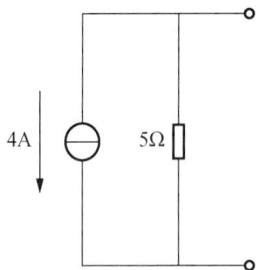

图 3-54　例 3-8 电路图

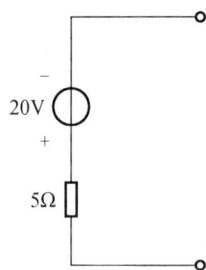

图 3-55　例 3-8 变换后的电压源

【例 3-9】试将图 3-56 中的电路转换为电压源。

解：画廊展示求解过程，如图 3-57 所示。

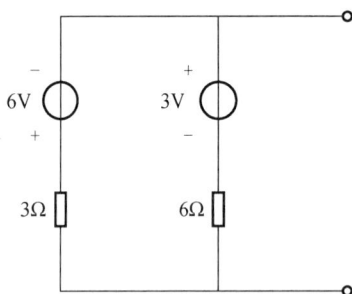

图 3-56　例 3-9 电路图

画廊

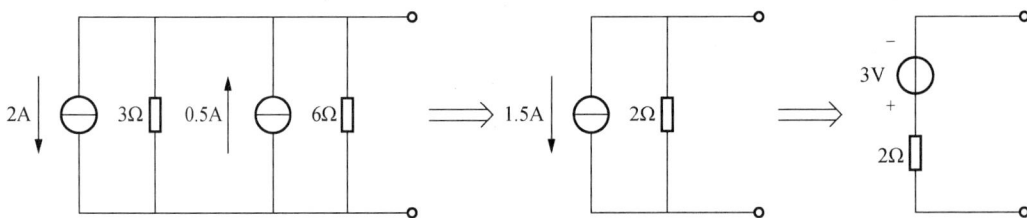

图 3-57　例 3-9 求解过程

━━━ 强 化 拓 展 ━━━

专业拓展

利用电源变换法分析和计算复杂电路

电源法化简复杂电路的原则：

1）保证待求支路不变。

2）与理想的电流源串联的电阻，可用该理想电流源代替；与理想电压源并联的电阻，可用该理想电压源代替。

3）串联的几个电压源可以合并，内电阻按串联的方法等效；并联的电流源也可以合并，内电阻按并联的方法等效。

【例3-10】求图3-58所示电路中的电流I_3和U_{AB}。

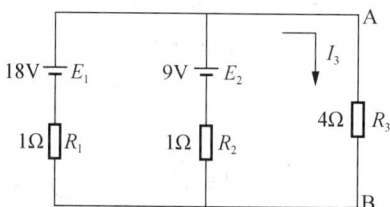

图3-58　例3-10电路图

解：利用电源等效变换法化简电路，解题过程见画廊，如图3-59所示。

画廊

图3-59　例3-10解题过程

$$I_3 = \frac{13.5}{0.5+4} = 3(A)$$

$$U_{AB} = 3 \times 4 = 12(V)$$

【例3-11】求图3-60所示电路中的电流I。

解：与理想的电流源串联的电阻，可用该理想电流源代替；与理想电压源并联的电阻，可用该理想电压源代替，如图3-61所示。

将电压源转换为电流源，如图3-62所示。

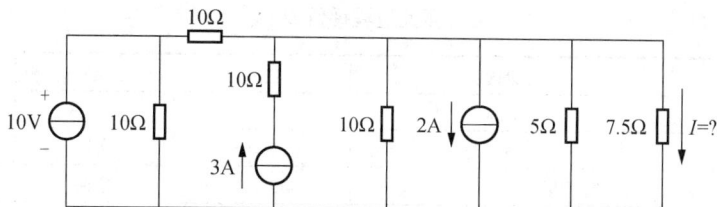

图3-60　例3-11电路图

图 3-61 例 3-11 解题过程（一）

图 3-62 例 3-11 解题过程（二）

合并三个电流源，如图 3-63 所示。

将电流源转化为电压源，如图 3-64 所示。

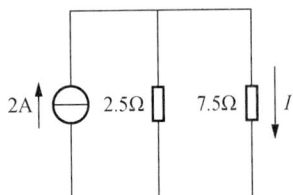

图 3-63 例 3-11 解题过程（三）

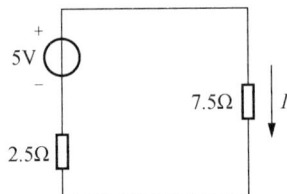

图 3-64 例 3-11 解题过程（四）

$$I = \frac{5}{2.5 + 7.5} = 0.5(A)$$

任务评价

多元过程评价表

项目		评价内容	评价分值	评价方式	量化得分
学习过程	任务描述	学习目标是否明确	5分	自评	
	相关知识	认识电压源	5分	自评	
		认识电流源	5分	自评	
	任务实施	电源等效变换方法	5分	自评	
		电压源转化为电流源例题	5分	互评	
		电流源转化为电压源例题	5分	互评	
		综合例题	5分	互评	

续表

项目		评价内容	评价分值	评价方式	量化得分
学习过程	强化拓展	电源变换法解题原则	5分	自评	
		例题学习	10分	互评	
		巩固练习	5分	互评	
	职业素养	积极答问	3分	师评	
		规范作图	5分	师评	
		细致认真	2分	自评	
	6S 管理	学习状态、教材、用具	5分	互评	
	课堂纪律	遵守纪律情况	10分	师评	
	课后作业	完成作业	20分	师评	
	出勤记录			总分	

任务七　验证叠加原理

任务描述

　　熟记叠加原理的内容，能够利用实验验证叠加原理，熟练应用叠加原理求解复杂电路。

相关知识

【例 3-12】如图 3-65 所示，利用基尔霍夫定律求电流 I。

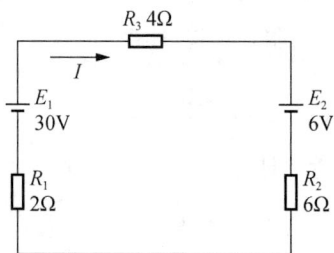

图 3-65　例 3-12 电路图

　　解：

$$I（R_1+R_2+R_3）=E_1-E_2$$

$$I=\frac{E_1-E_2}{R_1+R_2+R_3}=\frac{30-6}{2+6+4}=2(A)$$

下面尝试用另一种方法来解决这个问题。首先分析一下，图 3-65 所示为由两个电源组成的电路，设想让电路中的每个电源单独作用，绘制出电路图如图 3-66 所示。

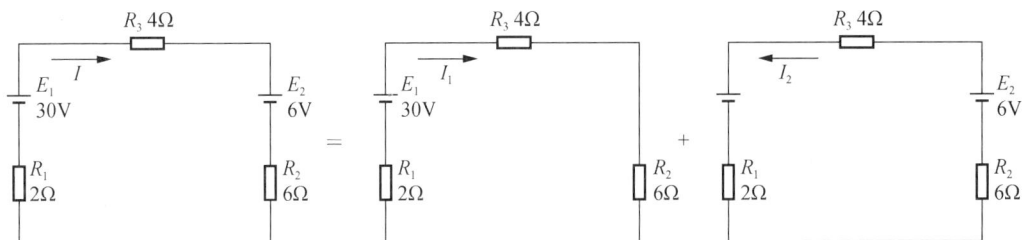

图 3-66　两个电源分别作用时的电路图

假设 E_1 单独作用，而将 E_2 置零，则电路中的电流为

$$I_1 = \frac{E_1}{R_1 + R_2 + R_3} = \frac{30}{2 + 6 + 4} = 2.5(A)$$

再假设 E_2 单独作用，而将 E_1 置零，则电路中的电流为

$$I_2 = \frac{E_2}{R_1 + R_2 + R_3} = \frac{6}{2 + 6 + 4} = 0.5(A)$$

电路中的实际电流应为两个电源共同作用的结果，即

$$I = I_1 - I_2 = 2.5 - 0.5 = 2(A)$$

通过对比，我们发现两种解法的结果是相同的。这说明第二种方法也是正确的。

解含有几个电源的复杂电路时，可将其分解为几个由单个电源单独作用的简单电路，求解出每个简单电路的电压和电流值，然后将计算结果叠加，求得原电路的实际电流、电压，这种解题思想就是叠加原理。

叠加原理的解题步骤：

1）分别作出每一个电源单独作用的分图，其余电源不起作用（电压源用短路替代，电流源用开路替代），只保留其内阻，如图 3-67 所示。

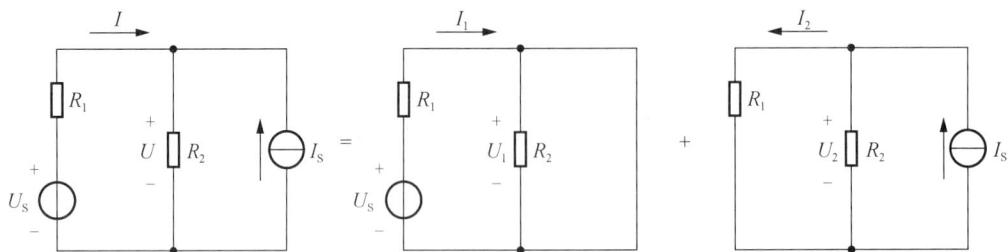

图 3-67　叠加原理解题示例

2）按电阻串、并联的特点，分别计算出分图中每一支路电流（或电压）实际的大小和方向。

3）求出各电源在各个支路中产生的电流（或电压）的代数和，即为所有电源共同在各支路中产生的电流（或电压）。

在图 3-67 中：

$$I = I_1 - I_2$$
$$U = U_1 + U_2$$

注意：

1）在求和时要注意各个电流（或电压）的正、负。

2）叠加原理只能用来求电路中的电流或电压，而不能用来计算功率。

3）叠加原理只适用于线性电路的计算，不能用来计算非线性电路。

任务实施

实验电路：电路图如图 3-68 所示。

实验过程：利用电路仿真软件进行仿真，扫描二维码观看仿真过程。

实验数据：请完成实验报告表格。

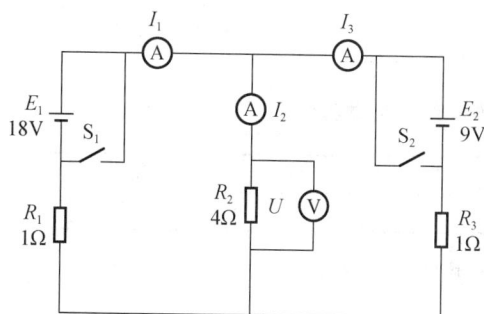

图 3-68　实验电路图

验证叠加原理仿真过程

1. 线性电路

1）E_1 单独作用时：将测得的状态数据填入表 3-3 中。

表 3-3　非线性电路中 E_1 单独作用时

项目	S_1	S_2	I_1	I_2	I_3	U
状态数据						

2）E_2 单独作用时：将测得的状态数据填入表 3-4 中。

表 3-4　非线性电路中 E_2 单独作用时

项目	S_1	S_2	I_1	I_2	I_3	U
状态数据						

3）计算电路各参数：

$I_1=$_____，$I_2=$_____，$I_3=$_____，$U=$_____。

2. 非线性电路

用非线性元件二极管 D 替换电阻 R_3，如图 3-69 所示。

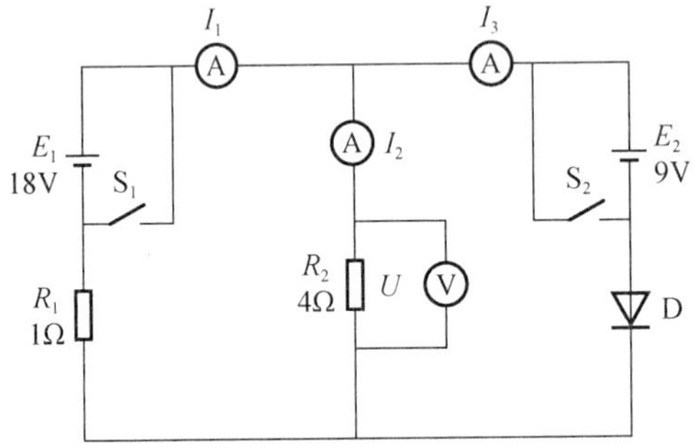

图 3-69　非线性电路

1）E_1 单独作用时：将测得的状态数据填入表 3-5 中。

表 3-5　非线性电路中 E_1 单独作用时

项目	S_1	S_2	I_1	I_2	I_3	U
状态数据						

2）E_2 单独作用时：将测得的状态数据填入表 3-6 中。

表 3-6　非线性电路中 E_2 单独作用时

项目	S_1	S_2	I_1	I_2	I_3	U
状态数据						

3）计算电路各参数：

$I_1=$_____，$I_2=$_____，$I_3=$_____，$U=$_____。

实验结论：_____。

━━━━━ 强 化 拓 展 ━━━━━

专业拓展

利用叠加原理计算复杂电路

【例 3-13】电路如图 3-70 所示，试利用叠加原理求电流 I 和电压 U_{AB}。

解：15V 的电压源单独作用时，3A 的电流源做断开处理，如图 3-71 所示。

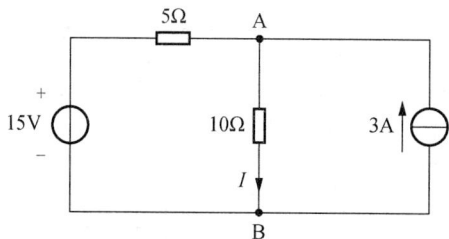

图 3-70　例 3-13 电路图

图 3-71　电压源单独作用时的电路

$$I' = \frac{15}{5+10} = 1(A)$$

$$U'_{AB} = 1 \times 10 = 10(V)$$

3A 的电流源单独作用时，15V 电压源做短路处理，如图 3-72 所示。

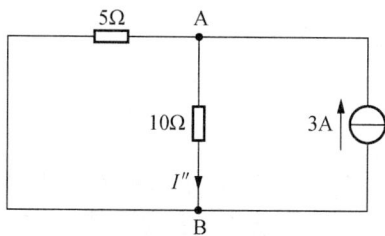

图 3-72　电流源单独作用时的电路

根据分流公式：

$$I'' = \frac{5}{5+10} \times 3 = 1(A)$$

$$U''_{AB} = 1 \times 10 = 10(V)$$

每个电源单独作用时电压、电流的代数和，即为所求值：

$$I = I' + I'' = 1 + 1 = 2(A)$$

$$U_{AB} = U'_{AB} + U''_{AB} = 10 + 10 = 20(V)$$

任务评价

多元过程评价表

项目		评价内容	评价分值	评价方式	量化得分
学习过程	任务描述	学习目标是否明确	5分	自评	
	相关知识	熟记叠加原理	5分	互评	
		叠加原理解题方法	10分	互评	
	任务实施	实验过程	10分	自评	
		实验数据	10分	互评	
		实验结论	5分	互评	

续表

项目		评价内容	评价分值	评价方式	量化得分
学习过程	强化拓展	例题学习	5分	自评	
		巩固练习	5分	互评	
	职业素养	积极答问	3分	师评	
		规范作图	5分	师评	
		细致认真	2分	自评	
	6S 管理	学习状态、教材、用具	5分	互评	
	课堂纪律	遵守纪律情况	10分	师评	
	课后作业	完成作业	20分	师评	
	出勤记录			总分	

任务八　验证戴维南定理

任务描述

熟记戴维南定理的内容，能够利用实验验证戴维南定理，熟练应用戴维南定理求解复杂电路，理解负载获得最大功率的条件并会求解最大功率。

相关知识

有一个复杂电路，并不需要把所有支路电流都求出来，只要求出某一支路的电流，在这种情况下，用前面的方法来计算就很复杂，应用戴维南定理求解就较方便。

电路也称为网络，有两个引出端的电路称为二端网络，含有电源的二端网络称为有源二端网络，不含电源的二端网络称为无源二端网络，如图 3-73 所示。

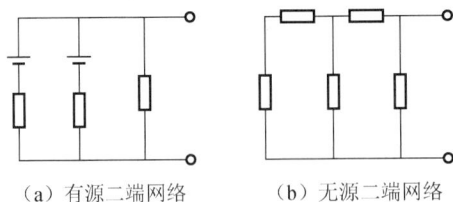

（a）有源二端网络　　　（b）无源二端网络

图 3-73　二端网络

戴维南定理指出任何有源二端网络都可以用一个等效电压源来代替，电压源的电动势等于二端网络的开路电压，其内阻等于有源二端网络内所有电源不起作用时，网络两端的等效电阻。

戴维南定理的解题方法：

1）把待求支路移开，构造出有源二端网络。

2）求出有源二端网络的开路电压 U_{ab}。

3）将网络内各电源除去，求出网络两端的等效电阻 R_{ab}。

4）画出有源二端网络的戴维南等效电路，并接上待求支路，按要求解答。

注意：

1）代替有源二端网络的电源极性应与开路电压 U_{ab} 的极性一致。

2）戴维南定理只适用于线性有源二端网络，若有源二端网络内含有非线性元件，则不能应用戴维南定理。

【例 3-14】电路如图 3-74 所示，求电流 I。

解：1）移走待求支路，构造出一个有源二端网络，如图 3-75 所示。

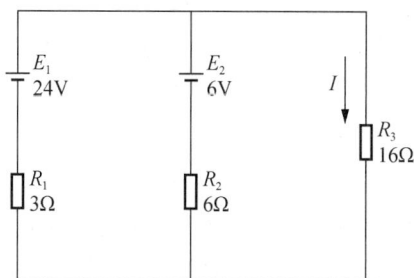

图 3-74　例 3-14 电路图　　　　　图 3-75　有源二端网络

2）求开路电压：

$$I_1 = \frac{E_1 - E_2}{R_1 + R_2} = \frac{24 - 6}{3 + 6} = 2(\text{A})$$

$$U_{AB} = E_1 - I_1 R_1 = 24 - 2 \times 3 = 18(\text{V})$$

3）求所有电源不起作用时的等效电阻，电路如图 3-76 所示。

$$R_{AB} = \frac{R_1 R_2}{R_1 + R_2} = \frac{3 \times 6}{3 + 6} = 2(\Omega)$$

4）根据戴维南定理：$E = U_{AB}$，$R_o = R_{AB}$，绘制戴维南电路模型，如图 3-77 所示。

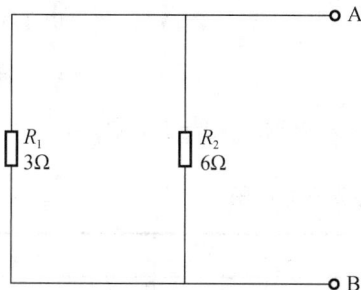

图 3-76　所有电源不起作用时的电路　　　　　图 3-77　戴维南等效模型

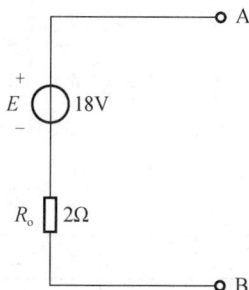

5）将待求支路复原，如图 3-78 所示，求解 I。

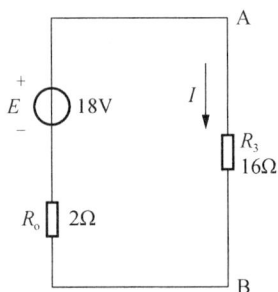

图 3-78　复原待求支路

$$I = \frac{E}{R_{\mathrm{o}} + R_3} = \frac{18}{2 + 16} = 1(\mathrm{A})$$

任务实施

实验电路：电路图如图 3-79 所示。

实验过程：利用电路仿真软件进行仿真，扫描二维码观看仿真过程。

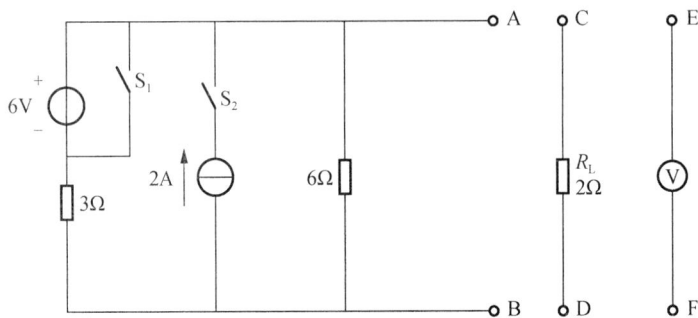

验证戴维南定理
仿真过程

图 3-79　实验原理图

实验数据：请完成实验报告表格。

1）移走 CD 支路，测开路电压，将测得的状态数据填入表 3-7 中。

表 3-7　移走 CD 支路后测开路电压

项目	S_1	S_2	U_{AB}
状态数据			

2）电源不起作用时，测等效电阻，将测得的状态数据填入表 3-8 中。

表 3-8　电源不起作用时测等效电阻

项目	S_1	S_2	R_{AB}
状态数据			

3）利用仿真软件建立电路模型，如图 3-80 所示。

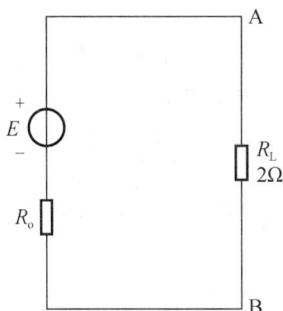

图 3-80　电路模型

4）对比电路（图 3-81），电流表读数相等时，E_____U_{AB}，R_o_____R_{AB}。

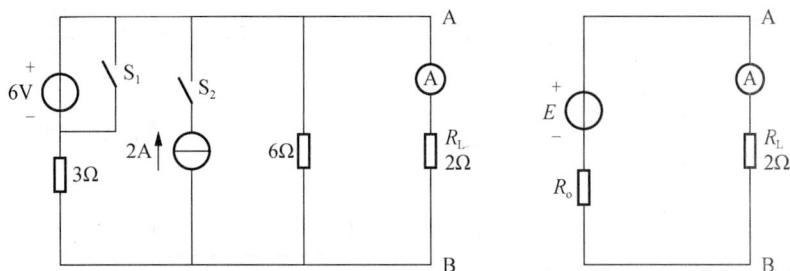

图 3-81　对比电路

实验结论：_____

_____

=== 强化拓展 ===

专业拓展

负载获得最大功率的条件

电源接上负载后，由于电源内阻的存在，电源输出的总功率由电源内阻消耗的功率与外接负载获得的功率两部分组成。如果内阻上的功率较大，负载上获得的功率就较小。

在什么情况下，负载才能获得最大功率呢？

设电源电动势为 E，内阻为 r，负载为纯电阻 R，则有

$$P = I^2 R = \left(\frac{E}{R+r} \right)^2 R = \frac{RE^2}{(R+r)^2}$$

利用 $(R+r)^2=(R-r)^2+4Rr$，上式可写成

$$P = \frac{RE^2}{(R-r)^2 + 4Rr} = \frac{E^2}{\dfrac{(R-r)^2}{R} + 4r}$$

当 $R=r$ 时，上式分母值最小，P 最大，所以负载获得最大功率的条件是负载电阻与电源的内阻相等，即 $R=r$。这时负载获得的最大功率为

$$P_{\mathrm{m}} = \frac{E^2}{4R} = \frac{E^2}{4r}$$

由于负载获得最大功率也就是电源输出最大功率，所以 $R=r$ 也是电源输出最大功率的条件。

注意：以上结论并不仅限于实际电源，也适用于有源二端网络变换而来的等效电压源（戴维南等效模型）。多电源或多负载情况下必须化成等效电压源才能利用此结论。

【例 3-15】求图 3-82 所示电路中，负载 R_{L} 为何值时获得最大功率？最大功率为多少？

解：1）移走 R_{L} 所在支路，形成有源二端网络，如图 3-83 所示。

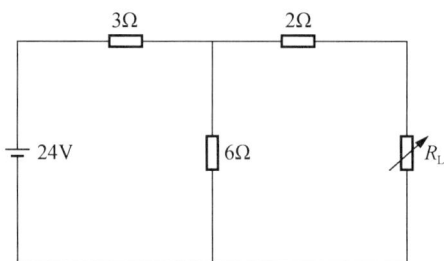

图 3-82　例 3-15 电路　　　　　　　图 3-83　有源二端网络

$$U_{\mathrm{AB}} = \frac{6}{3+6} \times 24 = 16(\mathrm{V})$$

2）求所有电源不起作用时的等效电阻：

$$R_{\mathrm{AB}} = 3//6 + 2 = 4(\Omega)$$

3）根据戴维南定理：$E=U_{\mathrm{AB}}=16\mathrm{V}$，$R_{\mathrm{o}}=R_{\mathrm{AB}}=4\,\Omega$，建立戴维南等效的电压源模型，移回待求支路，如图 3-84 所示。

4）当 $R_{\mathrm{L}}=R_{\mathrm{o}}=4\,\Omega$ 时，负载获得最大功率，最大功率为

$$P_{\max} = \frac{E^2}{4R_{\mathrm{L}}} = \frac{16^2}{4 \times 4} = 16(\mathrm{W})$$

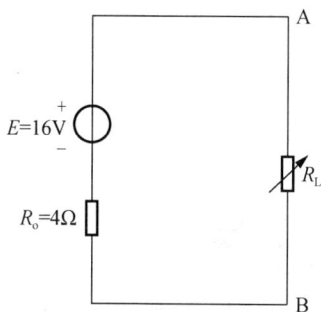

图 3-84　戴维南等效变换后的电路

任务评价

多元过程评价表

项目		评价内容	评价分值	评价方式	量化得分
学习过程	任务描述	学习目标是否明确	5分	自评	
	相关知识	熟记戴维南定理	5分	互评	
		戴维南定理解题方法	10分	互评	
	任务实施	实验过程	10分	自评	
		实验数据	5分	互评	
		实验结论	5分	互评	
	强化拓展	专业拓展	10分	互评	
		巩固练习	5分	互评	
职业素养		积极答问	3分	师评	
		规范作图	5分	师评	
		细致认真	2分	自评	
6S 管理		学习状态、教材、用具	5分	互评	
课堂纪律		遵守纪律情况	10分	师评	
课后作业		完成作业	20分	师评	
出勤记录				总分	

项目四
探究磁场及其相关知识

学习目标

1. 掌握磁感应强度、磁通、磁导率、磁场强度等基本物理量，学会利用磁感线来描述不同磁体周围的磁场分布情况，掌握右手螺旋定则并能够熟练应用右手螺旋定则判定通电导体周围的磁场方向。

2. 了解通电导体在磁场中会受到安培力的作用，学会利用公式计算安培力的大小，利用左手定则来判定安培力的方向，能够综合利用安培力知识分析磁电系仪表和直流电动机的工作原理。

3. 理解电磁感应现象，探究感应电流产生的条件，能够综合利用法拉第电磁感应定律和楞次定律求解感应电动势的大小和方向，能够熟练应用右手定则判断直导体切割磁感线时产生感应电动势的方向。

4. 理解自感和互感现象，能够计算自感电动势的大小，学会判断同名端，理解变压器原理。

5. 理解磁化现象，了解磁性材料的分类及其应用，掌握磁路欧姆定律。

项目概述

项目四主要介绍磁场的基本知识、电流周围的磁场、磁场对电流的作用、电磁感应现象等电磁学基础知识，是今后学习电动机、发电机、变压器等相关知识的基础。通过项目四的学习，同学们可以发现磁和电之间的密切关系，这一部分知识是我们学习交流电及后续专业课程的基础，需要熟练掌握。

任务一　探究电流周围产生的磁场

任务描述

了解磁场、磁性、磁体、磁极的基本概念，学会利用磁感线来描述不同磁体周围的磁场分布情况，掌握并能够熟练应用右手螺旋定则判定通电导体周围的磁场方向。

相关知识

一、磁体和磁极

1）磁：磁是物质运动的一种基本形式，由电荷运动所产生。

2）磁性：物体能吸引铁、镍、钴等金属的性质。

3）磁体：具有磁性的物体。常见的磁体如图 4-1 所示，分天然磁体和人造磁体两类。

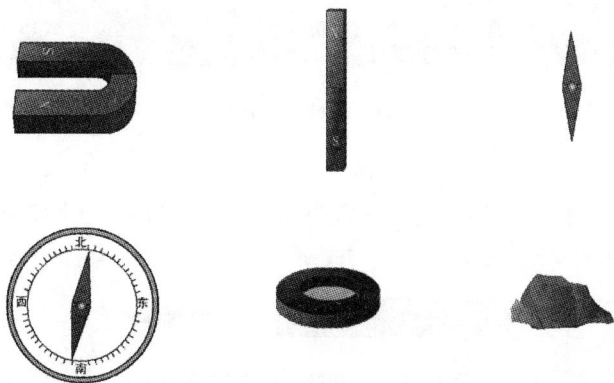

图 4-1　常见的磁体

4）磁极：磁体外表磁性最强的部位。任何磁体都有两个极——N 极和 S 极，磁极一定是成对出现的，如图 4-2 所示。

图 4-2　磁体上的磁极

二、磁场与磁感线

1）磁力：磁极间的相互作用力。

2）磁力的作用规律：同性磁极相斥，如图 4-3 所示；异性磁极相吸，如图 4-4 所示。

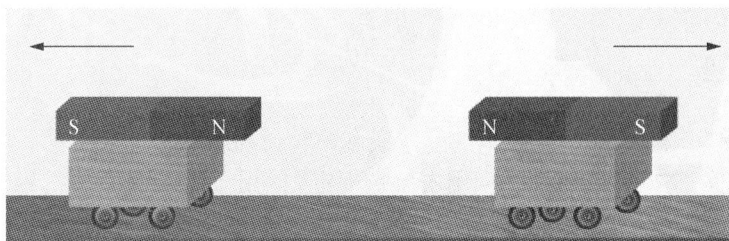

图 4-3　同性磁极作用力

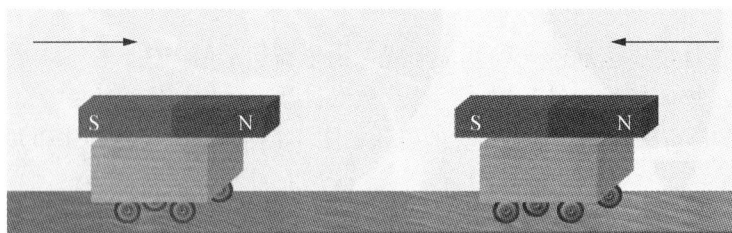

图 4-4　异性磁极作用力

3）磁场：磁体周围存在的特殊物质。

4）磁场的方向：磁场中某点的磁场方向为该点小磁针静止时 N 极的指向，如图 4-5 所示。

图 4-5　利用小磁针判断磁场的方向

5）磁场的性质：具有力和能的性质。

6）磁感线：人为假设的表示磁场强弱和方向的闭合曲线。人们根据磁体周围小磁针静止时的指向和磁体周围铁屑的分布情况绘制出磁感线，如图 4-6 所示。

磁感线的特点：

① 磁感线的绘制：一系列互不相交的、有方向的、闭合的、立体的曲线（磁感线没有起点，没有终点，不能中断，不能相交）。

② 磁感线的方向：在磁体的外部，磁感线由 N 极指向 S 极；在磁体的内部，磁感线由 S 极指向 N 极。

③ 利用磁感线判定磁场方向：磁感线上任一点的切线方向（也即该点上小磁针 N 极的指向）为磁场的方向。

④ 利用磁感线判定磁场大小：磁感线越密集，磁场越强；磁感线越稀疏，磁场越弱。

⑤ 磁感线并不是客观存在的，磁场是客观存在的。

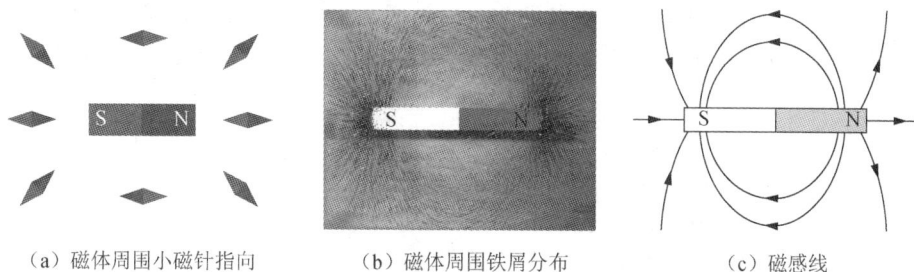

（a）磁体周围小磁针指向　　　　（b）磁体周围铁屑分布　　　　（c）磁感线

图 4-6　磁感线

几种磁体的磁感线分布情况如图 4-7 所示。

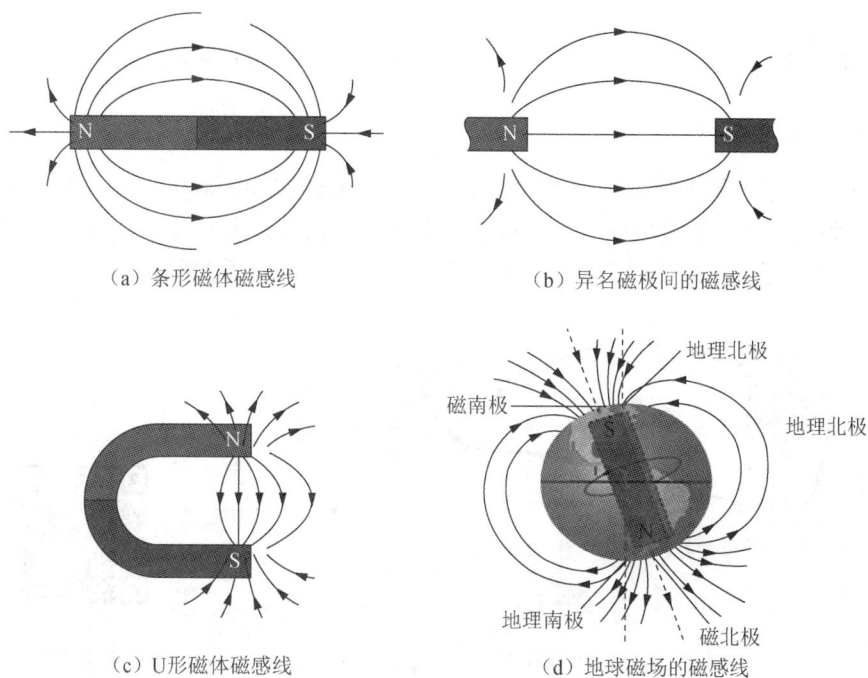

（a）条形磁体磁感线　　　　　　　　　（b）异名磁极间的磁感线

（c）U 形磁体磁感线　　　　　　　　　（d）地球磁场的磁感线

图 4-7　几种磁体的磁感线分布情况

三、匀强磁场

在磁场中某一区域，若磁场的大小方向都相同，这部分磁场称为匀强磁场。匀强磁场的磁感线是一系列疏密均匀、相互平行的直线，如图 4-8 所示。

四、磁场的能量

磁场除了具有大小和方向，还有能量。磁场的建立过程是磁场的储能过程；磁场的消失过程是磁场能量的释放过程。因为磁场具有能量，磁场之间才会有力的作用。

（a）向右的匀强磁场　　（b）垂直向内的匀强磁场　　（c）垂直向外的匀强磁场

图 4-8　匀强磁场

任务实施

一、探究电流的磁现象

1820 年，丹麦物理学家奥斯特做出如下实验，原理图如图 4-9 所示。把小磁针放在一条导线附近，当导线通电时，小磁针的方向发生了偏转。这一发现说明了电流能够产生磁场，我们把这种现象称为电流的磁现象。扫描二维码观看实验过程。

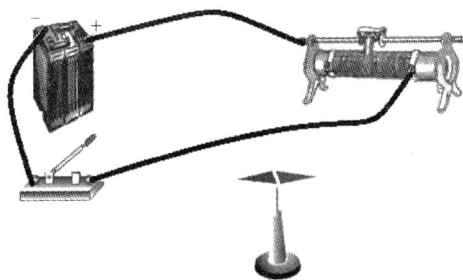

图 4-9　奥斯特实验原理图

磁现象

二、探究电流周围产生的磁场

1. 通电直导体产生的磁场

扫描二维码观看动画并回答以下问题：

1）实验人员用的是____（填"左"或"右"）手。

2）大拇指指向____方向，四指弯曲的方向为____方向。

3）如图 4-10 所示，通电直导体的磁感线是一系列____，越靠

通电直导体产生的磁场

近导体越____，越远离导体越____。这说明越靠近导体，磁场越____；越远离导体，磁场越____。图 4-10（c）中×表示____，·表示____。

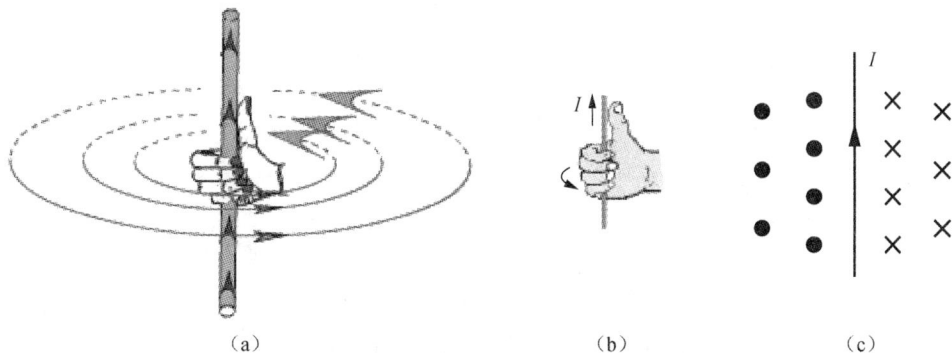

（a）　　　　　　　　　　　（b）　　　　　　　　　（c）

图 4-10　通电直导体产生的磁场

2．通电环形导体产生的磁场

扫描二维码观看动画并回答以下问题：

1）实验人员用的是____（填"左"或"右"）手。

2）大拇指指向____方向，四指弯曲的方向为____方向。

3）如图 4-11 所示，通电环形导体的磁感线是一系列____，越靠近导体越____，越远离导体越____。这说明越靠近导体，磁场越____；越远离导体，磁场越____。图 4-11（c）中×表示____，·表示____。

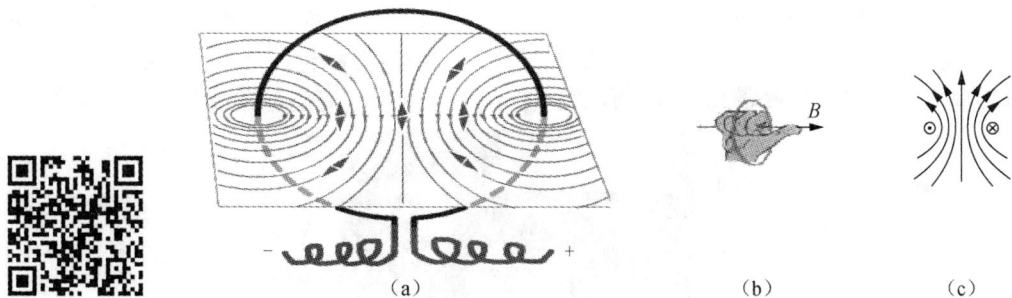

（a）　　　　　　　　　　　　　（b）　　　　（c）

通电环形导体
　产生的磁场

图 4-11　通电环形导体产生的磁场

3．通电螺线管产生的磁场

扫描二维码观看动画并回答以下问题：

1）实验人员用的是____（填"左"或"右"）手。

2）大拇指指向____方向，四指弯曲指向____极的方向。

3）如图 4-12 所示，通电螺线管的磁感线与____形磁体的磁感

通电螺线管产生的磁场

线相似，越靠近螺线管，磁场越____；越远离螺线管，磁场越____。

4）图 4-12（c）中×表示____，·表示____。如图 4-12（a）所示，电流从螺线管外侧流____，内侧流____，产生的磁场方向为左侧为____极，右侧为____极。

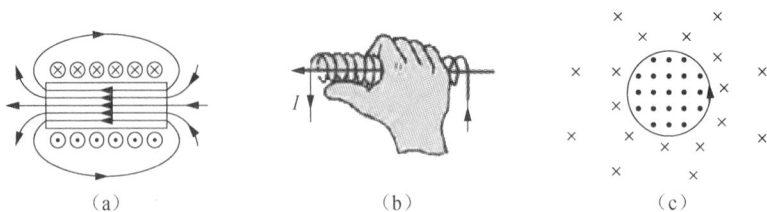

图 4-12　通电螺线管产生的磁场

结论：电流周围产生的磁场，遵循右手螺旋定则，也称为安培定则，其内容为判定通电直导体周围产生的磁场情况时，用右手握住通电的直导体，大拇指指向电流的方向，四指弯曲的方向就是磁场的方向；判断环形通电导体产生的磁场时，四指弯曲的方向电流方向，大拇指的指向为磁场的方向；判断通电螺线管产生的磁场时，四指弯曲的方向与电流环绕方向一致，大拇指指向磁场 N 极的方向。

强化拓展

专业拓展

磁悬浮列车

生活中的磁应用很多，如变压器、电动机、电视机、收音机、电话和电磁炉等。每位中华儿女都引以为荣的是中国古代四大发明之一的指南针和当今"陆上最快的交通工具"磁悬浮列车，这些都和磁现象有关。图 4-13 所示为上海磁悬浮列车。

图 4-13　上海磁悬浮列车

磁悬浮列车的基本原理是充分利用磁极之间的相互作用力。车身及路面都装有电磁铁，其中车身的磁场和路面的磁场产生悬浮力，使列车稳定悬浮，车身的磁场和推进磁场产生向前的牵引力，推动列车前行，原理如图 4-14 所示。

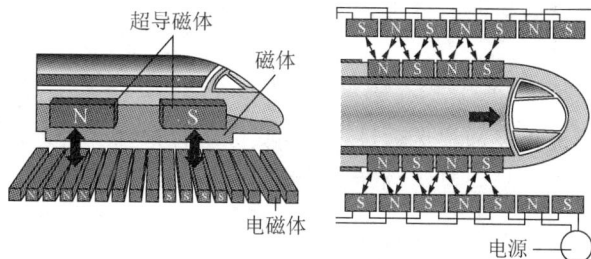

图4-14 磁悬浮列车原理

任务评价

多元过程评价表

项目		评价内容	评价分值	评价方式	量化得分
学习过程	任务描述	学习目标是否明确	5分	自评	
	相关知识	磁场的基本概念	10分	自评	
		磁感线的特点	5分	互评	
		绘制磁感线	5分	互评	
	任务实施	探究通电直导体产生的磁场	5分	互评	
		探究通电环形导体产生的磁场	5分	互评	
		探究螺线管产生的磁场	5分	互评	
		掌握右手螺旋定则	5分	互评	
	强化拓展	专业拓展	5分	自评	
		巩固练习	5分	互评	
职业素养		积极答问	2分	师评	
		自主探究	5分	互评	
		自豪感与责任意识	3分	自评	
6S 管理		学习状态、教材、用具	5分	互评	
课堂纪律		遵守纪律情况	10分	师评	
课后作业		完成作业	20分	师评	
出勤记录				总分	

任务二 探究磁场中的主要物理量

任务描述

掌握磁感应强度、磁通量、磁导率、磁场强度等基本物理量的相关知识，探究这些物理量的关系，了解铁磁材料的分类和用途。

相关知识

用磁感线可以形象直观地描述磁场，但它只能进行定性分析，要定量地解决磁场问题，需要引入磁通、磁感应强度等物理量。

1. 磁感应强度

磁场既有强弱，又有方向。为了表示磁场的强弱和方向，引入磁感应强度的概念。在磁场中，一段长为 l 的导体，当通过的电流为 I 时，所受的电磁力为 F，F 与 Il 乘积的比值是恒量，把这个比值定义为磁感应强度，用 B 表示，公式为

$$B = \frac{F}{Il} \tag{4-1}$$

式中，B——磁感应强度，单位为特斯拉（T）；

F——通电导体所受的磁场力，单位为牛顿（N）；

I——导体中的电流，单位为安培（A）；

l——导体的长度，单位为米（m）。

在国际单位制中，磁感应强度的单位是 T。各个量纲之间存在如下关系：

$$1\frac{N}{A \cdot m} = 1\frac{N \cdot m}{A \cdot m^2} = 1\frac{J}{A \cdot m^2} = 1\frac{V \cdot A \cdot s}{A \cdot m^2} = 1\frac{V \cdot s}{m^2} = 1\frac{Wb}{m^2} = 1T$$

磁感应强度是描述某点磁场强弱和方向的物理量。磁感应强度是一个矢量，它的方向即为该点的磁场方向。

注意：匀强磁场中各点的磁感应强度大小和方向均相同。用磁感线可形象地描述磁感应强度的大小，磁感线较密，磁场较强，磁感应强度较大；磁感线较稀疏，磁场较弱，磁感应强度较小；磁感线上某点的切线方向即为该点磁感应强度的方向。

【例 4-1】已知在匀强磁场中，有一段长为 0.2m 的导体与磁场的方向垂直，通入的电流为 10A，导体受到的电磁力为 1N，求电磁感应强度 B 的大小。

解：　根据电磁感应强度 B 的定义式，有

$$B = \frac{F}{Il} = \frac{1}{10 \times 0.2} = 0.5(T)$$

地球表面的磁感应强度为 $(0.3 \sim 0.7) \times 10^{-4}$ T，一般永久磁铁磁极处的磁感应强度为 $(0.4 \sim 0.7)$ T，变压器铁心中的磁感应强度达 $(0.9 \sim 1.7)$ T，大型电磁铁的磁感应强度可高达 2 T。

2. 磁通量

在磁感应强度为 B 的匀强磁场中取一个与磁场方向垂直、面积为 S 的平面，则 B 与 S 的乘积称为穿过这个平面的磁通量 Φ，简称磁通。公式为

$$\Phi = BS$$

式中，B 的单位为特斯拉（T）；S 的单位为平方米（m^2）；Φ 的国际单位是韦伯（Wb）。

当面积为 S 的平面与磁场方向不垂直时，则磁通 $\Phi = BS\sin\theta$，θ 是磁场方向与平面 S 的夹角。

磁通是标量，表征磁场中某个面的磁场强弱。

【例 4-2】磁感应强度为 0.8T 的匀强磁场中有一面积为 $0.05m^2$ 的平面，如果磁感应强度与平面的夹角分别为 0°、30°、90° 和 180°，问通过该平面的磁通各是多少？

解：1）当夹角为 0° 时，$\Phi = BS\sin0° = 0$Wb。

2）当夹角为 30° 时，$\Phi = BS\sin30° = 0.8 \times 0.05 \times 0.5 = 0.02$（Wb）。

3）当夹角为 90° 时，$\Phi = BS\sin90° = 0.8 \times 0.05 \times 1 = 0.04$（Wb）。

4）当夹角为 180° 时，$\Phi = BS\sin180° = 0$（Wb）。

由 $\Phi = BS$ 可知：磁感应强度的大小等于与磁场方向垂直的单位面积上的磁通量，即有

$$B = \frac{\Phi}{S} \qquad\qquad (4-2)$$

磁感应强度可以看作通过单位面积的磁通。磁感应强度 B 也称为磁通密度，单位是 Wb/m^2。

【例 4-3】匀强磁场中有一面积为 $2m^2$ 的平面，与磁场垂直，通过的磁通为 1.2Wb，求该磁场的磁通密度。

解：$B = \dfrac{\Phi}{S} = \dfrac{1.2}{2} = 0.6(Wb/m^2)$，单位也可用 T 表示。

3. 磁导率

磁场中的磁感应强度的大小不仅与产生磁场的电流和导体有关，而且与磁场中的磁介质（传导磁场的介质）有关。在磁场中放入磁介质后，磁感应强度将发生变化，磁介质对磁场的影响程度取决于它本身的导磁性能。

物质导磁性能的强弱用磁导率 μ 来表示。磁导率 μ 的单位是亨利/米（H/m）。不同的物质，磁导率不同。在相同的条件下，μ 值越大，磁感应强度越大，磁场越强；μ 值越小，磁感应强度越小，磁场越弱。

真空的磁导率是一个常数，用 μ_0 表示，$\mu_0 = 4\pi \times 10^{-7}$H/m。为便于对各种物质的导磁性能进行比较，在实践中往往以真空磁导率 μ_0 为基准，将其他物质的磁导率 μ 与 μ_0 比较，其比值称为相对磁导率，用 μ_r 表示，即

$$\mu_r = \frac{\mu}{\mu_0} \qquad\qquad (4-3)$$

根据相对磁导率 μ_r 的大小，可将物质分为三类：

1）顺磁性物质：μ_r 略大于 1，如空气、氧、锡、铝、铅等物质都是顺磁性物质。

在磁场中放置顺磁性物质，磁感应强度略有增加。

2）反磁性物质：μ_r 略小于 1，如氢、铜、石墨、银、锌等物质都是反磁性物质，又称抗磁性物质。在磁场中放置反磁性物质，磁感应强度略有减小。

3）铁磁性物质：μ_r 远大于 1，如铁、钢、铸铁、镍、钴等物质都是铁磁性物质。在磁场中放入铁磁性物质，可使磁感应强度增加几千甚至几万倍。

4. 磁场强度

在同类磁介质中，某点的磁感应强度 B 与磁导率 μ 之比称为该点的磁场强度，记为 H，即 $H=B/\mu$。对于螺线管来说，$H=NI/l$，单位是安培/米（A/m）。

磁场强度 H 也是矢量，其方向与磁感应强度的方向相同。

注意：磁场中各点的磁场强度 H 的大小只与产生磁场的电流 I 的大小和导体的形状有关，与磁介质的性质无关。

任务实施

扫描二维码观看视频，发现视频中的线圈转动过程中，线圈与磁场的夹角发生变化，磁通量也随之发生变化，交互式动画界面如图 4-15 所示，请回答以下问题。

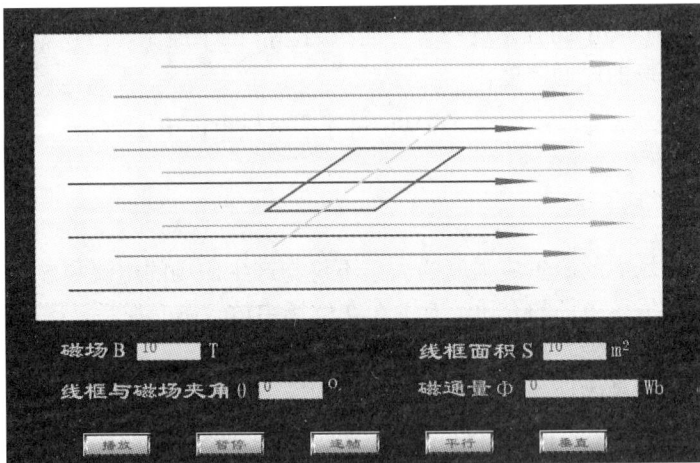

探究磁感应强度与磁
通的关系

图 4-15　交互式动画界面

1）$B=5T$，$S=1m^2$，$\theta=0°$，$\Phi=$＿＿＿。

$B=5T$，$S=1m^2$，$\theta=30°$，$\Phi=$＿＿＿。

$B=5T$，$S=1m^2$，$\theta=90°$，$\Phi=$＿＿＿。

$B=5T$，$S=1m^2$，$\theta=180°$，$\Phi=$＿＿＿。

2）$B=10T$，$S=1m^2$，$\theta=0°$，$\Phi=$____。

$B=10T$，$S=1m^2$，$\theta=30°$，$\Phi=$____。

$B=10T$，$S=1m^2$，$\theta=90°$，$\Phi=$____。

$B=10T$，$S=1m^2$，$\theta=180°$，$\Phi=$____。

3）$B=5T$，$S=2m^2$，$\theta=0°$，$\Phi=$____。

$B=5T$，$S=2m^2$，$\theta=30°$，$\Phi=$____。

$B=5T$，$S=2m^2$，$\theta=90°$，$\Phi=$____。

$B=5T$，$S=2m^2$，$\theta=180°$，$\Phi=$____。

以上1）、2）两组数据对比说明，____和____一定时，磁通与磁感应强度成____比。
1）、3）两组数据对比说明，____和____一定时，磁通与面积成____比。3组数据共同表明，当磁感应强度和面积不变时，磁通与夹角θ符合____（填"正弦"或"余弦"）规律，公式为____；当线圈与磁场____（填"平行"或"垂直"）时，磁通最大；当线圈与磁场____（填"平行"或"垂直"）时，磁通最小。

───────── **强化拓展** ─────────

专业拓展

磁化与铁磁材料

1. 磁化

磁现象的电本质：磁场是由电荷运动而产生的。磁畴是铁磁材料中最小的磁场单元，铁磁材料中的众多电荷运动的方向不同，产生的磁畴方向也不同，各作用相互抵消，对外不显磁性；如果在外界作用下，电荷运动方向相同，磁畴方向一致，作用相互叠加，对外显磁性，我们把原来没有磁性的铁磁材料变成具有磁性的过程称为磁化。铁磁材料中的磁畴如图4-16所示。

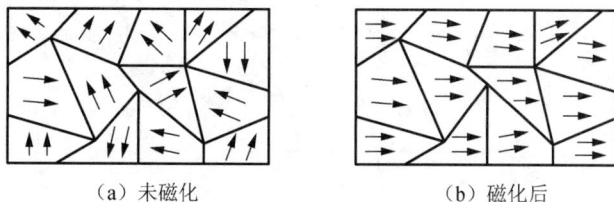

（a）未磁化　　　　　　　　（b）磁化后

图4-16　铁磁材料中的磁畴

2. 铁磁材料

铁磁材料主要是指钢、铁、镍、钴及其合金等材料，是制造电机、变压器和各种电气元件铁心的主要材料。铁磁材料的磁性能可用磁化曲线及其磁饱和性、磁滞回线及其磁滞性来表征。

在一定强度外磁场的作用下，磁畴将沿外磁场方向趋向规则排列，产生附加磁场，使通电线圈的磁场显著增强。当通过铁心线圈的电流 I 从零增大时，铁磁材料被磁化产生的磁感应强度 B 随由电流 I 引起的磁场强度 H 变化的曲线称为铁磁材料的磁化曲线（B-H 关系曲线），如图 4-17 所示。扫描二维码观看动画，体会磁化曲线的几个阶段的特点。

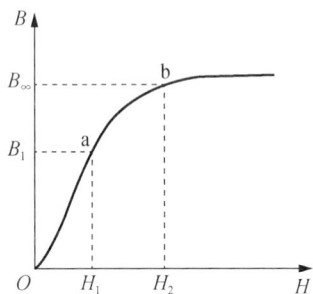

图 4-17　磁化曲线

磁化曲线

图中 Oa 段：磁化初期，受外界磁场的影响，磁畴迅速统一方向，致使铁磁材料的磁性迅速增强，B 随 H 线性增长。电动机、电磁铁、变压器等利用磁化曲线的此段特性。

图中 ab 段：磁化中期，部分磁畴转向完毕，部分磁畴继续转向，B 随 H 缓慢增长，图像上出现"弯度"，此段被称为磁化曲线的膝部。

图中 b 点之后，磁化后期，几乎全部磁畴转向完毕，B 基本不再增加，达到饱和（最大值）。

当铁心线圈中通有交变电流时，铁磁材料就受到交变磁化，磁感应强度 B 随磁场强度 H 的变化而发生变化。当 H 回到零值时，B 还未回到零值，磁感应强度 B 滞后于磁场强度 H 的性质称为铁磁材料的磁滞性。图 4-18 表示 B 和 H 变化关系的闭合曲线，称为磁滞回线。

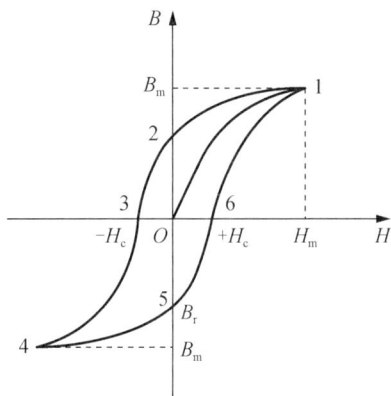

图 4-18　磁滞回线

在铁心反复交变磁化的情况下，当 $H=0$（即电流 $i=0$）时，B 不为零，铁心剩余的磁感应强度称为剩磁感应强度，用 B_r 表示。欲使剩余的磁感应强度消失，必须改变电流方向，得到反向的磁场强度。使 $B=0$ 的 H 值称为矫顽磁力 H_c。

铁磁材料在交变磁场的作用下而反复磁化的过程中，磁畴反复互相摩擦，消耗能量，引起损耗，这种损耗称为磁滞损耗。

3. 铁磁材料的分类

根据磁性材料的磁滞回线，可将磁性材料分为三种类型：软磁材料、硬磁材料和矩磁材料，如图 4-19 所示。

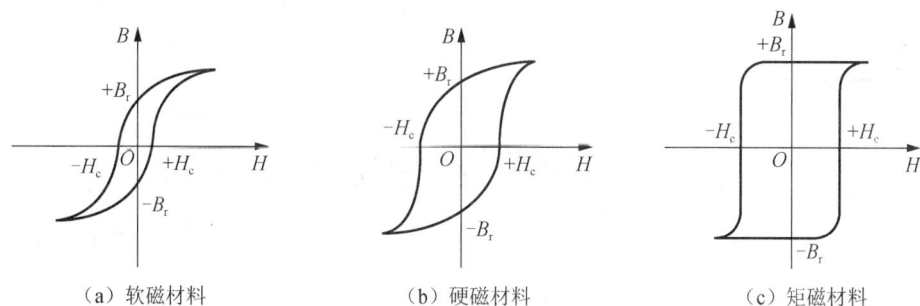

（a）软磁材料　　　　　（b）硬磁材料　　　　　（c）矩磁材料

图 4-19　不同材料的磁滞回线

软磁材料具有磁导率高、易磁化和易去磁、磁滞回线较窄、磁滞损耗小等特点。常用的硅钢、铁镍合金、铁铝合金和铁氧体等，一般用来制造电机、变压器及电器等的铁心。

硬磁材料具有矫顽磁力较大、难磁化、磁化后不易消磁等特点，常见的有碳钢、铁镍铝钴合金等。电工仪表、扬声器、受话器、永久磁铁都是用硬磁性材料制作的。

矩磁材料的磁滞回线接近矩形，剩磁大，矫顽磁力小，稳定性良好。这种材料只要受较小的外磁场作用就能磁化到饱和，当外磁场去掉，产生的剩磁较大、矫顽磁力较小，即去掉外磁场后，与饱和磁化时方向相同的剩磁能稳定地保持下去，所以具有记忆性。常见的材料有镁锰铁氧化体，常在计算机存储器中应用。

任务评价

多元过程评价表

项目		评价内容	评价分值	评价方式	量化得分
学习过程	任务描述	学习目标是否明确	5分	自评	
	相关知识	磁感应强度	5分	互评	
		磁通量	5分	互评	
		磁导率	5分	互评	
		磁场强度	5分	互评	
	任务实施	探究磁感应强度与磁通的关系	15分	互评	

续表

项目		评价内容	评价分值	评价方式	量化得分
学习过程	强化拓展	磁化曲线	5分	互评	
		磁滞回线	5分	互评	
		铁磁材料的分类	5分	互评	
	职业素养	积极答问	2分	师评	
		自主探究	5分	互评	
		活学巧记	3分	自评	
	6S 管理	学习状态、教材、用具	5分	互评	
	课堂纪律	遵守纪律情况	10分	师评	
	课后作业	完成作业	20分	师评	
	出勤记录			总分	

任务三　探究磁场对电流的作用力

任务描述

　　了解通电导体在磁场中会受到安培力的作用，学会利用公式计算安培力的大小，利用左手定则来判定安培力的方向，能够利用安培力知识探究直流电动机的工作原理，了解磁电系仪表的工作原理。

相关知识

　　通电导体在磁场中所受到的力称为电磁力，也称为安培力。安培力是矢量，既有大小，又有方向。

1. 安培力的大小

　　扫描二维码观看动画，探究影响安培力大小的因素。动画截图如图 4-20 所示。

探究影响安培力大小的因素

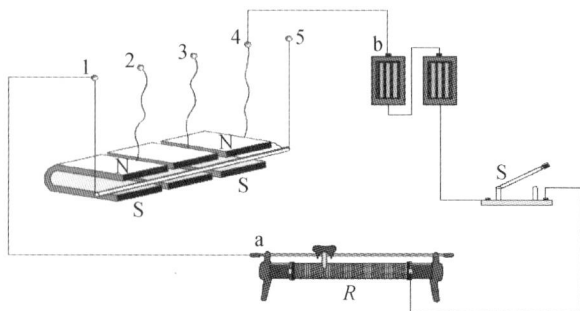

图 4-20　探究影响安培力大小的因素

磁感应强度 B 的公式为 $B = \dfrac{F}{Il}$，整理可得 $F = BIl$。若 I 与 B 的夹角为 α，则导体受到的安培力 F 为

$$F = BIl\sin\alpha \qquad (4\text{-}4)$$

式中，F——导体受到的电磁力，也称安培力，单位为牛顿（N）；

　　B——均匀磁场的感应强度，单位为特斯拉（T）；

　　I——导体中的电流，单位为安培（A）；

　　l——导体的有效长度，单位为米（m）；

　　α——电流方向与磁感应强度方向之间的夹角。

在均匀磁场中，通电导体受到的电磁力（安培力）的大小与磁感应强度 B、通过导体的电流 I、导体在磁场中的有效长度 l，以及导体的电流与磁感应强度的夹角 α 的正弦值成正比，如图 4-21（a）所示。当导体与磁场垂直时，安培力最大，如图 4-21（b）所示；当导体与磁场平行时，安培力最小，大小为零，如图 4-21（c）所示。

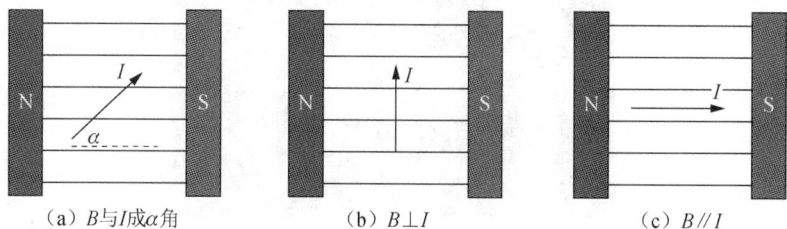

（a）B 与 I 成 α 角　　　（b）$B \perp I$　　　（c）$B /\!/ I$

图 4-21　通电导体在磁场中受到的安培力

【例 4-4】已知在匀强磁场中，有一段长为 0.2m 的导体与磁场的方向垂直，通入的电流为 10A，电磁感应强度 B 为 2T，导体受到的电磁力为多少？

解：

$$F = BIl = 2 \times 10 \times 0.2 = 4(\text{N})$$

2. 安培力的方向

扫描二维码观看动画，体会如何判定安培力的方向。探究安培力的方向的动画截图如图 4-22 所示。

安培力 F 的方向可用左手定则判断：伸出左手，使拇指与其他四指垂直，并都跟手掌在一个平面内，让磁感线垂直穿入手心，四指指向电流的方向，大拇指所指的方向即为通电直导线在磁场中所受安培力的方向，如图 4-23 所示（3D 动画截图）。

由左手定则可知：$F \perp B$，$F \perp I$，F 垂直于 B 和 I 所在的平面。

探究安培力的方向

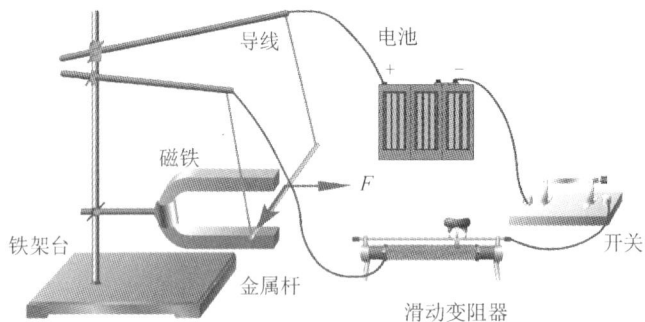

图 4-22　探究安培力的方向

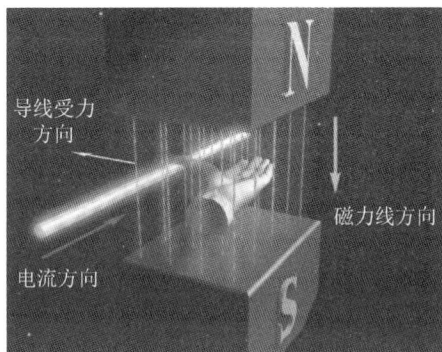

图 4-23　左手定则

任务实施

扫描二维码观看视频并回答以下问题。视频截图如图 4-24 所示。

直流电动机的工作原理

图 4-24　直流电动机的工作原理

1）直流电动机由____、____、____和____组成。

2）通电时，线圈 ab 边的电流方向为____，受力向____；线圈 cd 边的电流方向为____，受力向____，此时线圈____时针转动。

3）当线圈转到 90° 时，电流为____，安培力为____，线圈____（填"能"或"不能"）转动，原因是_____。

4）线圈从与磁场成 90° 转至 180° 过程中，在____作用下，电流改变了方向，线圈 ab 边的电流方向为____，受力向____；线圈 cd 边的电流方向为____，受力向____，此时线圈____时针转动。

5）当线圈转到 180° 时，线圈 ab 边的电流方向为____，受力向____；线圈 cd 边的电流方向为____，受力向____，此时线圈____时针转动且受安培力最____。

6）线圈从与磁场成 180° 转至 270° 过程中，线圈 ab 边的电流方向为____，受力向____；线圈 cd 边的电流方向为____，受力向____，此时线圈____时针转动。

7）当线圈转到 270° 时，电流为____，安培力为____，线圈____（填"能"或"不能"）转动，原因是_____。

8）线圈从与磁场成 270° 转至 360° 过程中，在____作用下，电流改变了方向，线圈 ab 边的电流方向为____，受力向____；线圈 cd 边的电流方向为____，受力向____，此时线圈____时针转动。

9）当线圈转到 360° 时与通电时相同，线圈 ab 边的电流方向为____，受力向____；线圈 cd 边的电流方向为____，受力向____，此时线圈____时针转动。

10）直流电动机原理：在外加直流电源的作用下，线圈中产生电流，通电线圈两侧在磁场中受到____的作用，形成转矩，发生____，借助线圈自身的____及____和____的作用改变电流的方向，维持线圈连续转动。

直流电动机具有转矩大、调速性能好的优点，除了广泛应用于儿童玩具、运输机械中，还能应用于精密数控设备中。

=====强 化 拓 展=====

专业拓展

磁电系仪表

磁电系仪表如图 4-25 所示，是常用的电工仪表之一，可用于直流电压和电流的测量，具有准确度高、刻度均匀、功耗小等特点，经常做成便携式仪表。

磁电系仪表由永久磁铁、可动线圈、转轴、游丝、指针和刻度盘等元件组成，如图 4-26 所示。扫描二维码观看各部分元件。

图 4-25　磁电系仪表

图 4-26　磁电系仪表的组成

磁电系仪表的组成

　　磁电系仪表的工作原理（扫描二维码观看动画）：电流通过线圈时，线圈会在磁场中受到安培力而偏转，被固定在转轴上的指针也随着线圈发生偏转，转轴同时受到游丝的反作用力，当二者平衡时，指针稳定在刻度盘的某一个位置，即可读出相应的读数，如图 4-27 所示。由安培力的知识可知，磁电系仪表的指针转动角度和通过线圈的电流的大小成正比，因此将磁电系仪表串联在电路中，就可以测量电路的电流大小。如果在磁电系仪表内部串联或者并联上电阻元件，就可以把它们改装成电压表和电流表等，指针式万用表的表头就是应用磁电系仪表制成的。

磁电系仪表的工作原理

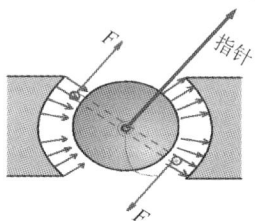

图 4-27　磁电系仪表的工作原理

任务评价

多元过程评价表

学习过程		评价内容	评价分值	评价方式	量化得分
学习过程	任务描述	学习目标是否明确	5 分	自评	
	相关知识	安培力的大小	10 分	互评	
		安培力的方向	5 分	互评	
		左手定则练习	5 分	互评	
	任务实施	直流电动机的组成	5 分	互评	
		直流电动机的工作原理	15 分	互评	
	强化拓展	磁电系仪表的组成	5 分	互评	
		磁电系仪表的工作原理	5 分	互评	
职业素养		细致认真	2 分	互评	
		自主探究	5 分	互评	
		总结表达	3 分	师评	
6S 管理		学习状态、教材、用具	5 分	互评	
课堂纪律		遵守纪律情况	10 分	师评	
课后作业		完成作业	20 分	师评	
出勤记录				总分	

任务四　探究电磁感应原理

任务描述

理解电磁感应现象，探究感应电流产生的条件，掌握法拉第电磁感应定律、楞次定律和右手定则，能够综合利用电磁感应知识求解导体产生感应电动势的大小和方向，了解发电机原理。

相关知识

一、电磁感应现象

在发现了电流的磁效应后，人们自然想到：既然电能够产生磁，磁能否产生电呢？如图 4-28 所示，由实验 1 可知，当闭合回路中一部分导体在磁场中做切割磁感线运动时，回路中就有电流产生；由实验 2 可知，当磁铁插入或拔出线圈时，线圈中有电流产生。在一定条件下，由磁场产生电流的现象，称为电磁感应，产生的电流称为感应电流。闭合回路中产生感应电流，则回路中必然存在着电动势，由电磁感应产生的电动势称为感应电动势。

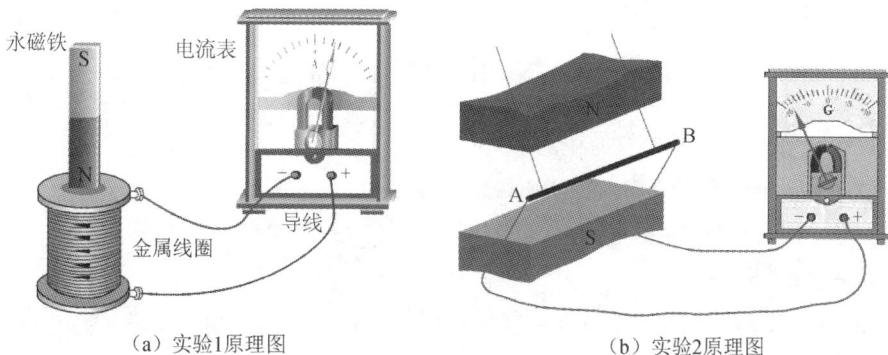

（a）实验1原理图　　　　　　　　　　　（b）实验2原理图

图 4-28　电磁感应现象

二、磁感应条件

上述实验，其实质是通过不同的方法改变了穿过闭合回路的磁通量的大小。因此，产生电磁感应的条件是穿过闭合回路的磁通量发生变化。

三、感应电动势的大小

1. 法拉第电磁感应定律

扫描二维码观看实验，体会同种条件下，磁通量的变化快慢与产生感应电流大小的关系。实验原理图如图 4-29 所示。

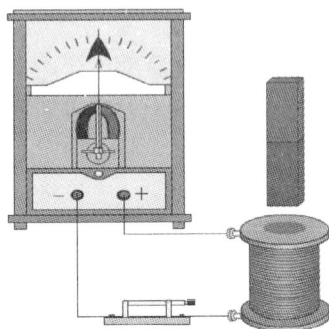

法拉第电磁感应定律

图 4-29　实验原理图

由实验可知，在同种条件下，磁通量变化得越快，感应电动势越大；磁通量变化得越慢，感应电动势越小。

法拉第电磁感应定律：感应电动势的大小与磁通量的变化率成正比。

当将磁铁插入或抽出线圈的过程中，线圈的磁通发生了变化，根据法拉第电磁感应定律，在线圈中的感应电动势表达式为

$$e = \left| N \frac{\Delta \Phi}{\Delta t} \right| \tag{4-5}$$

式中，e——感应电动势，单位为伏特（V）；

　　　Φ——磁通，单位为韦伯（Wb）；

　　　t——时间，单位为秒（s）；

　　　N——线圈匝数。

注意：磁通量的变化率是指磁通量变化的快慢，并不是磁通量的大小也不是磁通量变化的多少。

【例 4-5】有一线圈的匝数为 1000，已知磁通在 1s 内由 0 上升到 0.1Wb，求线圈的感应电动势。

解：
$$e = \left| N \frac{\Delta \Phi}{\Delta t} \right| = 1000 \times \frac{0.1}{1} = 100 (\text{V})$$

注意：利用法拉第电磁感应定律 $e=\left|N\dfrac{\Delta\varPhi}{\Delta t}\right|$ 计算出的结果，为 Δt 时间内感应电动势的平均值。

2. 直导体切割磁感线产生感应电动势

在匀强磁场中，磁场的磁感应强度为 B，长度为 L 的直导体以速度 v 垂直于磁场方向运动，如图 4-30 所示。导体切割磁感线时，感应电动势的表达式为

$$e = BLv \tag{4-6}$$

式中，e——导体中的感应电动势，单位为伏特（V）；

$\quad\quad B$——匀强磁场的磁感应强度，单位为特斯拉（T）；

$\quad\quad L$——磁场中导体的有效长度，单位为米（m）；

$\quad\quad v$——导体的运行速度，单位为 m/s。

图 4-30　直导体切割磁感线运动

【例 4-6】一个匀强磁场的磁感应强度 B=1T，有效长度 L=0.1m 的直导线以 v=5m/s 的速度做垂直切割磁感线的运动，求导线产生的感应电动势。

解：　　　　　　　　$e = BLv = 1\times0.1\times5 = 0.5(\text{V})$

注意：利用公式 $e=BLv$ 计算感应电动势时，若 v 为平均速度，则求得的结果为平均感应电动势；若 v 为瞬时速度，则求得的结果为瞬时感应电动势。

四、感应电动势的方向

1. 楞次定律

扫描二维码观看实验，实验截图如图 4-31 所示，将实验现象填入表 4-1 中。

楞次定律实验

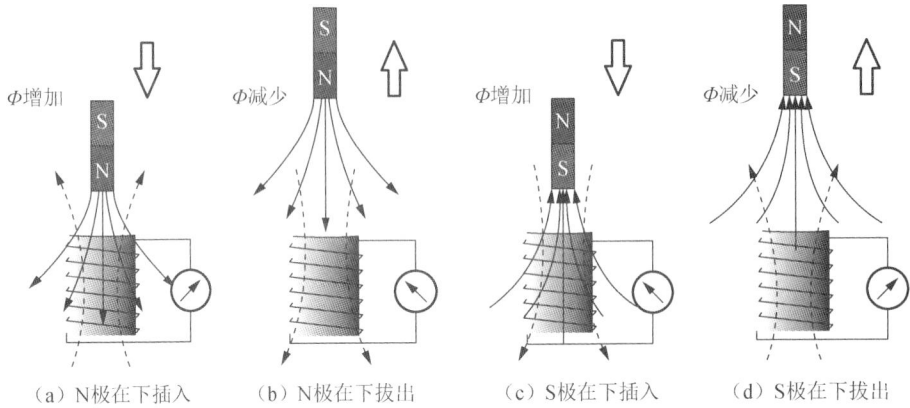

（a）N极在下插入　　（b）N极在下拔出　　（c）S极在下插入　　（d）S极在下拔出

图4-31　楞次定律实验

表4-1　实验现象汇总

磁体运动方向	N极在下插入	N极在下拔出	S极在下插入	S极在下拔出
原磁场方向				
原磁场变化				
检流计偏转				
感应电流方向				
感应磁通方向				
感应磁通与原磁通关系				

当磁铁插入线圈时如图4-31（a）、（c）所示，原磁通在增加，线圈所产生的感应电流的磁场方向总是与原磁场方向相反，即感应电流的磁场总是阻碍原磁通的增加。

当磁铁拔出线圈时如图4-31（b）、（d）所示，原磁通在减少，线圈所产生的感应电流的磁场方向总是与原磁场方向相同，即感应电流的磁场总是阻碍原磁通的减少。

结论：感应电流所产生的磁通方向总是阻碍原磁通的变化，这就是楞次定律。

注意：

1）楞次定律的核心是"阻碍"二字，感应电流产生的磁通既可以阻碍原磁通的增加，又可以阻碍原磁通的减少，具体可理解为"增反减同，来拒去留"。

2）利用楞次定律分析问题的方法是"一原、二感、三螺旋"，即先判定原磁通方向及变化，再利用"增反减同"原则判定感应磁通量的方向，最后以感应磁通的方向为依据，利用右手螺旋定则判定感应电流的方向。

【例4-7】判断图4-32中导体棒向左移动时检流计指针的偏转方向。

解：1）原磁通方向：向里，左移时原磁通增大。

2）感应磁通方向：根据楞次定律（增反减同）判定感应磁通方向为向外。

3）感应电流的方向：根据右手螺旋定则判定感应电流方向为逆时针。

4）检流计的偏转方向：感应电流从左侧流入检流计，指针向左偏转。

2. 右手定则

直导体切割磁感线产生的感应电动势方向除了用楞次定律判定外，还可以利用右手定则来判断，如图 4-33 所示。

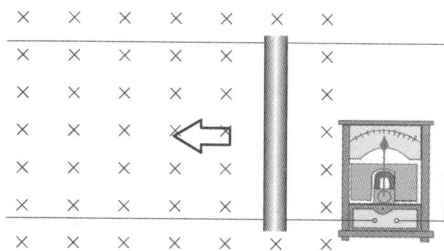

图 4-32 导体棒左移

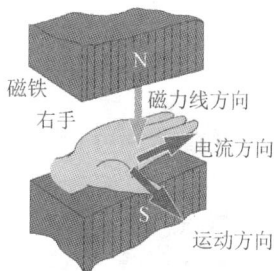

图 4-33 右手定则

右手定则：伸开右手，大拇指与四指垂直，磁感线垂直穿过手心，大拇指指向导体的运动方向，四指所指的方向就是感应电动势（感应电流）的方向。电动势的方向是由负极指向正极，因此四指指向导体产生的感应电动势的正极。

利用右手定则可直接判断出例 4-7 中感应电流的方向，因此右手定则适合判断直导体的感应电流方向，而楞次定律普遍适用，更多用来判断线圈的感应电流方向。

任务实施

探究一：扫描二维码观看动画，操作界面如图 4-34 所示，请按要求完成操作并利用电磁感应知识回答下面问题。

探究一

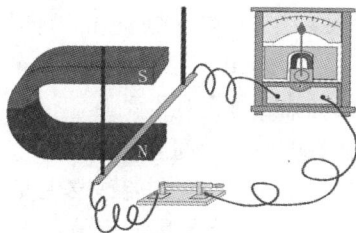

图 4-34 探究一操作界面

1）当开关断开时，无论怎样移动导体都不会有感应电流产生，这是为什么？

2）开关闭合后，将导体竖直向上或向下移动时，检流计指针是否有偏转？为什么？

3）开关闭合后，导体向左平移，回路中的磁通量怎样变化？检流计指针向哪个方向偏转？

4）开关闭合后，导体向右平移，回路中的磁通量怎样变化？检流计指针向哪个方向偏转？

5）感应电流产生的条件是什么？

探究二：扫描二维码观看动画，操作界面如图 4-35 所示，请按要求完成操作并利用电磁感应知识回答下面问题。

探究二

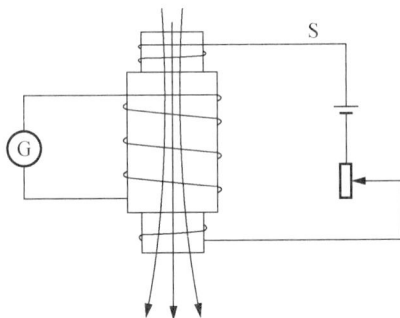

图 4-35　探究二操作界面

1）闭合开关瞬间，原磁通向____（填"上"或"下"）并且要____（填"增"或"减"），产生的感应电流为____（填"顺"或"逆"）时针方向，检流计指针向____（填"上"或"下"）偏转。

2）闭合开关稳定后，检流计____（填"有"或"无"）偏转。

3）闭合开关稳定后，滑动变阻器上移，原磁通向____（填"上"或"下"）并且要____（填"增"或"减"），产生的感应电流为____（填"顺"或"逆"）时针方向，检流计指针向____（填"上"或"下"）偏转。

4）电路稳定后断开开关，原磁通向____（填"上"或"下"）并且要____（填"增"或"减"），产生的感应电流为____（填"顺"或"逆"）时针方向，检流计指针向____（填"上"或"下"）偏转。

5）判断线圈产生感应磁通量的方向用____，根据感应磁通的方向判断产生的感应电流的方向用____。（A．左手定则　B．右手定则　C．安培定则　D．楞次定律）

探究三：扫描二维码观看动画，操作界面如图 4-36 所示，请按要求完成操作并利用电磁感应知识回答下面问题。

1）检流计能够发生偏转的是图____，不能发生偏转的是图____。

2）产生感应电流最大的是图____。

3）图 4-36（a）中导体向右侧缓慢移动时，导体棒的内侧相当于感应电动势的____（填"正"或"负"）极，外侧相当于感应电动势的____（填"正"或"负"）极。

探究三

4）图 4-36（a）中导体向左侧缓慢移动时，导体棒的内侧相当于感应电动势的____（填"正"或"负"）极，外侧相当于感应电动势的____（填"正"或"负"）极。

（a）导体垂直慢速切割磁感线

（b）导体垂直快速切割磁感线

（c）导体平行于磁感线移动

（d）导体沿磁感线移动

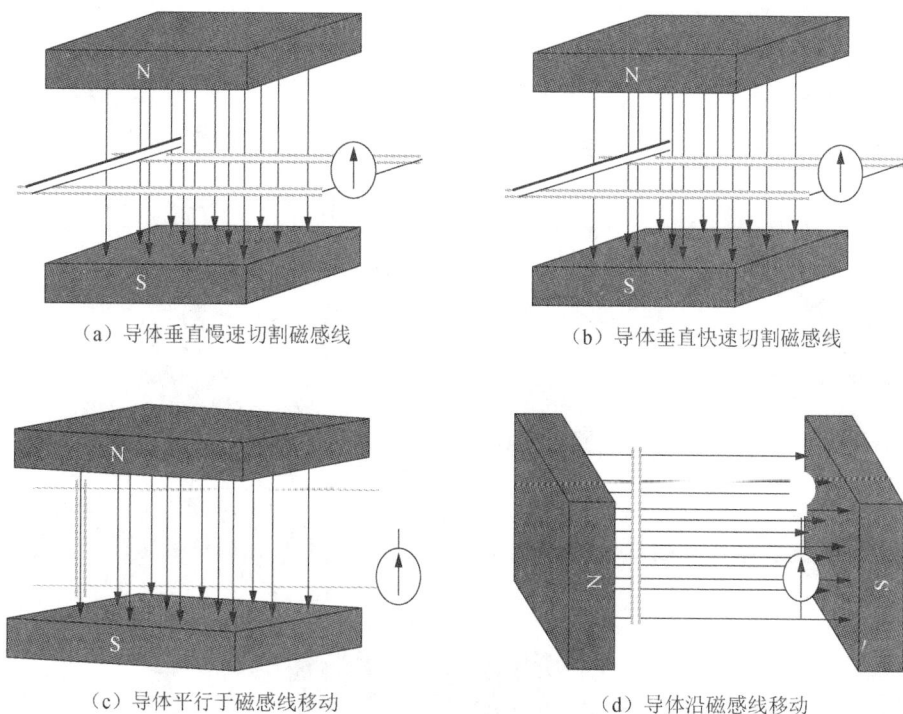

图 4-36　探究三操作界面

5）图 4-36（b）中导体静止不动，减弱外部磁场，导体棒的内侧相当于感应电动势的____（填"正"或"负"）极，外侧相当于感应电动势的____（填"正"或"负"）极。

探究四：扫描二维码观看动画，操作界面如图 4-37 所示，请按要求完成操作并利用电磁感应知识回答下面问题（选作）。

探究四

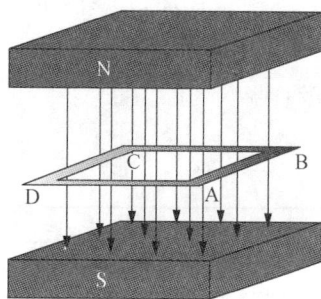

图 4-37　探究四操作界面

1）线圈沿着磁感线方向上下移动时，线圈中能否产生感应电动势？能否产生感应电流？

2）AB 进入磁场，CD 在磁场外的平移过程，能否产生感应电动势？是否有感应电流产生？方向如何？

3）整个线圈都在磁场中的平移过程，能否产生感应电动势？是否有感应电流产生？方向如何？

4）AB 离开磁场，CD 仍在磁场内的平移过程，能否产生感应电动势？是否有感应电流产生？方向如何？

5）以 AD 边为轴线，线圈向上转过 90°的过程中，是否有感应电流产生？方向如何？

▰▰▰▰▰ 强 化 拓 展 ▰▰▰▰▰

专业拓展

发电机的工作原理

发电机是根据电磁感应原理制成的，其原理如图 4-38 所示，磁场的方向固定不动，利用其他形式的能量带动线圈转动，线圈就会在磁场中不断地切割磁感线，就会有源源不断的感应电流产生，这就是发电机的工作原理。

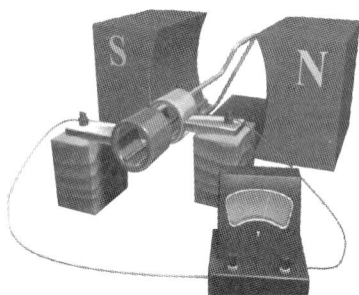

图 4-38　发电机的工作原理

任务评价

多元过程评价表

项目		评价内容	评价分值	评价方式	量化得分
学习过程	任务描述	学习目标是否明确	5分	自评	
	相关知识	电磁感应现象及感应电流产生的条件	5分	互评	
		法拉第电磁感应定律	5分	互评	
		感应电动势公式 $e = BLv$	5分	互评	
		楞次定律	10分	互评	
		右手定则	5分	互评	
	任务实施	探究一	5分	互评	
		探究二	5分	互评	

续表

项目		评价内容	评价分值	评价方式	量化得分
学习过程	任务实施	探究三	5分	互评	
		探究四（选作）	附加10分	互评	
	强化拓展	发电机的工作原理	5分	互评	
职业素养		细致认真	2分	互评	
		自主探究	5分	互评	
		总结表达	3分	师评	
6S管理		学习状态、教材、用具	5分	互评	
课堂纪律		遵守纪律情况	10分	师评	
课后作业		完成作业	20分	师评	
出勤记录				总分	

任务五　探究自感与互感现象

任务描述

认识自感和互感现象，会判断自感电动势和互感电动势的方向，能够计算自感电动势的大小，学会判断同名端，了解变压器原理。

相关知识

一、自感现象

自感实验如图4-39所示。通电自感实验现象：如图4-39（a）所示，当开关闭合时，与电阻相连的灯泡正常发光，与电感串联的灯泡逐渐发光到正常亮度。断电自感实验现象：如图4-39（b）所示，当开关断开时，灯泡并没有立即熄灭。

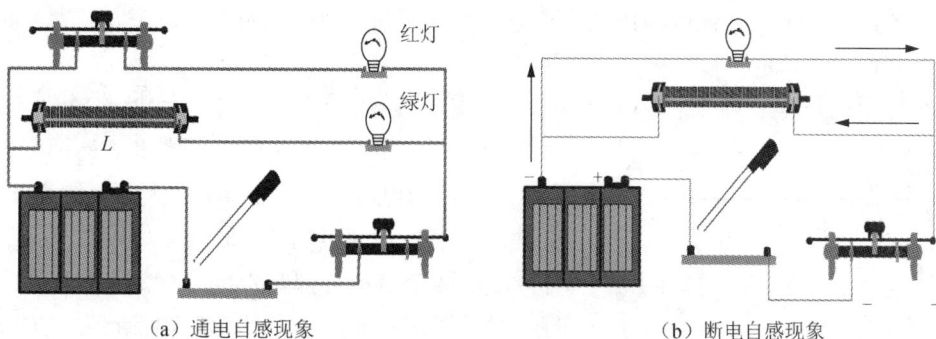

（a）通电自感现象　　　　　　　　　　　（b）断电自感现象

图4-39　自感实验

123

当线圈中的电流变化时，线圈本身就产生了感应电动势，这个电动势总是阻碍线圈中电流的变化。这种由于线圈本身电流发生变化而产生电磁感应的现象称为自感现象，简称自感。在自感现象中产生的感应电动势，称为自感电动势。

自感电动势的大小与线圈中电流的变化率成正比，即

$$e_L = L \frac{\Delta I}{\Delta t} \tag{4-7}$$

当电感为1H的线圈中的电流在1s内变化1A时，自感电动势是1V。

二、互感现象

互感实验如图4-40所示：开关闭合后，A线圈中电流产生的磁场对B线圈产生了一定的影响，检流计的指针发生了偏转，移动滑动变阻器的滑片，A线圈中的电流发生变化也会对B线圈产生一定的影响，检流计发生偏转。

上述现象说明一个线圈中电流变化，在另一个线圈中产生感应电流（或感应电动势），这种现象称为互感现象。由互感现象产生的电动势称为互感电动势，产生的电流称为互感电流。

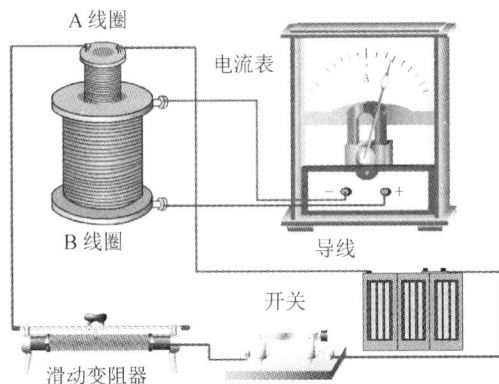

图4-40　互感实验

互感现象在电气技术中应用非常广泛，如变压器、电流互感器、电压互感器等都是根据互感原理工作的。

在电子电路中，对两个或两个以上的线圈，常常需要知道互感电动势的极性。

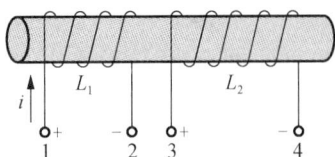

图4-41　两个线圈缠绕在同一个铁心上

如图4-41所示，图中两个线圈L_1、L_2绕在同一个铁心上，当电流i增大时，所产生的磁通Φ增加，线圈L_1中产生自感电动势，而线圈L_2中产生互感电动势，这两个电动势都是由同一磁通Φ的变化引起的。根据楞次定律，它们的感应电流产生的磁通Φ应相反，再由安培定则可确定线圈L_1、L_2中感应电

动势的正、负极，标注在图上，可知端子 1 与 3、2 与 4 极性相同。当 i 减小时，线圈 L_1、L_2 中的感应电动势方向都反了过来，但端子 1 与 3、2 与 4 极性仍然相同。无论电流从哪端流入，端子 1 与 3、2 与 4 的极性都保持相同。

在同一变化磁通的作用下，感应电动势极性始终保持相同的端子称为同名端，感应电动势极性始终保持相反的端子称为异名端。同名端可用黑点"●"或星号"*"作为标记，如图 4-42 所示。

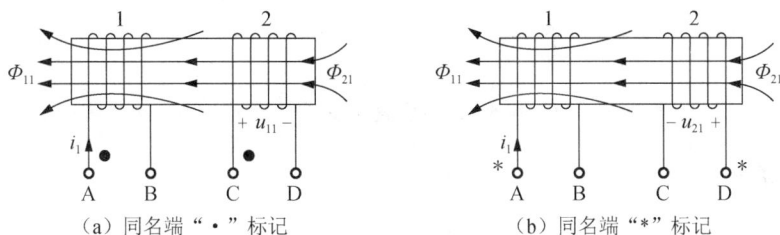

（a）同名端"·"标记　　　　（b）同名端"*"标记

图 4-42　同名端标注

任务实施

同名端的判定方法如下：

1）若已知线圈的绕法，可用楞次定律直接判定。

多个线圈缠绕在长直铁心上，磁通的变化方向一致，此时绕向相同的端子就是同名端，试判断图 4-43 中的同名端。

如果线圈缠绕在铁心的对边，磁通的变化方向刚好相反，此时绕向不同的端子是同名端，试判断图 4-44 的同名端。

2）若不知道线圈的具体绕法，可用实验法来判定。

图 4-45 是判定同名端的实验电路。当开关 S 闭合时，电流从线圈的端子 A 流入，且电流随时间在增大，A 为感应电动势正极。若此时电压表读数为正值，C 端为感应电动势的正极，则说明 A 与 C 是同名端，否则 A 与 D 是同名端。

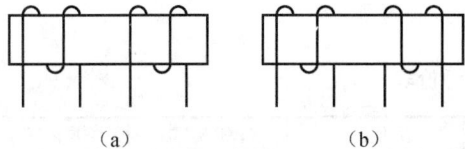

（a）　　　　　　（b）

图 4-43　判断同名端（一）

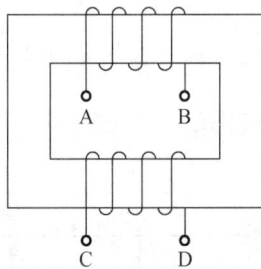

图 4-44　判断同名端（二）

图 4-45 判定同名端的实验电路

━━━━━ 强 化 拓 展 ━━━━━

专业拓展

变压器原理

常用变压器都由铁心和绕在铁心上的线圈两部分组成。铁心是变压器的磁通的路径。线圈又称绕组，是变压器的电路。通常把变压器与电源相接的绕组称为一次绕组，与负载相接的绕组称为二次绕组。原理图如图 4-46 所示。

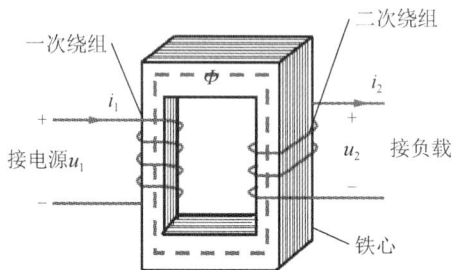

图 4-46 变压器的原理图

根据法拉第电磁感应定律可知：$u_1 = N_1 \dfrac{\mathrm{d}\Phi}{\mathrm{d}t}$ ， $u_2 = N_2 \dfrac{\mathrm{d}\Phi}{\mathrm{d}t}$ ，可得

$$\frac{u_1}{u_2} = \frac{N_1}{N_2} = K \tag{4-8}$$

式中，K——变压器的变压比， $K > 1$ 为降压变压器， $K < 1$ 为升压变压器。

任务评价

多元过程评价表

项目		评价内容	评价分值	评价方式	量化得分
学习过程	任务描述	学习目标是否明确	5分	自评	
	相关知识	自感现象	5分	互评	

项目		评价内容	评价分值	评价方式	量化得分
学习过程	相关知识	计算自感电动势	5分	互评	
		互感现象	5分	互评	
		同名端	5分	互评	
	任务实施	已知绕向判断同名端	10分	互评	
		未知绕向判断同名端	10分	互评	
	强化拓展	变压器的组成及原理	10分	互评	
职业素养		细致认真	2分	互评	
		自主探究	5分	互评	
		总结表达	3分	师评	
6S管理		学习状态、教材、用具	5分	互评	
课堂纪律		遵守纪律情况	10分	师评	
课后作业		完成作业	20分	师评	
出勤记录				总分	

任务六 认识磁路

任务描述

认识磁路，掌握磁动势和磁阻的概念及磁路欧姆定律，理解磁路与电路的不同，了解磁屏蔽原理。

相关知识

一、磁路

铁磁材料的导磁能力很强，在电机、变压器及各种铁磁元件中常用铁磁材料做成一定形状的铁心，铁心的磁导率比周围空气或其他物质的磁导率高，几乎所有磁通都经过铁心，这样铁心成为磁通通过的路径。磁通所通过的路径称为磁路。闭合的铁心可以认为是磁路，常见的磁路如图4-47所示。

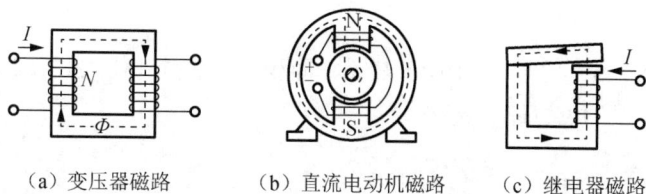

（a）变压器磁路　　（b）直流电动机磁路　　（c）继电器磁路

图4-47 三种常见磁路

图 4-47（a）、（c）中磁通只有一条，这类磁路称为无分支磁路，图 4-47（b）中的磁路不只一条，这类磁路称为有分支磁路。图 4-47（c）中的磁路中除铁心外，还有一小段非铁磁材料，如空气间隙等。由于磁感线是闭合的，所以无分支磁路各处横截面的磁通是相等的。

在铁心内的磁通称为主磁通，如图 4-48 中的 Φ，一小部分不经过铁心的磁通，通过周围物质形成回路，这部分磁通称为漏磁通，如图 4-48 中的 Φ_σ。

磁路中可能存在较小的空气间隙，简称气隙，如图 4-49 所示。一般情况通过气隙的磁感线是平行等距的，但有时会出现少数磁感线向外延伸，这种现象称为边缘效应。

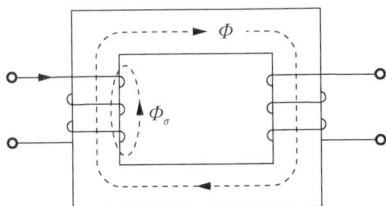

图 4-48　主磁通与漏磁通

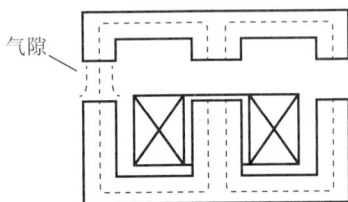

图 4-49　空气间隙

二、磁路中的物理量

1. 磁动势

产生磁通的电流称为励磁电流。磁通的大小由线圈的匝数和励磁电流的大小共同决定，线圈的匝数 N 越多，励磁电流 I 越大，磁通就越大。将线圈的匝数 N 和励磁电流 I 的乘积定义为磁动势，用 F_m 表示，公式为

$$F_m = NI \tag{4-9}$$

磁动势的单位与电流的单位相同，为安培（A）。

2. 磁阻

磁路对磁通的阻碍作用称为磁阻，磁阻用 R_m 表示。研究发现，磁路长，磁导率小，横截面积小的磁路对磁通的阻碍作用强，磁阻大；磁路短，磁导率大，横截面积小的磁路对磁通的阻碍作用弱，磁阻小。磁阻的大小与磁路的长度 l 成正比，与磁路材料的磁导率 μ 及截面积 S 成反比，公式为

$$R_m = \frac{1}{\mu S} \tag{4-10}$$

将长度的单位 m、磁导率的单位 H/m、面积的单位 m^2 代入式（4-10）中，得到磁阻的单位是 1/亨（1/H 或 H^{-1}）。

三、磁路欧姆定律

与电路的欧姆定律相似，磁路欧姆定律的内容为通过磁路的磁通与磁动势成正比，

与磁阻成反比。其公式为

$$\Phi = \frac{F_\mathrm{m}}{R_\mathrm{m}} \tag{4-11}$$

任务实施

磁路中的物理量有许多与电路中的物理量有对应关系,请同学们仔细分析,完成表4-2。

表4-2 磁路与电路的对应关系

对比项目	磁路		电路	
	表示	单位	表示	单位
能量的来源				
流通的物质				
阻碍作用				
材料性质				
欧姆定律(公式)				
作图对比				

强化拓展

专业拓展

磁屏蔽原理

为什么手机在封闭的电梯里信号很弱?为什么孕妇穿上带有金属导丝的衣服能够防止辐射?电气设备在工作时,如电动机、变压器、输电线路等,都会产生磁场,怎样防止磁场对其他设备的干扰?怎样防止自身不被外界磁场干扰?

可以采用磁屏蔽的方法将易受干扰的部分屏蔽保护起来,也可以把产生较大磁场的物质采用磁屏蔽与外界隔离。将被屏蔽的物质置于空腔中,采用空腔铁壳密封,由于铁磁材料的磁导率 μ 很大,铁心的磁阻远小于空腔气隙的磁阻,所有磁通都从铁心通过,使空腔内的磁通为零,这就是磁屏蔽的原理。原理图如图4-50所示。

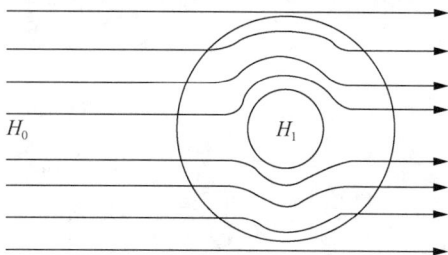

图4-50 磁屏蔽原理图

任务评价

多元过程评价表

项目		评价内容	评价分值	评价方式	量化得分
学习过程	任务描述	学习目标是否明确	5 分	自评	
	相关知识	磁路	10 分	互评	
		磁动势	5 分	互评	
		磁阻	5 分	互评	
		磁路欧姆定律	5 分	互评	
	任务实施	磁路与电路对比	20 分	互评	
	强化拓展	磁屏蔽原理	5 分	互评	
职业素养		细致认真	2 分	互评	
		自主探究	5 分	互评	
		总结表达	3 分	师评	
6S 管理		学习状态、教材、用具	5 分	互评	
课堂纪律		遵守纪律情况	10 分	师评	
课后作业		完成作业	20 分	师评	
出勤记录				总分	

项目五
分析单相交流电路

学习目标

1. 对单相交流电有一个系统、完整的认识，能准确地用三种方法描述交流电，把所学知识和实际生活联系起来。

2. 掌握三种负载（电阻、电感和电容）在交流电路中所起的作用，对比分析相同点和不同点。

3. 会用相量图法分析单相交流电路。

项目概述

项目五是交流电的核心内容，交流电是生产生活中的主要电源。交流电路按电源的个数分有单相和三相两种，只有学会单相交流电，才能学好项目六的三相交流电，而三相交流电是工厂中电气设备的常用电源。交流电路的负载元件有电阻、电感和电容三种，我们将分别介绍由这三种元件构成的交流电路。严格来说，纯粹由单一元件构成的电路是不存在的，但当其他的影响远远小于其自身的效果时，是可以忽略不计的。所以，分析计算由单一元件构成的纯电路的结论和规律，不仅能适用于很多实际场合，而且能为我们分析计算实际由多个元件构成的交流电路打下基础。通过本项目的学习，同学们应能分析计算由电阻、电感、电容组成的串联交流电路，理解工厂中的常用术语，并为以后学习"电机与变压器""电力拖动"等专业课打下基础。

任务一　认识交流电

任务描述

教室的荧光灯和电扇，日常使用的洗衣机、空调、电风扇分别采用什么电源？它们都采用交流电，还有一些电器，如手机、电动车虽然使用直流电源，但需要用充电器把交流电转变为直流电。交流电的应用比直流电更加广泛。通过本任务的学习，同学们应能用信号发生器和示波器观察交流电波形，说出交流电的特点，知道交流电的产生过程和原理，会绘制正弦交流电的波形图，根据解析式准确说出交流电的各个物理量。

相关知识

一、用信号发生器和示波器观察交流电波形

扫描二维码观看视频。直流电和交流电波形如图 5-1 所示。

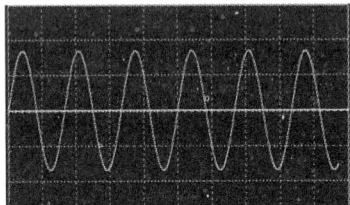

（a）直流电波形　　　　　　　　（b）交流电波形

直流电和交流电波形　　　　　　　　图 5-1　直流电和交流电波形

结论：直流电的方向不随时间的变化而变化，交流电的大小和方向则随时间的变化而变化。

常用直流电和交流电有以下几种，其波形图如图 5-2 所示。

1）稳恒直流电：电压的大小和方向都不随时间而变化，如图 5-2（a）所示。

2）脉动直流电：电压的大小随时间而变化，方向不随时间而变化，如图 5-2（b）所示。

3）正弦交流电：电压的大小和方向按正弦规律变化，如图 5-2（c）所示。

4）非正弦交流电：一系列正弦交流电叠加合成的结果，如图 5-2（d）所示。

以后如果没有特别说明，本书所讲的交流电都是指正弦交流电。

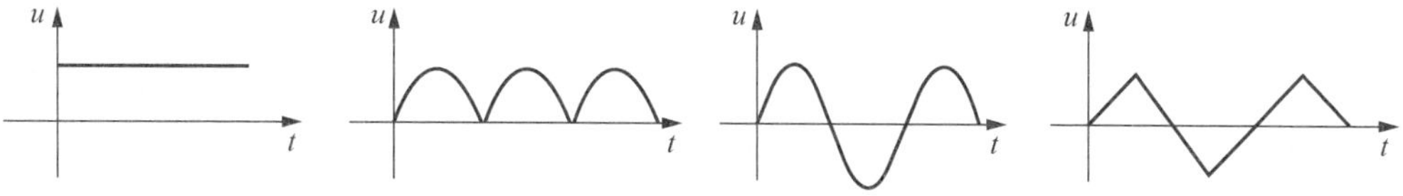

（a）稳恒直流电波形　　（b）脉动直流电波形　　（c）正弦交流　　（d）非正弦交流电波形

图 5-2　几种常用电源的波形

二、正弦交流电的产生

扫描二维码观看视频和动画。

交流电可以由交流发电机提供，也可以由振荡器产生。交流发电机主要提供电能，产生正弦交流电。振荡器主要产生各种交流信号。

人们生活中使用的交流电都是由发电厂利用电磁感应的原理产生的。

单相交流电的产生

由动画可知，线圈在磁场中转动切割磁力线，产生感应电动势。当线圈平面和磁力线垂直时，产生的感应电动势为 0，如图 5-3（a）、（c）所示；当线圈平面和磁力线平行时，产生的感应电动势最大，如图 5-3（b）、（d）所示。线圈从垂直位置开始，逆时针转动一周所产生的电动势随角度变化的图形如图 5-4 所示。

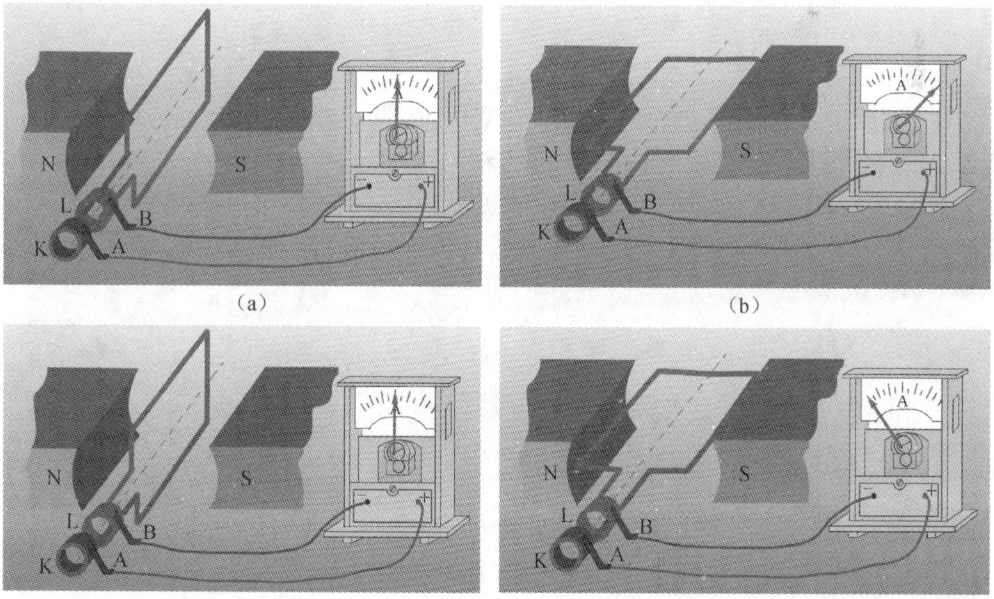

（a）

（b）

（c）

（d）

图 5-3　线圈在不同角度切割磁感线

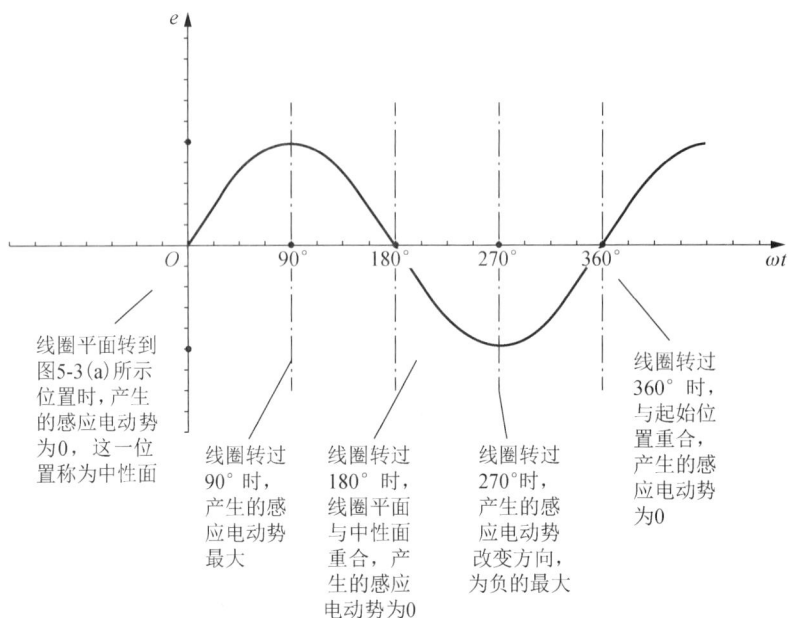

图 5-4　电动势随角度变化的图形

三、正弦交流电的表示方法

1. 波形图

图 5-5 所示为电动势随时间按正弦规律变化的图形，称为波形图，它直观地表示了交流电的变化过程，是交流电的一种表示方法。

波形图的绘制方法就是应用数学中的五点法作图。波形图的横轴有两种形式：一种以 ωt（角度）作为横轴，如图 5-4 所示；还有一种以 t（时间）作为横轴，如图 5-5 所示，纵轴分别可以为 u（电压）、i（电流）、e（电动势）。

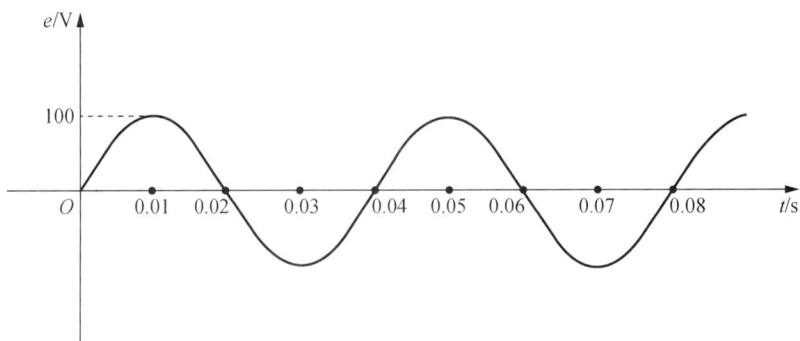

图 5-5　电动势随时间变化的波形

2. 解析式

为了更好地描述交流电，人们用表达式的形式表示交流电，称为解析式法。随时间按正弦规律变化的电动势的表达式为

$$e = E_m \sin(\omega t + \varphi_0) \tag{5-1}$$

正弦交流电压和电流的表达式分别为

$$u = U_m \sin(\omega t + \varphi_0) \tag{5-2}$$

$$i = I_m \sin(\omega t + \varphi_0) \tag{5-3}$$

三个表达式的后半部分相同，都表示随时间或角度按正弦规律变化。表达式中各个字母的含义如下：

e、u、i：交流电在任一时刻的值，称为瞬时值。

E_m、U_m、I_m：最大值，也称峰值、幅值，是波形图的最高点。

ω：交流电在任一时刻的角频率，也称角速率，表示线圈平面每秒转过去的电角度，单位为弧度每秒（rad/s）。

φ_0：初相位，也称初相角、初相，表示开始时刻线圈平面和中性面的夹角。

最大值、角频率、初相位称为交流电的三要素。

四、描述交流电的物理量

1. 表示大小的量

交流电的大小是随时间变化的，前面提到的最大值可以表示交流电的大小，但它只是某一瞬间的大小，不能用来表示它的实际效果。为了更准确地描述交流电的大小，我们引入有效值的概念。

（1）有效值

有效值是从热效应的角度定义的。一个周期内与交流电热效应相等的直流电的数值就是交流电的有效值。如图 5-6 所示，取两只相同的电水壶，分别接通直流电和交流电，如果在相同的时间内两个水壶同时被烧开，这个直流电的数值就是交流电的有效值。有效值用大写字母表示，如 E、U、I。有效值能更好地描述交流电的大小，所以我们平时所说的交流电的数值、交流电压表所测量的数值都是交流电的有效值。

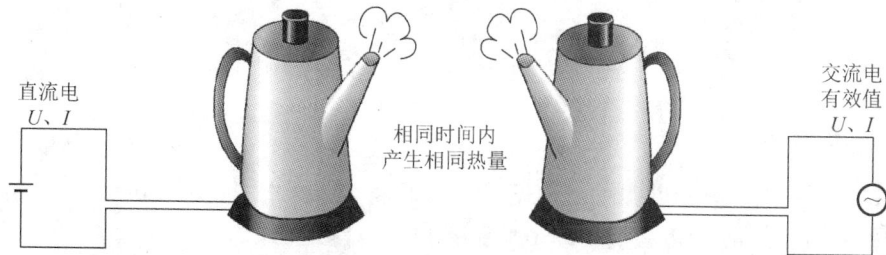

图 5-6　有效值从热效应角度定义

经数学推导和实验验证，有效值和最大值的关系可以表示为

$$E = \frac{E_m}{\sqrt{2}} = 0.707E_m \ , \quad U = \frac{U_m}{\sqrt{2}} = 0.707U_m \ , \quad I = \frac{I_m}{\sqrt{2}} = 0.707I_m \tag{5-4}$$

即

$$E_m = \sqrt{2}E \ , \quad U_m = \sqrt{2}U \ , \quad I_m = \sqrt{2}I \tag{5-5}$$

（2）平均值

在讨论整流电路的输出电压时要使用平均值的概念。由于正弦交流电在一个周期内平均值为零，所以规定半个周期内的平均值为正弦交流电的平均值，用 E_{av}、U_{av}、I_{av} 表示。平均值与最大值之间的关系为

$$E_{av} = \frac{2}{\pi} = E_m \ , \quad U_{av} = \frac{2}{\pi}U_m \ , \quad I_{av} = \frac{2}{\pi}I_m \tag{5-6}$$

平均值与有效值之间的关系为

$$E = 1.1E_{av} \ , \quad U = 1.1U_{av} \ , \quad I = 1.1I_{av} \tag{5-7}$$

2. 表示变化快慢的量

正弦函数是周期性变化的函数，从波形图中，我们可以看到正弦交流电是具有周期性的。三要素中的角频率影响着交流电变化的快慢，除此之外，还有两个量更直观地反映交流电的变化。

周期：交流电每重复变化一次所需的时间，用 T 表示，单位为秒（s）。

如图 5-5 所示，交流电的周期是 0.04s。

频率：交流电在 1s 内重复变化的次数，用 f 表示，单位为赫兹（Hz）。

周期和频率互为倒数，即

$$f = \frac{1}{T} \tag{5-8}$$

各国一般选择 50Hz 或 60Hz 作为自己国家工业用电的频率，简称工频。我国和多数国家电网标准频率是 50 Hz，少数国家（如美国、日本）采用 60 Hz 的交流电。

角频率与周期、频率之间的关系：

$$\omega = 2\pi f \tag{5-9}$$

$$\omega = \frac{2\pi}{T} \tag{5-10}$$

50 Hz 交流电所对应的角频率是 314 rad/s。

3. 表示变化进程的量

相位：正弦量在任意时刻的电角度，也称相角，用 $\omega t + \varphi_0$ 表示，它反映了交流电变化的进程。式中，φ_0 为正弦量在 $t = 0$ 时的相位，也就是初相位。

规定：初相通常用绝对值不大于 $180°$ 的角表示。

相位差：两个同频率交流电的相位之差，用符号 φ 表示。相位差实际就是初相之差。表示两个交流电在到达零值或最大值的时间上超前和滞后的关系。

两个同频率的交流电：$e_1 = E_m\sin(\omega t + \varphi_1)$，$e_2 = E_m\sin(\omega t + \varphi_2)$，它们的相位差 $\varphi = \varphi_1 - \varphi_2$。

若 $\varphi_1 - \varphi_2 > 0$，则 e_1 超前 e_2。

若 $\varphi_1 - \varphi_2 < 0$，则 e_1 滞后 e_2。

若 $\varphi_1 - \varphi_2 = 0$，则 e_1 和 e_2 同相（两个交流电同时到达零值或最大值，它们的初相位相等）。

若 $\varphi_1 - \varphi_2 = 180°$，则 e_1 和 e_2 反相（一个交流电最大时，另一个交流电到达最小值）。

规定：相位差绝对值不大于 $180°$。

任务实施

探究一：根据解析式画出交流电的波形图并探究如何根据波形图判断初相。

画出 $e_1 = 100\sin(\omega t + 60°)$、$e_2 = 100\sin(\omega t - 30°)$ 的波形图。

探究：e_1 初相为正，e_2 初相为负。先用五点法列表，再作出波形图。

分别对两交流电用五点法列表，如表 5-1 和表 5-2 所示。

表 5-1　e_1 交流电五点法列表

e_1	0	100	0	−100	0
$\omega t + 60°$	0	90°	180°	270°	360°
ωt	−60°	30°	120°	210°	300°

表 5-2　e_2 交流电五点法列表

e_2	0	100	0	−100	0
$\omega t - 30°$	0	90°	180°	270°	360°
ωt	30°	120°	210°	300°	330°

在直角坐标系中找到列表中的五个点，连接起来，如图 5-7 所示。

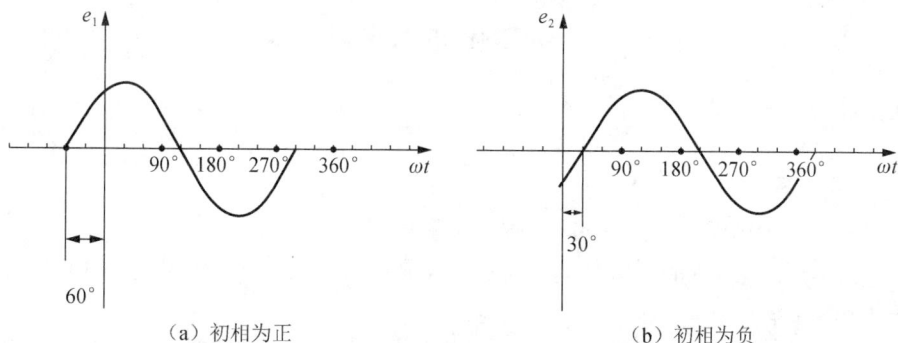

（a）初相为正　　　　　　　　　　（b）初相为负

图 5-7　五点法作波形图

分析：初相角是波形图上离坐标原点最近的零值点，e_1初相为正，$t=0$时，波形图在横轴上方；e_2初相为负，$t=0$时，波形图在横轴下方。

结论：初相不为零时，初相角是波形图上离坐标原点最近的零值点。

$t=0$时正弦量的瞬时值为正，则初相为正［图5-7（a）］。

$t=0$时正弦量的瞬时值为负，则初相为负［图5-7（b）］。

在绘图中体会，初相不为0时，就是初相为0时的波形图向左或向右移动一定的角度得到的。

探究二：由波形图判断两个交流电的相位差。

两个同频率的交流电，画在同一坐标系中，如图5-8和图5-9所示，判断两个交流电的相位关系。

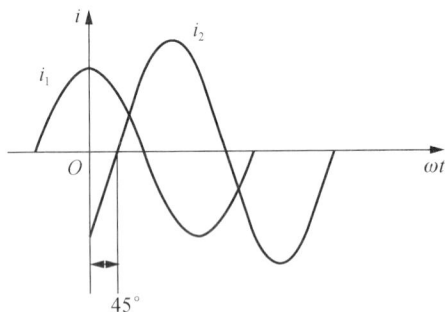

图5-8 两个同频率的交流电的电流相位关系

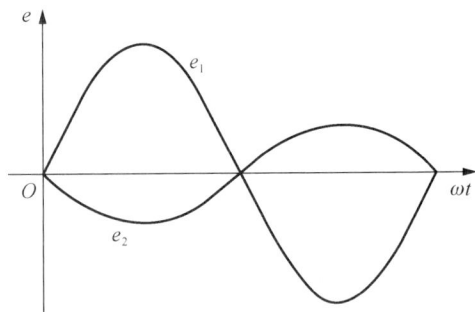

图5-9 两个同频率的交流电的电动势相位关系

分析：首先判断i_1的初相为正，在$t=0$时刻到达最大值，所以判断初相为90°；再判断i_2的初相为负，由图5-8可知，初相为-45°，$90°-(-45°)=135°>0$，所以i_1较i_2超前135°。

提示：在同一个周期内，i_1比i_2先到达最大值。

分析：一个交流电到达正的最大值，另一个同时到达负的最大值。

结论：e_1、e_2反相。

===== 强 化 拓 展 =====

强化练习

1）一交流电动势$e=220\sqrt{2}\sin\left(314t-\dfrac{\pi}{2}\right)$，它的最大值、角频率、初相位各是多少？

2）写出1）中交流电动势的有效值、频率和周期。

3）已知一正弦电压的最大值为220V，角频率为314rad/s，初相位为30°，试写出此电压的解析式。

4）已知一正弦电流的有效值为10A，频率为50Hz，初相位为30°，试写出此电流的解析式。

专业拓展

认识三相交流电

三相交流电由三个电动势组成：

$$e_U = 220\sqrt{2}\sin(314t + 0°)V$$

$$e_V = 220\sqrt{2}\sin(314t - 120°)V$$

$$e_W = 220\sqrt{2}\sin(314t + 120°)V$$

三个电动势的最大值相同：$E_m = 220\sqrt{2} = 311(V)$。

三个电动势的频率相同：$f = \dfrac{\omega}{2\pi} = \dfrac{314}{2\pi} = 50(Hz)$。

三个电动势的相位差都是 $120°$，波形图如图 5-10 所示。

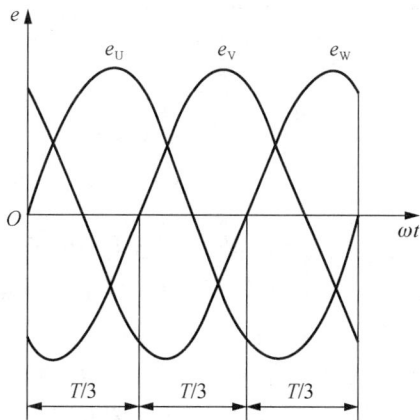

图 5-10　三相交流电

任务评价

多元过程评价表

项目		评价内容	评价分值	评价方式	量化得分
学习过程	任务描述	学习目标是否明确	5分	自评	
	相关知识	交流电的特点	5分	互评	
		交流发电机的工作原理	5分	互评	
		交流电的表示方法	5分	互评	
		交流电的基本物理量	10分	互评	
	任务实施	根据解析式画波形图	5分	互评	
		由波形图判断相位差	5分	互评	

项目		评价内容	评价分值	评价方式	量化得分
学习过程	强化拓展	强化练习	10分	互评	
		专业拓展	5分	自评	
职业素养		积极答问	3分	师评	
		自主探究	5分	自评	
		细致认真	2分	自评	
6S管理		学习状态、教材、用具	5分	互评	
课堂纪律		遵守纪律情况	10分	师评	
课后作业		完成作业	20分	师评	
出勤记录				总分	

任务二　探究纯电阻电路

任务描述

从今天起，我们开始接触交流电路，直流电路中所学的基本定律、定理和公式，在交流电路中依然适用，但交流电路比直流电路负载复杂，不仅要考虑电压、电流的数量关系，还要考虑它们之间的相位关系。在交流电路中，三种负载——电阻、电感和电容都不会改变电源的频率，所以同一电路中的电压、电流总是频率相同的。虽然交流电路中电压、电流都是变化的，但是依然可以假定其参考方向，而且电压电流的参考方向是关联的，假定了电流的参考方向以后，电压的方向要与其相同。本任务中的电路是交流电路中最简单的电路，也是最基本的电路；本任务中的内容是电阻在应用范围上的延续和拓展，也是学习交流电路的基础。本任务主要介绍纯电阻正弦交流电路，通过实验探究、掌握纯电阻交流电路电压、电流的关系和功率的计算，分析对比交流电路计算和直流电路计算的相同点和不同点。同时，同学们要逐步培养用学过的知识去理解、分析新问题的习惯，把所学的知识应用到实际中去。

相关知识

一、纯电阻正弦交流电路模型

生产生活中，有很多用电器是把电能直接转换为热能的，这样的负载可以近似地看作纯电阻电路，如图5-11所示。其电路模型如图5-12所示。

（a）　　　　　　　　（b）

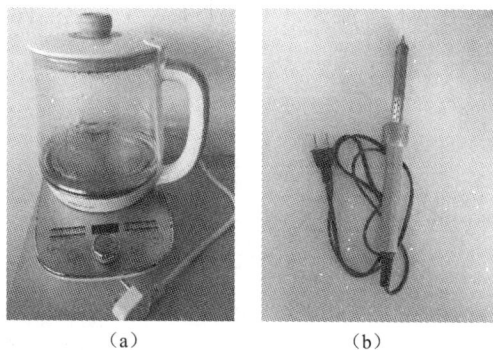

图 5-11　纯电阻电路负载

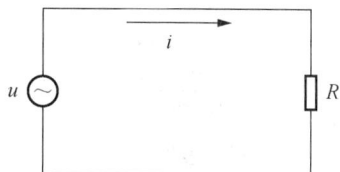

图 5-12　纯电阻正弦交流电路模型

二、纯电阻正弦交流电路的特点

1. 电压与电流的数值关系

图 5-13 所示为纯电阻正弦交流电路模型的仿真实验结果。

图 5-13　仿真实验结果

经过分析实验推导可知，纯电阻电路的特点：在纯电阻电路中，电流与电压的有效值之间符合欧姆定律，即

$$I = \frac{U_R}{R} \tag{5-11}$$

2. 电压与电流的相位关系

扫描二维码观看视频，在实验室调电压频率为 5Hz，用指针式直流电压表和直流电

流表显示电流随电压的变化而变化的情况，电压大电流大，电压小电流小。电阻两端的电压与电流同频率同相位波形图如图 5-14 所示。

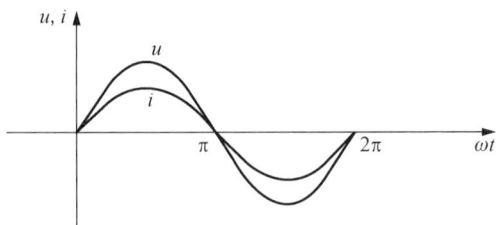

纯电阻正弦交流电路电压与电流的
相位关系

图 5-14　电压与电流同频率同相位波形图

3. 功率

扫描二维码观看动画。图 5-15 所示为电压、电流变化时功率的变化过程。

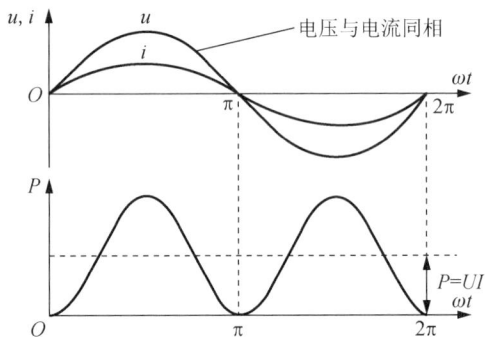

电压、电流变化时功率的变化

图 5-15　电压、电流变化时功率的变化过程

任一瞬间，电阻中流过的电流和加在电阻两端的电压的乘积称为瞬时功率，即 $p=ui$。观察纯电阻正弦交流电路功率的波形图，可以看出：在任一瞬间瞬时功率的数值都大于零，说明电阻总是从电源吸收功率，电阻是耗能元件。电烙铁上标有"220V/30W"，30W 是它的平均功率。交流电在一个周期内消耗功率的平均值称为平均功率，也称为有功功率，用 P 表示，单位是 W。计算式和直流电路一样，为 $P=UI$，其中 U、I 表示电压、电流的有效值，由于 $I=U/R$、$U=IR$，功率可以写成

$$P = UI = I^2 R = \frac{U^2}{R} \tag{5-12}$$

📝 任务实施

案例一：已知一个电烙铁的额定参数为 220V/60W，其正常工作时电路中的电流是

多少？电烙铁本身的电阻是多少？

探究：正常工作即在额定电压下工作，电烙铁的额定电压为220V，额定功率为60W，根据功率的公式 $P = UI$ ，可计算出电流

$$I = \frac{P}{U} = \frac{60}{220} \approx 0.27(\text{A})$$

电阻的阻值可根据欧姆定律算出

$$R = \frac{U}{I} = \frac{220}{0.27} \approx 815(\Omega)$$

结论：纯电阻交流电路的分析方法和直流电路基本相同。

案例二：一个 1000Ω 的电阻接在一交流电源上，电阻两端的电压 $u = 220\sqrt{2} \cdot \sin\left(\omega t - \frac{2}{3}\pi\right)$V，试求：

1）电阻上电流的大小和解析式；

2）电路中的功率。

分析：

1）电阻上电流的大小即求电流的有效值，$I = \frac{U}{R} = \frac{220}{1000} = 0.22(\text{A})$。

2）求电流的解析式需要知道交流电的三要素，我们已经知道纯电阻电路中电压、电流同频率、同相位，且已求得有效值，所以

$$i = 0.22\sqrt{2}\sin\left(\omega t - \frac{2}{3}\pi\right)\text{A}$$

3）电路中的功率

$$P = \frac{U^2}{R} = \frac{220^2}{1000} = 48.4(\text{W})$$

结论：在纯电阻交流电路出现解析式时，需要准确找出有效值进行计算，要求写出解析式时要找清三要素。

强 化 拓 展

强化练习

一个 220V/25W 的灯泡接在 $u = 220\sqrt{2}\sin(314t + 60°)$V 的电源上，试求：

1）灯泡的工作电阻；

2）电流的瞬时值表达式。

专业拓展

常用照明电光源

1. 白炽灯

白炽灯（图5-16）是最早出现的照明用光源，它的工作原理是利用电能把灯丝加热

到白炽的程度，通过热辐射发出可见光。白炽灯属于热辐射电光源。它的负载特性是把电能转化为热能，所以只有白炽灯构成的交流电路属于纯电阻交流电路。和白炽灯同属于纯电阻负载的还有汽车卤钨灯。

2. 荧光灯

荧光灯（图 5-17）两端各有一根灯丝，灯管内充有微量的氩和稀薄的汞蒸气，灯管内壁上涂有荧光粉，两个灯丝之间的气体导电时发出紫外线，使荧光粉发出柔和的可见光。荧光灯属于气体放电电光源。

荧光灯工作需要镇流器形成一个瞬时高压，加在灯管的两端，使灯管中的气体开始放电。荧光灯正常工作时，镇流器起降压限流的作用。

传统的荧光灯配有电感镇流器，电路中既有电阻又有电感。现在的荧光灯基本采用电子镇流器，线路中不仅有电阻、电感，还有电容。所以荧光灯电路不属于纯电阻电路。节能灯实际上是一种紧凑型、自带镇流器的荧光灯。

3. LED 灯

LED 就是发光二极管，它可以直接把电能转化为光能，属于固体发光电光源。把多只发光二极管组成一个点阵封装起来，就可以作为照明灯了。LED 灯如图 5-18 所示。二极管是一种半导体元件，属于非线性元件，因此 LED 灯电路也不属于纯电阻电路。

 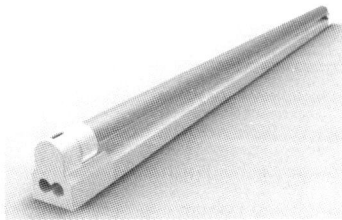 

图 5-16　白炽灯　　　　　　　图 5-17　荧光灯　　　　　　　图 5-18　LED 灯

任务评价

多元过程评价表

项目		评价内容	评价分值	评价方式	量化得分
学习过程	任务描述	学习目标是否明确	5 分	自评	
	相关知识	纯电阻正弦交流电路模型	5 分	互评	
		纯电阻正弦交流电路的特点	10 分	互评	
	任务实施	计算电烙铁工作电路中的电流及其电阻	5 分	互评	

续表

项目		评价内容	评价分值	评价方式	量化得分
学习过程	任务实施	分析纯电阻交流电路	10 分	互评	
	强化拓展	强化练习	10 分	互评	
		提升练习	10 分	互评	
职业素养		积极答问	3 分	师评	
		自主探究	5 分	自评	
		细致认真	2 分	自评	
6S 管理		学习状态、教材、用具	5 分	互评	
课堂纪律		遵守纪律情况	10 分	师评	
课后作业		完成作业	20 分	师评	
出勤记录				总分	

任务三　探究纯电感电路

任务描述

电感是电子元件中的基础元件，在项目二中我们已经认识了电感元件，在项目四中学习了电感的基本性能，本任务是电感在应用范围上的延续和拓展，也是学习 *RLC* 串联电路的基础，起着承上启下的作用。通过本任务的学习，同学们要掌握感抗的概念及影响感抗大小的因素，牢记纯电感正弦交流电路中电压和电流的关系，理解纯电感电路中的无功功率。

相关知识

一、纯电感正弦交流电路模型

如果交流电路中只有电感线圈作为负载，而且线圈的电阻和分布电容可以忽略不计，这样的电路可以近似地看作纯电感正弦交流电路，其电路模型如图 5-19 所示。

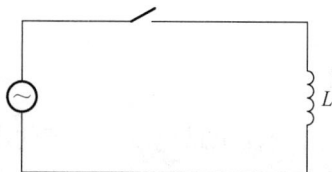

图 5-19　纯电感正弦交流电路模型

二、感抗

扫描二维码观看电感对交流电的阻碍作用实验。

电感对交流电的阻碍作用称为感抗，用 X_L 表示，单位也是欧姆（Ω），公式为

$$X_L = \omega L = 2\pi f L \qquad (5\text{-}13)$$

频率越高，自感系数越大，感抗就越大。

对于直流电，电感线圈相当于短路，$X_L = 0$。

电感对交流电的阻碍作用

电感对交流电的阻碍作用可以简单概括为通直流，阻交流，通低频，阻高频。

三、纯电感正弦交流电路的特点

1. 电压与电流的数值关系

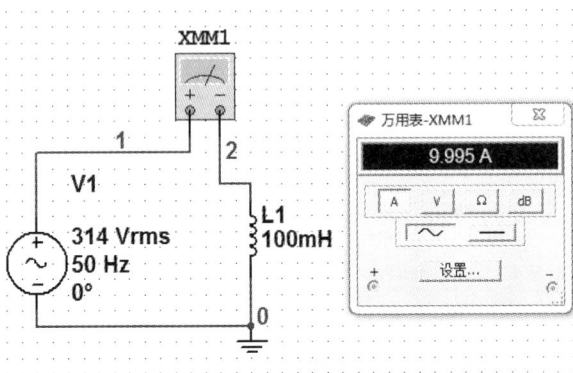

扫描二维码观看仿真录屏。图 5-20 所示为纯电感正弦交流电路模型仿真实验结果。

电压与电流的数值关系

图 5-20 仿真实验结果

由仿真实验可以看出，纯电感交流电路的电流与电压成正比，与感抗成反比。纯电感交流电路中电压、电流的有效值也满足欧姆定律，即

$$I = \frac{U}{X_L} \qquad (5\text{-}14)$$

2. 电压与电流的相位关系

扫描二维码学习纯电感正弦交流电路电压与电流的相位关系微课。电感两端的电压要超前电流 90°，如图 5-21 所示。

纯电感正弦交流电路电压与电流的相位关系

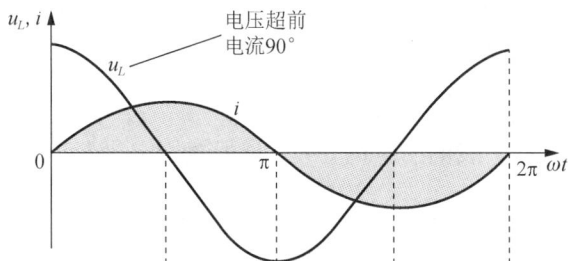

图 5-21 电压与电流的相位关系

3. 功率

扫描二维码观看动画。图 5-22 所示为电压、电流变化时功率的变化过程。

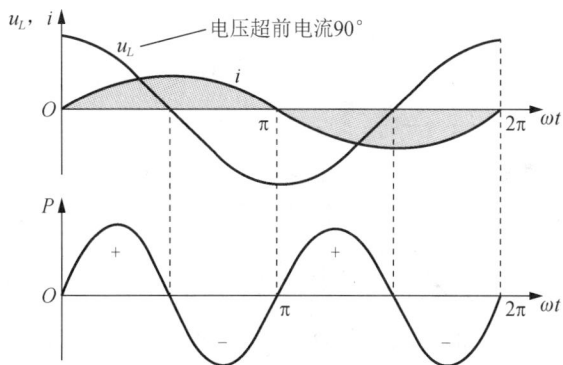

电压、电流变化时功率的变化　　图 5-22 电压、电流变化时功率的变化过程

瞬时功率在一个周期内，有时为正，有时为负，在一个周期内平均功率为零。电感和电阻不同，电感不消耗电能，在交流电的作用下，电感从电源吸收能量转换为磁场能储存起来（瞬时功率为正），然后又将磁场能转换为电能返还给电源（瞬时功率为负）。我们用无功功率反映电感与电源之间转换能量的大小，用 Q_L 表示，单位为乏，符号为 var，其计算式为

$$Q_L = U_L I = I^2 X_L = \frac{U_L^2}{X_L} \qquad (5\text{-}15)$$

任务实施

案例一：一个 0.7H 的电感线圈，电阻可以忽略不计，先将它接在 50Hz 的交流电源上，感抗为多少？若电源频率为 500Hz，感抗为多少？

探究：当频率 f=50Hz 时，线圈的感抗 $X_L = 2\pi f L = 2 \times 3.14 \times 50 \times 0.7 \approx 220(\Omega)$。

当频率 f=500Hz 时，线圈的感抗 $X_L = 2\pi f L = 2 \times 3.14 \times 500 \times 0.7 \approx 2200(\Omega)$。

结论：感抗和频率成正比，若其他条件不变，频率扩大 10 倍，感抗也扩大 10 倍。

案例二：在电感线圈交流电路中，若其他条件不变，增大电源频率，电路中的电流怎么变化？

探究：当频率增大时，线圈的感抗变大，根据欧姆定律 $I = \dfrac{U}{X_L}$，电压不变，感抗变大，电路中的电流变小。

强 化 拓 展

强化练习

把一个电阻可以忽略的线圈接在 $u = 220\sqrt{2}\sin(314t + 30°)\text{V}$ 的交流电源上，线圈的电感是 0.35H，试求：

1）线圈的感抗；

2）电流的有效值；

3）电流的瞬时表达式；

4）电路的无功功率。

此题附答案：

1）$X_L = \omega L = 314 \times 0.35 = 110(\Omega)$。

2）$I = \dfrac{U}{X_L} = \dfrac{220}{11} = 2(\text{A})$。

3）电流的初相位为 $\varphi_0 = 30° - 90° = -60°$，所以电流的瞬时表达式为

$$i = 2\sqrt{2}\sin(314t - 60°)\text{A}$$

4）$Q_L = UI = 220 \times 2 = 440$（var）。

专业拓展

扼 流 圈

所谓扼流圈就是对交流电起阻碍作用的电感线圈，可分为低频扼流圈和高频扼流圈，如图 5-23 所示。

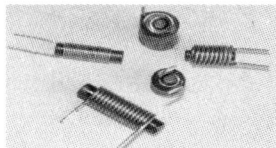

（a）低频扼流圈　　　　　　　　　　　　　（b）高频扼流圈

图 5-23　扼流圈

1. 低频扼流圈

低频扼流圈用于电源和音频滤波，只有一个绕组，在绕组中对插硅钢片组成铁心，

硅钢片中留有气隙，以减少磁饱和。

特点：线圈匝数多，自感系数大，可达几亨至几十亨。

作用：通直流，阻交流。

2. 高频扼流圈

高频扼流圈主要用于选频，线圈有的绕在圆柱形铁氧体上，有的是空心的。

特点：线圈匝数不多，为几百或几十，自感系数小，只有几毫亨。

作用：通低频，阻高频。

◆ 任务评价

多元过程评价表

项目		评价内容	评价分值	评价方式	量化得分
学习过程	任务描述	学习目标是否明确	5分	自评	
	相关知识	纯电感正弦交流电路模型	5分	互评	
		感抗	5分	互评	
		纯电感正弦交流电路的特点	10分	互评	
	任务实施	感抗的计算	10分	互评	
		频率对电感电路的影响	5分	互评	
	强化拓展	强化练习	10分	互评	
		专业拓展	5分	自评	
职业素养		积极答问	3分	师评	
		自主探究	5分	互评	
		细致认真	2分	自评	
6S管理		学习状态、教材、用具	5分	互评	
课堂纪律		遵守纪律情况	10分	师评	
课后作业		完成作业	20分	师评	
出勤记录				总分	

任务四 探究纯电容电路

◆ 任务描述

电容是电子元件中的基础元件，在项目二中我们已经认识了电容，学习了电容的基本性能，本任务是电容在应用范围上的延续和拓展，也是学习 RLC 串联电路的基础，起着承上启下的作用。通过本任务的学习，同学们需要掌握容抗的概念及影响容抗大小的因素，牢记纯电容交流电路中电压和电流的关系，理解纯电容电路中的无功功率。

📚 **相关知识**

一、纯电容正弦交流电路模型

如果交流电路中只有电容器作为负载，且电容器的介质损耗和分布电感都可忽略不计，这样的电路可看成纯电容正弦交流电路，其电路模型如图 5-24 所示。

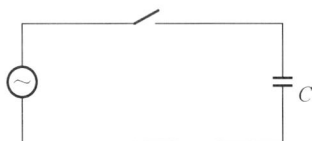

图 5-24　纯电容正弦交流电路模型

二、容抗

扫描二维码观看电容对交流电的阻碍作用实验。

电容对交流电的阻碍作用称为容抗，用 X_C 表示，单位为Ω。其公式为

$$X_C = \frac{1}{\omega C} = \frac{1}{2\pi f C} \tag{5-16}$$

可以看出，电容量越大，频率越高，容抗越小。

电容对交流电的阻碍作用

电容的容抗与频率的关系可以简单概括为隔直流，通交流，阻低频，通高频。

三、纯电容正弦交流电路的特点

1. 电压与电流的数值关系

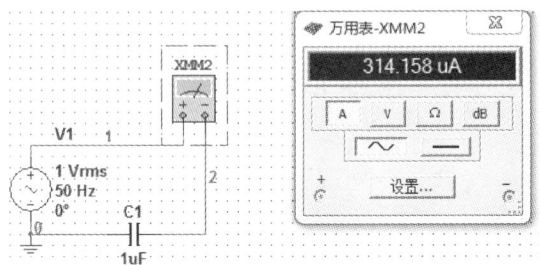

扫描二维码观看仿真录屏。图 5-25 所示为纯电容正弦交流电路的仿真实验结果。

电压与电流的数值关系　　　　图 5-25　纯电容正弦交流电路的仿真实验结果

纯电容交流电路中电压与电流的有效值也满足欧姆定律，即

$$I = \frac{U}{X_C} \tag{5-17}$$

2. 电压与电流的相位关系

扫描二维码学习纯电容正弦交流电路中电压与电流的相位关系微课。电容两端的电流要超前电压 90°，如图 5-26 所示。

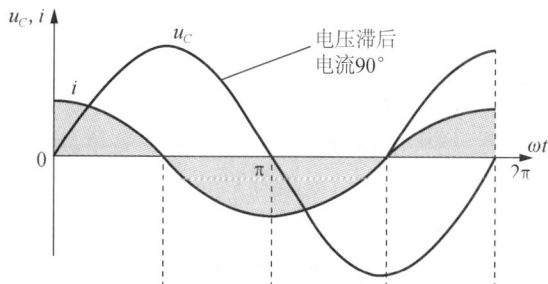

纯电容正弦交流电路中电压
与电流的相位关系

图 5-26　电压与电流的相位关系

3. 功率

扫描二维码观看动画。图 5-27 所示为电压、电流变化时功率的变化过程。

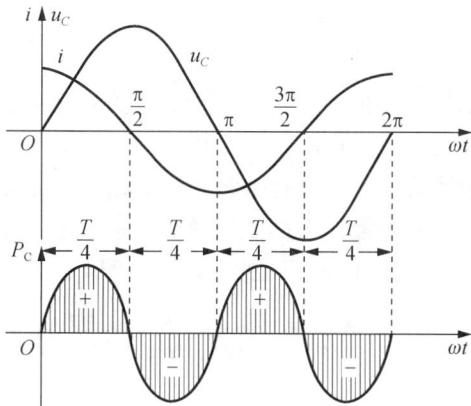

电压、电流变化时功率的变化

图 5-27　电压、电流变化时功率的变化过程

在第一个 $\frac{1}{4}$ 周期，电压、电流都为正，$p > 0$；在第二个 $\frac{1}{4}$ 周期，电压为正，电流为负，$p < 0$；在第三个 $\frac{1}{4}$ 周期，电压、电流都为负，$p > 0$；在第四个 $\frac{1}{4}$ 周期，电压为负，

电流为正，$p<0$。瞬时功率为正值，电容从电源吸收能量转换为电场能储存起来；瞬时功率为负值，电容将电场能转换为电能返还给电源。纯电容电路不消耗功率，平均功率为零。

为了表示电容和交流电源交换能量的大小，把瞬时功率的最大值称为电容的无功功率，用Q_C表示，单位为var。经数学推导，有

$$Q_C = UI = I^2 X_C = \frac{U^2}{X_C} \qquad (5\text{-}18)$$

任务实施

案例：如图5-28所示，电源电压$U=220V$，$f=50Hz$，三只灯泡亮度相同。

问题一：增大电源的频率，三只灯的亮度会如何变化？

探究：频率变大，对电阻没影响，但电感对电流的阻碍作用会变大，电容对电流的阻碍作用会变小。所以L_1支路电流不变，L_2支路电流变小，L_3支路电流变大。

结论：L_1不变，L_2变暗，L_3变亮。

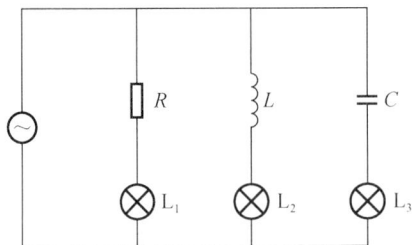

图5-28 任务实施案例用图

问题二：把电源改成$U=220V$的直流电，三只灯的亮度会如何变化？

探究：对于电阻，当电压不变时，直流电和交流电没有区别，所以L_1支路电流不变。电感对直流电没有阻碍作用，$X_L=0$，也就是阻碍变小，L_2支路电流变大。直流电是不能通过电容器的，L_3支路是断开的，没有电流。

结论：L_1不变，L_2变亮，L_3不亮。

━━━━━━ **强 化 拓 展** ━━━━━━

强化练习

容量为$100\mu F$的电容接在一交流电源上，电源电压$u = 220\sqrt{2}\sin(314t)V$。试求：

1）电容的容抗；

2）电流的有效值；

3）电流瞬时值表达式；

4）电路的无功功率。

此题附答案：

1）电容的容抗

$$X_C = \frac{1}{\omega C} = \frac{1}{314 \times 100 \times 10^{-6}} \approx 32(\Omega)$$

2）电流的有效值

$$I = \frac{U}{X_C} = \frac{220}{32} \approx 6.9(A)$$

3）电流瞬时值表达式。电压的初相位为 0，纯电容电路，电流超前电压 90°，所以

$$i = 6.9\sqrt{2}\sin(314t + 90°)A$$

4）电路的无功功率

$$Q_C = U_C I = 220 \times 6.9 = 1518(\text{var})$$

专业拓展

单相电容运转异步电动机

单相异步电动机本身没有起动转矩，要想让电动机转起来，人们想了很多方法，单相电容异步电动机是在起动绕组上串联了一个容量较大的电容器。如图 5-29 所示，电动机有两个绕组——起动绕组和运行绕组。两个绕组在空间上相差 90°。通上单相交流电时，电容器使起动绕组中的电流在时间上比运行绕组的电流超前 90°，在定子与转子之间的气隙中产生了一个旋转磁场，电动机转子在旋转磁场的作用下，获得起动转矩，使电动机旋转起来。

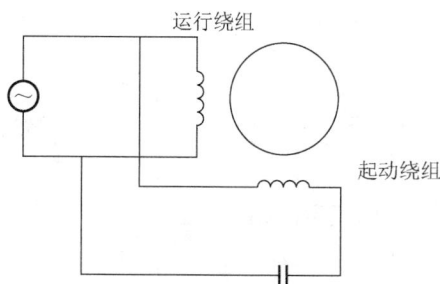

图 5-29 单相电容运转异步电动机

任务评价

多元过程评价表

项目		评价内容	评价分值	评价方式	量化得分
学习过程	任务描述	学习目标是否明确	5分	自评	
	相关知识	纯电容正弦交流电路模型	5分	自评	
		容抗	5分	自评	

项目		评价内容	评价分值	评价方式	量化得分
学习过程	相关知识	纯电容正弦交流电路的特点	5分	互评	
	任务实施	探究电阻、电感、电容在交流电路和直流电路的区别	20分	互评	
	强化拓展	强化练习	10分	互评	
		专业拓展	5分	自评	
职业素养		积极答问	3分	师评	
		自主探究	5分	自评	
		细致认真	2分	自评	
6S管理		学习状态、教材、用具	5分	互评	
课堂纪律		遵守纪律情况	10分	师评	
课后作业		完成作业	20分	师评	
出勤记录				总分	

任务五　绘制相量图

任务描述

在本项目中，我们在学习交流电基本知识时，已经学会了正弦交流电的两种表示方法——波形图和解析式，但对正弦交流电路进行分析计算时，常会遇到两个或多个相同频率的正弦量相加减的情况，这时，波形图和解析式法都不方便，在实际应用中，常采用相量图表示法来解决这一问题。本任务是交流电表示方法的补充，也是下一任务分析、计算交流电路的基础。

通过本任务的学习，同学们应会用相量图表示正弦交流电，掌握平行四边形法则，能够运用相量图法解决两个同频率正弦量的加减运算。

相关知识

最大值、角频率、初相位是交流电的三要素，在频率相同的条件下，只需考虑最大值和初相位两个要素。用相量图法分析交流电路时，只研究同频率的交流电。

1. 相量的概念

正弦量可以用一个长度对应最大值，与参考方向的夹角等于初相位的有向线段来表示，这个用来表示交流电的有向线段称为相量，用 $\dot{E}_m$、$\dot{U}_m$、$\dot{I}_m$ 表示。

2. 相量的画法

1）确定参考方向，一般以直角坐标系 X 轴正方向为参考方向。

2）作一有向线段，长度对应于正弦量最大值，与参考方向的夹角为正弦量的初相。若初相为正，则用从参考方向逆时针旋转得出的角度来表示；若初相为负，则用从参考方向顺时针旋转得出的角度来表示，如图 5-30 所示。

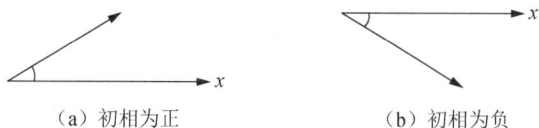

（a）初相为正　　　　　　　　　（b）初相为负

图 5-30　角度的表示

3. 有效值相量

在实际中，经常讨论的是交流电的有效值，所以常用的长度对应于交流电的有效值，与参考方向的夹角等于初相位的相量，称为有效值相量，用 $\dot{E}$、$\dot{U}$、$\dot{I}$ 表示。

4. 相量图

几个同频率的正弦量都用相量表示并画在同一个坐标系中，由此所构成的图称为相量图。应用相量图时应注意以下几点：

1）同一相量图中，各正弦交流电的频率应相同。

2）同一相量图中，相同单位的相量应按相同比例画出。

3）一般取直角坐标轴的水平正方向为参考方向，逆时针转动的角度为正，反之为负。

4）用相量表示正弦交流电后，它们的加、减运算可按平行四边形法则进行。

任务实施

案例一：相量图不仅能表示各正弦量的大小和初相，还能表示各交流电之间的相位关系。

问题：用相量图表示 $u = 220\sqrt{2}\sin(314t + 30°)\text{V}$，$i = 10\sqrt{2}\sin(314t - 60°)\text{A}$，并说明它们之间的相位关系。

探究：两交流电同频率，可以画在同一张相量图中，单位不同，所以不要考虑比例问题。

由图 5-31 所示的相量图分析，它们的相位差是 $90°$，电压在前。

结论：电压超前电流 $90°$。

案例二：用相量图求解交流电的加减法。

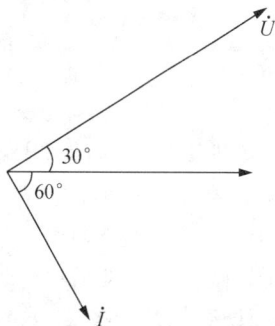

图 5-31　两同频率交流电的相量图

$u_1 = 3\sqrt{2}\sin(314t)\text{V}$， $u_2 = 4\sqrt{2}\sin(314t + 90°)\text{V}$。

问题一：绘制相量图。

探究： u_1 和 u_2 频率相同，单位相同，绘制时要考虑比例。

绘制结果如图 5-32 所示。

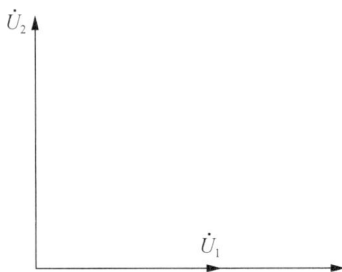

图 5-32　绘制相量图

问题二：求 $u_1 + u_2$ 的瞬时值表达式。

探究： $u_1 + u_2$ 应该是和 u_1、 u_2 同频率的交流电，应用平行四边形法则得出所对应的相量。如图 5-33 所示，相量的长度即为交流电的有效值，与参考方向的夹角等于初相位，由此可以写成交流电的解析式。

$$U = \sqrt{U_1^2 + U_2^2} = \sqrt{3^2 + 4^2} = 5(\text{V})$$

$$\varphi = \arctan\frac{U_2}{U_1} = \arctan\frac{4}{3} \approx 53°$$

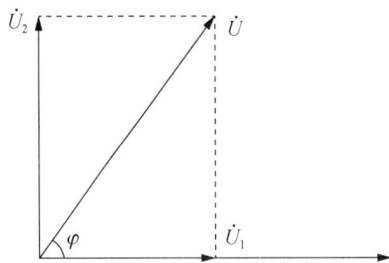

图 5-33　绘制 $u_1 + u_2$ 对应的相量

结论： $u = u_1 + u_2 = 5\sqrt{2}\sin(314t + 53°)\text{V}$。

问题三：求 $u_1 - u_2$ 的瞬时值表达式。

探究： $u_1 - u_2 = u_1 + (-u_2)$ ，把相量 $\dot{U}_2$ 反方向延长相同的距离，就是 $-\dot{U}_2$ ，把 $\dot{U}_1$ 和 $-\dot{U}_2$ 作平行四边形，画出对角线，就是 $u_1 - u_2$ 对应的相量，如图 5-34 所示。

计算： $U' = 5\text{V}$ ， $\varphi' = -53°$ 。

结论： $u' = u_1 - u_2 = 5\sqrt{2}\sin(314t - 53°)\text{V}$ 。

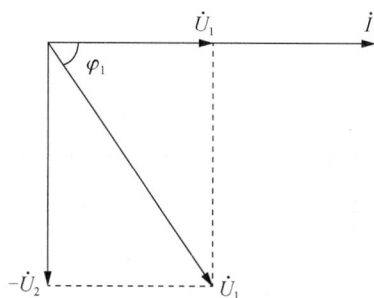

图 5-34 绘制 $u_1 - u_2$ 对应的相量

强 化 拓 展

强化练习

用相量图表示 $i_1 = 5\sqrt{2}\sin(314t + 90°)\text{A}$ ， $i_2 = 10\sqrt{2}\sin(314t - 90°)\text{A}$ 。

专业拓展

1）纯电阻电路、纯电感电路、纯电容电路中电压、电流相量图，如图 5-35 所示。

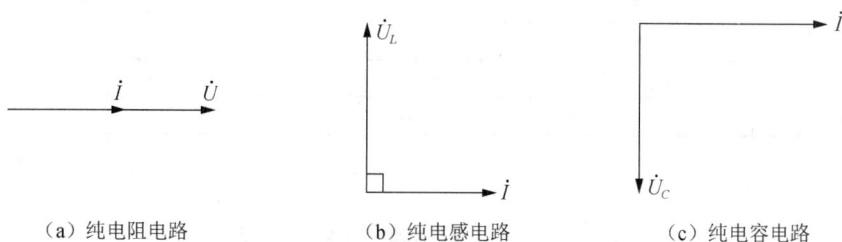

（a）纯电阻电路　　　　（b）纯电感电路　　　　（c）纯电容电路

图 5-35 电压、电流相量图

2）在电阻和电感串联的电路中，以电流为参考相量，可以画出总电压和电阻上电压、电感上电压的相量图。

因为 $u = u_R + u_L$ ，所以可以在画完电阻上电压、电感上电压后，用平行四边形法则画出总电压，如图 5-36 所示。

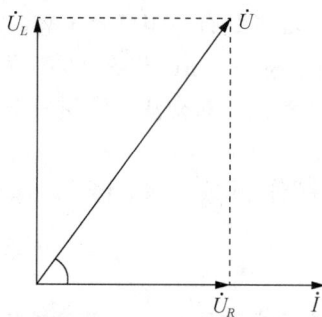

图 5-36 用平行四边形法则画出总电压

任务评价

多元过程评价表

项目		评价内容	评价分值	评价方式	量化得分
学习过程	任务描述	学习目标是否明确	5分	自评	
	相关知识	相量的概念	5分	互评	
		相量的画法	5分	互评	
		有效值相量	5分	互评	
		相量图	5分	互评	
	任务实施	用相量图表示交流电，说明相位关系	5分	互评	
		用相量图求解交流电的加减法	5分	互评	
	强化拓展	强化练习	10分	互评	
		专业拓展	10分	自评	
职业素养		积极答问	3分	师评	
		自主探究	5分	互评	
		细致认真	2分	自评	
6S管理		学习状态、教材、用具	5分	互评	
课堂纪律		遵守纪律情况	10分	师评	
课后作业		完成作业	20分	师评	
出勤记录				总分	

任务六　求解单相交流电路

任务描述

　　前面讨论了由单一元件构成的三个电路，但在实际中，电阻、电感、电容很少单独存在，而是既有电阻又有电感，或者既有电阻又有电容，甚至三种元件同时出现。本任务主要讨论 RL 串联电路，同时了解一下 RC 和 RLC 串联电路。本任务是项目五的最后一个任务，将融合前面所学的所有知识对交流电路进行分析计算。通过本任务的学习，同学们应该学会用相量图分析、计算 RL 串联电路，理解视在功率和功率因数的概念，了解 RC 电路的移相作用，了解谐振现象，掌握谐振频率的公式。

相关知识

　　由电阻和电感串联组成的交流电路称为 RL 串联电路。一个普通的电感线圈电路可以看成 RL 串联电路，工厂里的主要负载——电动机电路也可以看成 RL 串联电路。

1. *RL* 串联电路模型

RL 串联电路模型如图 5-37 所示。仿真探究总电压和分电压之间的关系，图 5-38 所示为仿真实验结果。

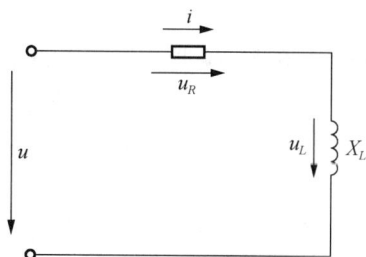

图 5-37 *RL* 串联电路模型

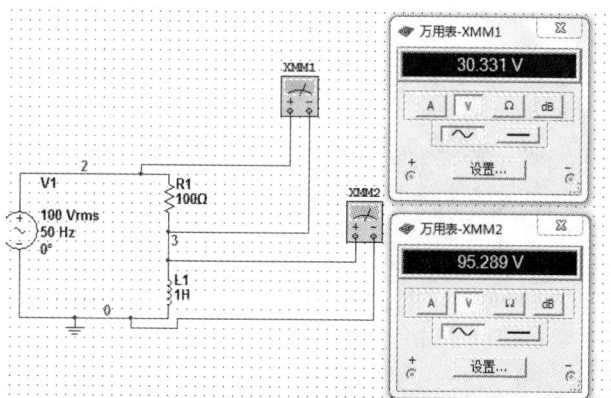

图 5-38 仿真实验结果

实验表明 $U \neq U_R + U_L$。

在串联电路中，总电压等于分电压之和，在任一瞬间，$U = U_R + U_L$，正弦量的加法运算可以用相量图法进行分析计算，以电流为参考相量，即假设电流的初相为 0，画出各电压的相量图，如图 5-39（a）所示。

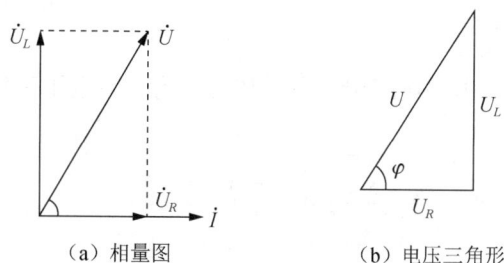

（a）相量图 （b）电压三角形

图 5-39 总电压和分电压的关系

由相量图可知，三个电压的有效值相当于直角三角形的三个边，所以

$$U = \sqrt{U_L^2 + U_R^2} \qquad (5-19)$$

U、U_R、U_L 构成的直角三角形称为电压三角形。

2. 电压与电流的数值关系

把 $U_R = IR$，$U_L = IX_L$ 代入式（5-19），得

$$U = I\sqrt{R^2 + X_L^2}$$

所以

$$I = \frac{U}{Z}, \ Z = \sqrt{R^2 + X_L^2} \tag{5-20}$$

式中，Z——阻抗，表示电路对电流的阻碍作用，单位为欧姆（Ω）。在 RL 串联电路中，既有电阻，又有电感，它们都对电流有阻碍作用，但由于元件性质不同，总阻抗并不是直接相加，而是 $Z = \sqrt{R^2 + X_L^2}$。由式（5-20）可知，阻抗 Z、电阻 R、感抗 X_L 也构成直角三角形，称为阻抗三角形。

电压三角形各边除以 I，就可以得到阻抗三角形，如图 5-40 所示。所以阻抗三角形和电压三角形是相似三角形。

（a）电压三角形　　　　　　　（b）阻抗三角形

图 5-40　电压三角形和阻抗三角形

由式（5-20）可知，RL 串联电路中，电压、电流的有效值之间满足欧姆定律。

3. 电压与电流的相位关系

由相量图可知，RL 串联电路中，电压超前电流，由电压三角形和阻抗三角形可以求出相位差

$$\varphi = \arctan \frac{U_L}{U_R} = \arctan \frac{X_L}{R} \tag{5-21}$$

4. RL 串联电路中的功率

在 RL 串联电路中，电阻要消耗功率，电感要与电源进行能量交换，所以电路中既有有功功率，又有无功功率。

有功功率

$$P = U_R I = I^2 R \tag{5-22}$$

无功功率

$$Q = Q_L = U_L I = I^2 X_L \tag{5-23}$$

两种功率都是由电源提供的，电源提供的总功率称为视在功率，用 S 表示，根据先前所学的功率公式，可得出视在功率的公式为

$$S = UI \qquad\qquad (5\text{-}24)$$

视在功率的单位是伏安（VA），常用单位还有千伏安（kVA）。

视在功率用来表示电源的容量。交流发电机或变压器的铭牌上通常会标出电源的视在功率，如图 5-41 所示。

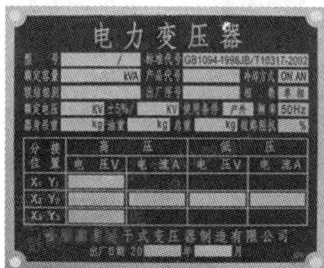

图 5-41 变压器的铭牌

电压三角形各边乘以 I，得到功率三角形，如图 5-42 所示。

（a）电压三角形　　　　　　　　　　　　（b）功率三角形

图 5-42 电压三角形和功率三角形

由三角形可知三种功率之间的关系是

$$S = \sqrt{P^2 + Q^2} \qquad\qquad (5\text{-}25)$$

同时

$$P = S\cos\varphi = UI\cos\varphi \qquad\qquad (5\text{-}26)$$

5. 功率因数

在交流电路中，电压与电流之间的相位差 φ 的余弦称为功率因数，用 $\cos\varphi$ 表示。由功率三角形可知

$$\cos\varphi = \frac{P}{S} \qquad\qquad (5\text{-}27)$$

它是高压供电线路的运行指标之一，表示电源功率被利用的程度。在三相电机中，功率因数也是一个重要的参数。如图 5-43 所示，三相异步电动机的铭牌上标出了这一参数。提高功率因数的方法是在感性负载的两端并联电容器。

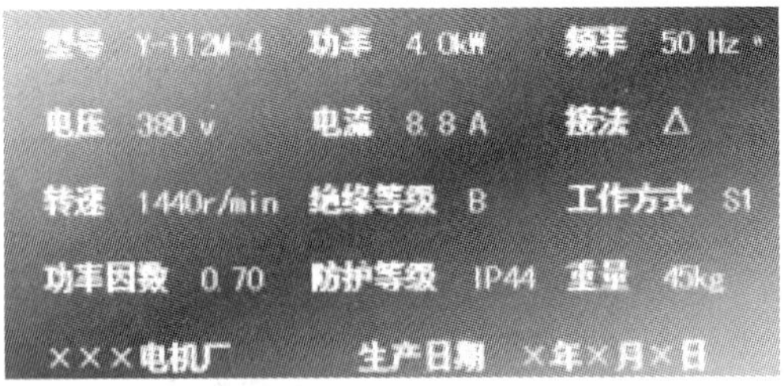

图 5-43　三相异步电动机的铭牌

任务实施

案例一：一个 $R=20\Omega$、$L=48mH$ 的线圈接在频率为 50Hz 的交流电源上，电路中的电流为 20A。

问题一：电源电压是多少？

探究：线圈相当于 RL 串联电路，已知电流求电压，可以用欧姆定律。RL 串联电路的欧姆定律是 $U=IZ$，$Z=\sqrt{R^2+X_L{}^2}$，所以此问题关键是求阻抗。

$$X_L=2\pi fL=2\times3.14\times50\times48\times10^{-3}\approx15(\Omega)$$

$$Z=\sqrt{R^2+X_L{}^2}=\sqrt{20^2+15^2}=25(\Omega)$$

$$U=IZ=20\times25=500(\text{V})$$

问题二：电路的功率因数为多少？

探究：如果根据公式 $\cos\varphi=\dfrac{P}{S}$ 求功率因数，虽然可以求出，但过于烦琐，且计算量较大。事实上，阻抗三角形和功率三角形也是相似三角形，所以电路中功率因数也可以用 $\cos\varphi=\dfrac{R}{Z}$ 计算。注意：功率因数一般用小数表示，没有单位。

结论：$\cos\varphi=\dfrac{R}{Z}=\dfrac{20}{25}=0.8$。

由此可知，电路中功率因数的大小和负载的性质及电源的频率有关。

案例二：图 5-44 所示为电子电路中的 RC 移相电路，画出两个电压的相量图，分析相位关系。

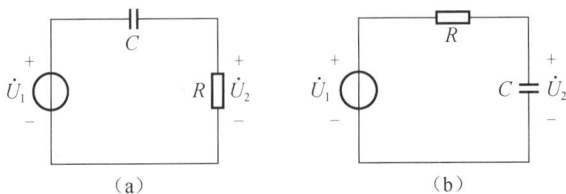

（a）　　　　　　　　　　　　（b）

图 5-44　RC 移相电路

问题：求两个电路中，输出电压 $\dot{U}_2$ 和输入电压 $\dot{U}_1$ 的超前和滞后关系。

探究：两个电路都是 RC 串联电路，可用相量图法分析。

绘制相量图如图 5-45 所示。

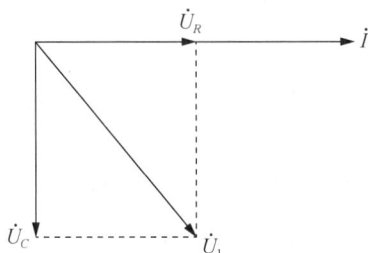

图 5-45 RC 串联电路相量图

图 5-44（a）中 $\dot{U}_2 = \dot{U}_R$，图 5-44（b）中 $\dot{U}_2 = \dot{U}_C$。

结论：图 5-44（a）中输出电压 $\dot{U}_2$ 超前输入电压 $\dot{U}_1$，图 5-44（b）中，输出电压 $\dot{U}_2$ 滞后输入电压 $\dot{U}_1$。

强 化 拓 展

强化练习

一个电感线圈接在电压为 30V 的直流电源上，电流为 0.6A；接在 50Hz/65V 的交流电源上，电流为 0.5A，试求：

1）线圈的电阻 R；

2）线圈的感抗；

3）线圈的自感系数。

专业拓展

RLC 串联电路及其谐振现象

实际中，把电阻、电容器和电感线圈串联就构成 RLC 串联电路，如图 5-46 所示。在任一时刻 $u = u_R + u_L + u_C$，画出相量图。

1）当 $U_L = U_C$ 时，相量图如图 5-47 所示。

在 RLC 串联电路中，只有 $X_L = X_C$ 时，$U_L = U_C$，此时电源电压和电阻上的电压相同，电压、电流同相。

在含有电感和电容的电路中，电源电压和电流同相位的现象，称为谐振。谐振现象是交流电路中的一种特殊现象。研究它具有实际意义发生谐振现象需具备一定的条件，即 $X_L = X_C$，也就是

$$2\pi f_0 L = \frac{1}{2\pi f_0 C}$$

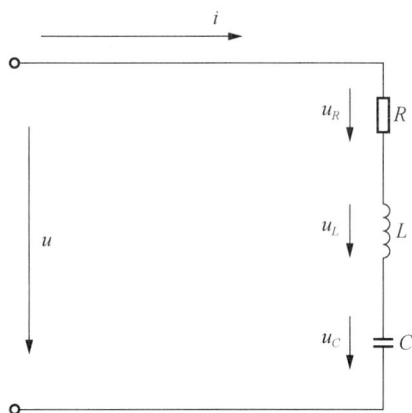

图 5-46　RLC 串联电路

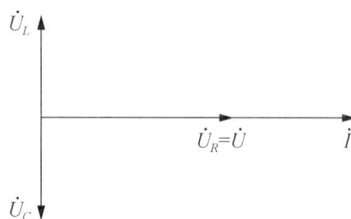

图 5-47　$U_L = U_C$ 时的相量图

由此得出

$$f_0 = \frac{1}{2\pi\sqrt{LC}}$$ （5-28）

式中，f_0——谐振频率，指发生谐振时，电源或信号源的频率，单位为赫兹（Hz）；

　　　L——电路中的电感，单位为亨利（H）；

　　　C——电路中的电容，单位为法拉（F）。

当电路中的参数和电源频率之间满足式（5-28）时，就会有谐振现象。串联谐振时，尽管电源的电压很小，在电感和电容的两端却可以产生较大的电压。在电子电路中，经常用串联谐振来获得一个与电源信号频率相同，但大很多倍的电压。这就是串联谐振的选频作用。汽车里的收音机的选台过程就是选频过程，如图 5-48 所示。但在电力系统中，串联谐振产生的这种高电压可能会把电容器和线圈的绝缘材料击穿，造成设备的损坏，因此一定要设法避免出现谐振现象。

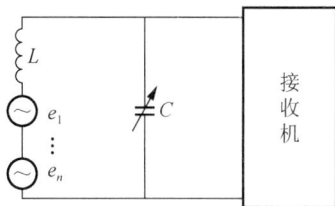

图 5-48　收音机的选台

2）当 $U_L > U_C$ 时，画出相量图，如图 5-49 所示。

由相量图可知，总电压超前电流一个角度，电路中 $X_L > X_C$，称为感性电路。

3）当 $U_L < U_C$ 时，画出相量图，如图 5-50 所示。

由相量图可知，总电压滞后电流一个角度，电路中 $X_L < X_C$，称为容性电路。

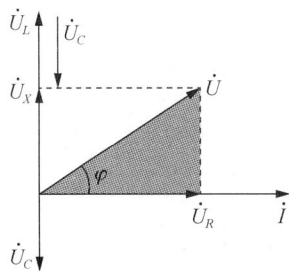

图 5-49　$U_L > U_C$ 时的相量图

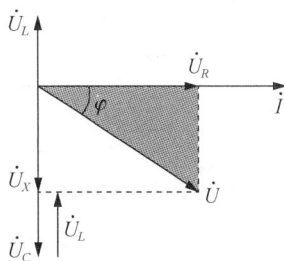

图 5-50　$U_L < U_C$ 时的相量图

由图 5-49 和图 5-50 可知，不管是 $U_L > U_C$ 还是 $U_L < U_C$，又或是 $U_L = U_C$，总有

$$U = \sqrt{U_R{}^2 + (U_L - U_C)^2} \tag{5-29}$$

把 $U_R = IR$，$U_L = IX_L$，$U_C = IX_C$ 代入式（5-29），得

$$I = \frac{U}{Z}, \quad Z = \sqrt{R^2 + (X_L - X_C)^2} \tag{5-30}$$

由式（5-30）可知，RLC 串联电路中电压、电流的有效值满足欧姆定律。

电路中有功功率

$$P = U_R I = I^2 R \tag{5-31}$$

无功功率

$$Q = Q_L - Q_C = (U_L - U_C)I = I^2(X_L - X_C) \tag{5-32}$$

视在功率

$$S = UI \tag{5-33}$$

任务评价

多元过程评价表

项目		评价内容	评价分值	评价方式	量化得分
学习过程	任务描述	学习目标是否明确	5分	自评	
	相关知识	RL 串联电路模型	5分	互评	
		总电压与分电压的关系	5分	互评	
		电压与电流的数值关系	5分	互评	
		电压与电流的相位关系	5分	互评	
		RL 串联电路中的功率	5分	互评	
	任务实施	RL 串联电路计算	5分	互评	
		分析 RC 串联电路	5分	互评	
	强化拓展	强化练习	10分	互评	
		专业拓展	5分	自评	

续表

项目	评价内容	评价分值	评价方式	量化得分
职业素养	积极答问	3分	师评	
	自主探究	5分	互评	
	细致认真	2分	自评	
6S 管理	学习状态、教材、用具	5分	互评	
课堂纪律	遵守纪律情况	10分	师评	
课后作业	完成作业	20分	师评	
出勤记录			总分	

项目六
运用三相交流电

学习目标

1. 了解三相交流电的产生、特点，熟悉三相四线制供电系统并能利用万用表测量其线电压和相电压。

2. 通过实验，了解三相负载做星形联结和三角形联结的方式，并能通过实验和相量图分析出三相负载做星形联结和三角形联结时，负载相电压、线电压的关系，相电流、线电流的关系。结合实际，了解三相异步电动机的接线方式，理解星形-三角形（丫-△）降压起动原理。

3. 了解提高功率因数的重要意义，理解提高功率因数的方法。

项目概述

项目六主要介绍三相交流电的产生、特点、运用等综合知识，这是分析和解决交流电路问题的重要知识，特别是在电力拖动、电动机等的实习课过程中，三相交流电起到了重要作用。通过项目六的学习，同学们应熟练掌握三相四线制供电系统、三相负载的连接方法等，这为今后的实习课连接线路、选择合适的负载连接方法及排查线路故障等打下了坚实的理论基础，所以这个项目的学习，同学们必须将理论学扎实，然后结合实验及实习课进行充分的练习运用，真正做到理论知识为专业课服务。

任务一　探究家用照明电路原理图的设计

任务描述

了解三相交流电的产生，熟练掌握三相四线制供电系统的特点并能运用到实际任务中，特别要分清楚线电压和相电压，掌握三相电源绕组星形联结时线电压、相电压的关系，设计出家用照明电路的原理图。

相关知识

一、三相交流电的产生及特点

请大家带着以下任务扫描二维码观看动画"三相交流电的产生过程"，让我们一起来探究三相交流电的特点。

1）三相交流发电机主要由哪两大部分组成？

三相交流发电机主要包括定子和转子两大部分。可随着拖动发电机的原动机一起旋转的部分称为转子。具有产生三相交流电源的，被动切割磁感线的固定导体部分称为定子。

三相交流电的产生过程

2）探究三相交流发电机定子绕组的尺寸、匝数、绕法是否相同，以及它们在空间位置上互差的度数。

三相交流发电机的定子中嵌放了三相绕组，绕组始端分别用 U_1、V_1、W_1 表示，末端分别用 U_2、V_2、W_2 表示，三相分别称为 U 相、V 相、W 相。当转子磁极在风力、火力等动力驱动下，以角速度 ω 做匀速旋转时，发电机的三相定子绕组都与磁场相互作用，并依次切割磁感线，根据电磁感应现象（磁生电），这势必会产生三个感应电动势，而又因为这三个绕组的尺寸、匝数、绕法完全相同，其位置在空间上彼此互差 120°，因此三相对称的交流电（最大值相等，角频率相同，相位互差 120°）就这样产生了。

3）以 U 相为参考正弦量（即最大值为 E_m，角频率为 ω，初相位为 0），明确三相对称交流电动势 e_U、e_V、e_W 的解析式。

根据单相交流电所学知识，已知正弦交流电的三要素，可以写出这三个解析式，即

$$e_U = E_m \sin(\omega t + 0°)\text{V}$$
$$e_V = E_m \sin(\omega t - 120°)\text{V}$$
$$e_W = E_m \sin(\omega t + 120°)\text{V}$$

根据解析式画出三相对称交流电动势的相量图，如图 6-1 所示。

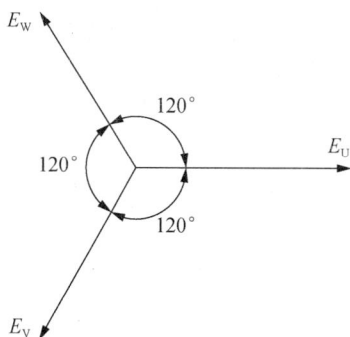

图 6-1　三相对称交流电动势的相量图

二、三相四线制供电体系

1. 三相电源的丫形联结

三相发电机的三个绕组发电后并不是分别向外送电，而是连接成一定的形式后整体向外送电的，具体的连接形式如图 6-2 所示。把发电机三相绕组的末端 U_2、V_2、W_2 连接在一起，成为一个公共端点（称为中性点），这种连接像倒着的丫形，因此这种连接称为三相电源的丫形（或星形）联结。从中性点引出一根输电线，称为中性线（1 根），符号用 N 表示；始端 U_1、V_1、W_1 分别引出一根输电线，称为相线（3 根），符号标上 L_1、L_2、L_3（即 U、V、W 相）。这种由 3 根相线和 1 根中性线所构成的供电体系称为三相四线制。其中，中性线通常与大地（大地电位为零）相连，因此俗称零线；3 根相线自身都带电，碰触有危险，因此俗称火线。在电力工程中，为了区分相序，4 根线的颜色也不同。为了便于记忆，我们可以采用小谐音记忆法，即王力宏——黄、绿、红——L_1、L_2、L_3。这样 3 根相线的颜色就记住了，中性线的颜色在电力工程上一般用淡蓝色表示。

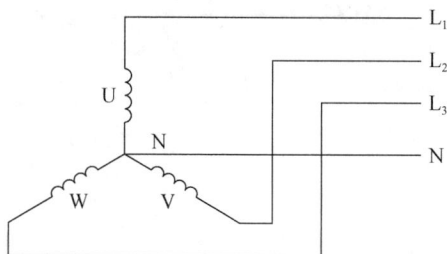

图 6-2　三相绕组的连接方法

2. 三相四线制提供的电压类型

用电压表测量如下数据，得到的电压值如表 6-1 所示。

表 6-1　测得电压值

所测电压	U_1	U_2	U_3	U_{12}	U_{23}	U_{31}
所得数值/V	220	220	220	380	380	380

通过记录数据可以看出，三相四线制提供了两种电压，即线电压（U_L）和相电压（U_P）。

1）线电压：相线-相线之间的电压，如工业用电 380V，对应的相量式分别用 U_{UV}、U_{VW}、U_{WU} 表示。

2）相电压：相线-中性线之间的电压，如日常生活照明用电 220V，对应的相量式分别用 U_U、U_V、U_W 表示。

3）线电压与相电压的数值关系：$U_L = \sqrt{3}U_P$。

4）线电压与相电压的相位关系：选择 U 相为参考量，做出 U_U、U_V、U_W 相量图，根据所学知识，表示出 3 个线电压，即

$$U_{UV} = U_U - U_V = U_U + (-U_V)$$

同理：

$$U_{VW} = U_V + (-U_W)$$
$$U_{WU} = U_W + (-U_U)$$

根据上式，利用平行四边形法则可以画出线电压与相电压的相量图，如图 6-3 所示，得到它们之间的相位关系，即线电压超前于其对应的相电压 30°。

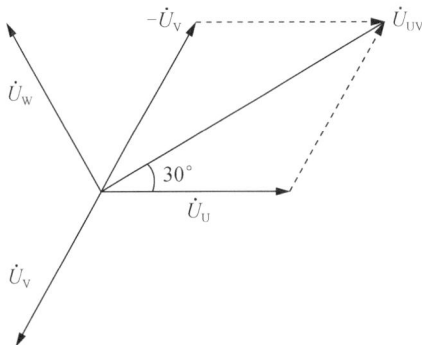

图 6-3　线电压与相电压的相量图

3. 三相异步电动机的正反转运行

扫描二维码观看三相异步电动机正反转运动动画。

仔细观察电动机，当按下 SB_1 时，电动机的出线端 U、V 和 W 一一对应电源的 U、V、W 相，此时电动机顺时针

三相异步电动机的正反转运行

运转。而当按下 SB_2 时，电动机的出线端 U、V 和 W ——对应电源的 W、V、U 相，此时电动机逆时针运转。由此可以看出，电动机的正反转控制就是通过改变三相电源的相序来实现的。在实际接线中，只要对调任意两相线就可以实现电动机的反转。这一动作的完成引出了相序的知识点。

（1）相序的概念

三相对称交流电动势到达最大值的先后顺序称为相序。

（2）相序的分类

正序 U→V→W，负序 W→V→U。

任务实施

任务：设计家用照明电路的原理图。

家用照明线路是生活中不可缺少的一部分，现在提供一组三相四线制电源（380V/220V），额定电压为 220V 的灯泡一盏，开关一个，如何连接实验电路，灯泡才能正常工作呢？设计并画出电路原理图。

分析题意：灯泡要想正常发光，需要的额定电压是＿＿＿＿V，而三相四线制电源为我们提供＿＿＿＿＿＿＿种电压：＿＿＿＿＿＿＿（V）和＿＿＿＿＿＿＿（V）。根据新知识的学习，线电压是指两条＿＿＿＿＿＿＿线之间的电压。相电压是指一条＿＿＿＿＿＿＿线和一条＿＿＿＿＿＿＿线之间的电压。通过分析便可以知道灯泡所需要的电压是＿＿＿＿＿＿＿电压，所接的位置在＿＿＿＿＿＿＿线和＿＿＿＿＿＿＿线之间，这样电路原理图便可以画出了。

画出电路原理图，如图 6-4 所示。

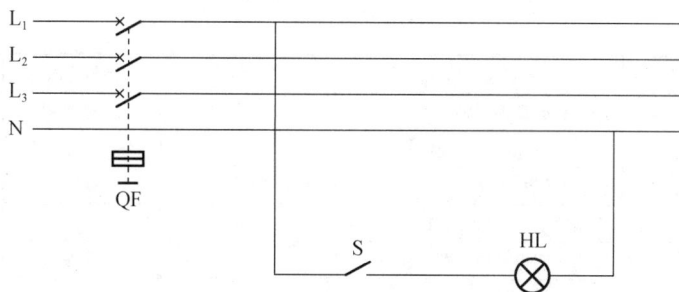

图 6-4　电路原理图

强 化 拓 展

专业拓展

三相五线制供电

三相五线制包括三相交流电的三个相线（L_1、L_2 和 L_3 线）、中性线（N 线）和地线

（PE 线）。其中，中性线也称为零线，三相五线制就相当于在三相四线制基础上再增加一条零线，我们通常称为保护接零，能更好地起到保护作用。三相五线制导线的颜色分别是：L_1 相线为黄色，L_2 相线为绿色，L_3 相线为红色，N 线为蓝色，PE 线为黄绿色相间。

如图 6-5 所示，把电气设备的金属外壳用电阻很小的导线与电源的中性线可靠地连接起来，称为保护接零。如果某相绕组因绝缘损坏而使电动机外壳带电，则相电压就被短路，瞬间短路电流立即将熔断器熔断，切断该相电压，采用三相五线制供电后，保护接零线发挥其作用，从而消除了人体触电的危险。

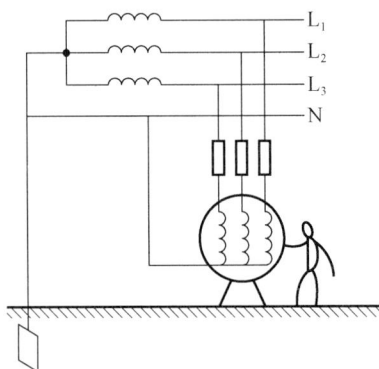

图 6-5　保护接零

任务评价

多元过程评价表

项目		评价内容	评价分值	评价方式	量化得分
学习过程	任务描述	学习目标是否明确	5 分	自评	
	相关知识	三相交流电的产生及特点	10 分	互评	
		三相四线制供电体系	15 分	互评	
	任务实施	家用照明电路原理分析	5 分	互评	
		家用照明电路原理图设计	10 分	互评	
	强化拓展	三相五线制的组成	5 分	互评	
		三相五线制供电的应用	5 分	互评	
课后作业		完成作业	20 分	师评	
职业素养		细致认真	2 分	互评	
		自主探究	5 分	互评	
		总结表达	3 分	师评	
6S 管理		学习状态、教材、用具	5 分	互评	
课堂纪律		遵守纪律情况	10 分	师评	
出勤记录				总分	

任务二 探究三相异步电动机绕组的连接方式

任务描述

通过实验，掌握三相负载做星形联结和三角形联结的方式，并能通过实验和相量图分析出三相负载做星形联结和三角形联结时，负载相电压和线电压的关系，相电流和线电流的关系。通过学习，掌握三相异步电动机绕组接线方式的选择，了解星形-三角形降压起动原理。

相关知识

扫描二维码观看动画，三组灯泡大小和性质完全相同，每一组称为一相负载，由于它们大小相同，因此，这三组灯泡就构成了三相对称负载。根据负载额定电压的不同，其连接方式也是不同的。

三相对称负载

一、三相对称负载的星形联结

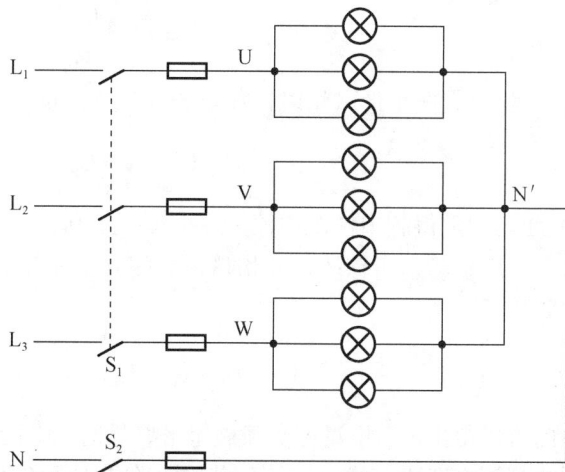

扫描二维码学习三相对称负载的星形联结微课。

1）根据线路的连接方式可以画出图 6-6 所示的电路原理图。大家仔细观察电路原理图，每相负载都是接在一根相线和中性线之间，这样的连接方式称为三相负载的星形联结。其等效的电路原理图如图 6-7 所示。

图 6-6 三相负载星形联结电路原理图

三相对称负载的星形联结

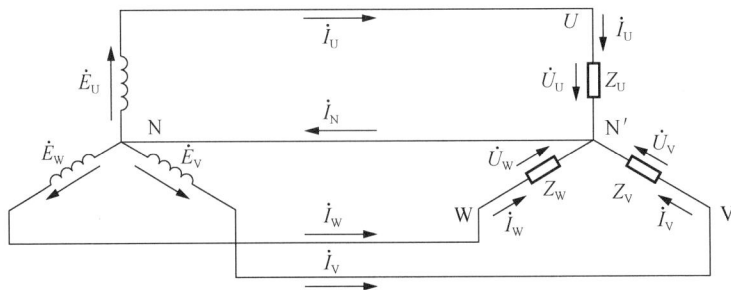

图 6-7　三相负载星形联结等效电路原理图

电源的线电压为两根相线之间的电压，负载两端的电压称为负载的相电压，如 U_U、U_V、U_W；流过每相负载上的电流称为相电流，用 I_U、I_V、I_W 表示；流过每根相线上的电流称为线电流，用 I_U、I_V、I_W 表示；流过中性线的电流称为中线电流，用 I_N 表示。

2）探究相电流和线电流之间，以及相电压和线电压之间的数值关系。

如表 6-2 所示，对以下物理量进行测量，得出结论。

表 6-2　测量数据

项目	相电流/A	线电流/A	相电压/V	线电压/V
实验数据 1	10	10	220	380
实验数据 2	10	10	220	380
实验数据 3	10	10	220	380

结论：

1）通过数据可以得出三相负载做星形联结时，相电流和线电流大小相等，即

$$I_{YL} = I_{YP} = \frac{U_{YP}}{Z_P}$$

2）三相负载做星形联结时，相电压和线电压的大小关系为

$$U_L = \sqrt{3} U_{YP}$$

3）通过测量得到中性线电流为零，即 $I_N = 0$。

由于三相负载是对称的，其相量图如图 6-8 所示，分析图可知，三相电流的相量和为零，即

$$\dot{I}_U + \dot{I}_V + \dot{I}_W = \dot{I}_N = 0$$

由此可以得出，三相对称负载做星形联结时，中性电流为零，因此，可省去中性线。三相四线制变成三相三线制，达到节约线路成本还不影响正常工作的目的。

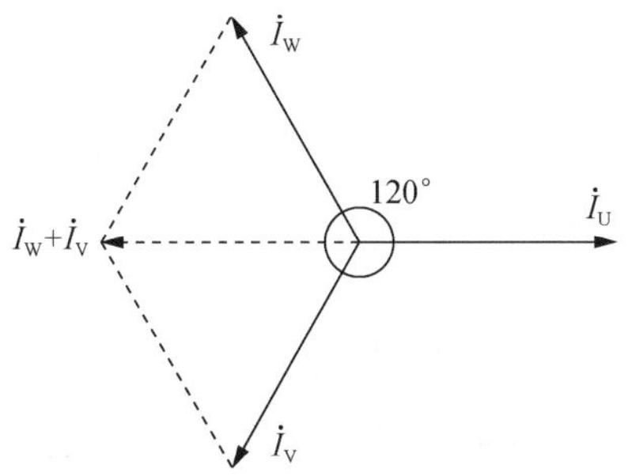

图 6-8 相量图

二、三相对称负载的三角形联结

扫描二维码学习三相对称负载的三角形联结微课。

三相对称负载做三角形联结的电路原理图如图 6-9 所示。大家仔细观察电路原理图，每相负载都是接在两根相线之间，这样的连接方式称为三相负载的三角形联结。电源的线电压为两根相线之间的电压，负载两端的电压称为负载的相电压，如 U_{UV}、U_{VW}、U_{WU}。流过每相负载上的电流称为相电流，如 I_{UV}、I_{VW}、I_{WU}。流过每根相线上的电流称为线电流，如 I_U、I_V、I_W。其等效电路原理图如图 6-10 所示。

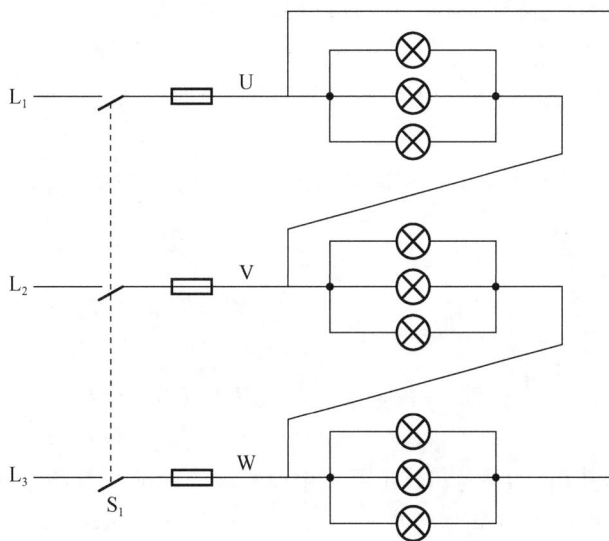

三相对称负载的三角形联结

图 6-9 三相负载三角形联结电路原理图

1. 电压关系

由图 6-10 可以看出，不管负载是否对称，负载的相电压都等于电源的线电压，即

$$U_{\triangle P} = U_L$$

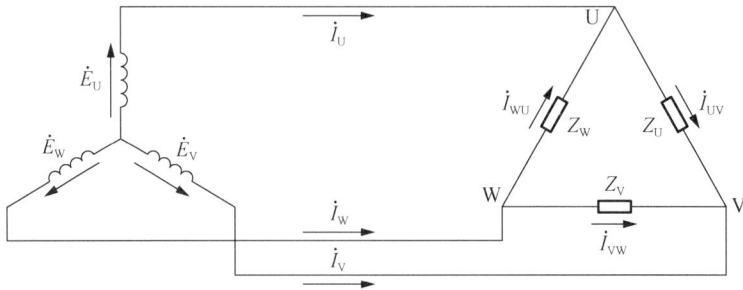

图 6-10 三相负载三角形联结等效电路原理图

2. 电流关系

通过表 6-3 所测实验数据，探究相电流和线电流之间的数值关系。

表 6-3 测量数据

项目	相电流/A	线电流/A
实验数据 1	10	17.3
实验数据 2	10	17.3
实验数据 3	10	17.3

结论：

通过数据可以得出三相负载做三角形联结时，相电流和线电流的大小关系为

$$I_{\triangle L} = \sqrt{3} I_{\triangle P}$$

根据图 6-10 还可以看出，相电流和线电流的关系可以通过基尔霍夫电流定律表示出来，即

$$I_U + I_{WU} = I_{UV}$$
$$I_U = I_{UV} + (-I_{WU})$$

同理：

$$I_V = I_{VW} + (-I_{UV})$$
$$I_W = I_{WU} + (-I_{VW})$$

以 I_{UV} 为参考量作出各相电流和线电流的相量图，如图 6-11 所示。

由图 6-11 可以看出线电流总是滞后于其对应的相电流 30°。

【例 6-1】现有一台三相异步电动机接在线电压为 380V 的三相电源上，若电动机的每相绕组电阻为 3Ω，感抗为 4Ω，试求：

1）绕组做星形联结时的相电流和线电流；

2）绕组做三角形联结时的相电流和线电流。

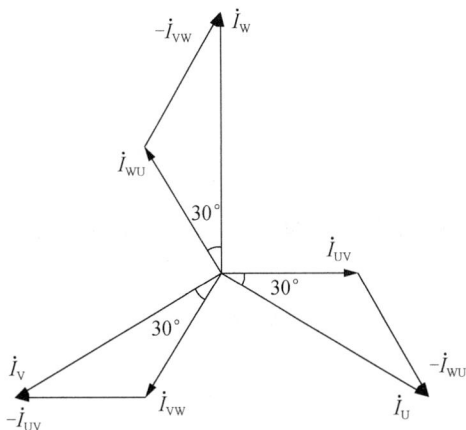

图 6-11 相电流与线电流的相位关系

解：

1）星形联结时：

$$Z = \sqrt{R^2 + X^2} = \sqrt{3^2 + 4^2} = 5(\Omega)$$

$$U_{\text{YP}} = \frac{U_{\text{L}}}{\sqrt{3}} = \frac{380}{\sqrt{3}} = 220(\text{V})$$

$$I_{\text{YL}} = I_{\text{YP}} = \frac{U_{\text{YP}}}{Z} = \frac{220}{5} = 44 \ (\text{A})$$

2）三角形联结时：

$$U_{\triangle\text{P}} = U_{\text{L}} = 380\text{V}$$

$$I_{\triangle\text{P}} = \frac{U_{\triangle\text{P}}}{Z} = \frac{380}{5} = 76(\text{A})$$

$$I_{\triangle\text{L}} = \sqrt{3}I_{\triangle\text{P}} = \sqrt{3} \times 76 \approx 132(\text{A})$$

三、三相对称负载的功率

在三相交流电路中，不管负载做星形联结还是三角形联结，其三相负载消耗的总功率都等于各相负载的有功功率之和。在本任务中，三相负载是对称的，因此它们的相电压、相电流都相等，功率因数也相等，所以

$$P = P_{\text{U}} + P_{\text{V}} + P_{\text{W}}$$

$$P = 3P_{\text{U}} = 3U_{\text{P}}I_{\text{P}}\cos\varphi$$

三相负载做星形联结时：

$$U_{\text{L}} = \sqrt{3}U_{\text{YP}}$$

$$I_{\text{YL}} = I_{\text{YP}} = \frac{U_{\text{YP}}}{Z_{\text{P}}}$$

三相负载做三角形联结时：

$$U_{\triangle P} = U_L$$

$$I_{\triangle L} = \sqrt{3} I_{\triangle P}$$

因此

$$P = \sqrt{3} U_L I_L \cos\varphi$$

由于三相负载中的元件既有耗能的，也有储能的，因此除有功功率之外，无功功率和视在功率也存在，其公式为

$$Q = \sqrt{3} U_L I_L \sin\varphi$$

$$S = \sqrt{3} U_L I_L$$

【例 6-2】根据例 6-1 的结果，试求：

1）负载做星形联结时的有功功率；

2）负载做三角形联结时的有功功率。

解：

$$\cos\varphi = \frac{R}{Z} = \frac{3}{5} = 0.6$$

1）负载做星形联结时：

$$P_Y = \sqrt{3} U_L I_{YL} \cos\varphi = \sqrt{3} \times 380 \times 44 \times 0.6 \approx 17\,375.4(\text{W})$$

2）负载做三角形联结时：

$$P_{\triangle} = \sqrt{3} U_L I_{\triangle L} \cos\varphi = \sqrt{3} \times 380 \times 132 \times 0.6 \approx 52\,126.3(\text{W})$$

任务实施

1）根据图 6-12 所示实验板上的接线方式，画出三相异步电动机绕组的电路连接方式图，并注明接法。

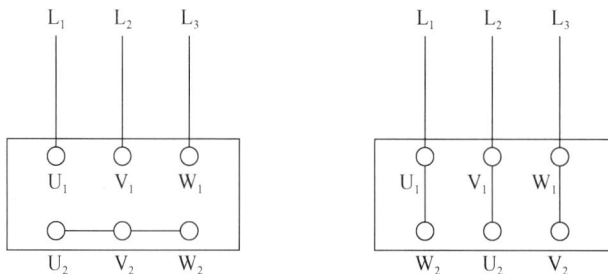

图 6-12　三相异步电动机绕组的连接

2）分别写出电动机三相绕组在不同连接方式时，其相电压和线电压的关系。

强 化 拓 展

专业拓展

三相异步电动机星形-三角形降压起动

三相异步电动机起动时，有一种起动方法称为星形-三角形降压起动，如图 6-13 所示，即在电动机起动时，对电动机的定子绕组做星形联结，电动机定子绕组电压低于电源电压起动，起动即将完毕时再恢复成三角形联结，电动机便在额定电压下正常全压运行。其工作原理如下：

1）闭合电源开关 QF。

2）起动：按下起动按钮 SB$_2$，KM 和 KT 线圈得电，KM 主触点闭合，KM 自锁触点闭合，电动机得电准备起动。同时，KM 辅助常开触点闭合，KM$_Y$ 线圈得电，KM$_Y$ 主触点闭合，电动机 M 在星形联结工作状态下开始降压起动。

当时间继电器 KT 计时时间到达规定值以后，KT 通电延时断开触点分断，使得 KM$_Y$ 线圈失电，KM$_Y$ 主触点断开，电动机结束星形联结工作状态，即电动机起动过程结束。同时，KT 通电延时闭合触点头闭合，使得 KM$_\triangle$ 线圈得电，KM$_\triangle$ 主触点闭合，KM 自锁触点闭合，电动机 M 在三角形联结工作状态下开始全压运行。

3）停止：在电动机三角形联结工作状态时，按下停止按钮 SB$_1$，使得 KM、KM$_\triangle$ 和 KT 线圈失电，KM、KM$_\triangle$ 和 KT 的各个触点恢复原始状态。当 KM 和 KM$_\triangle$ 主触点断开后，电动机 M 失电停止运行。

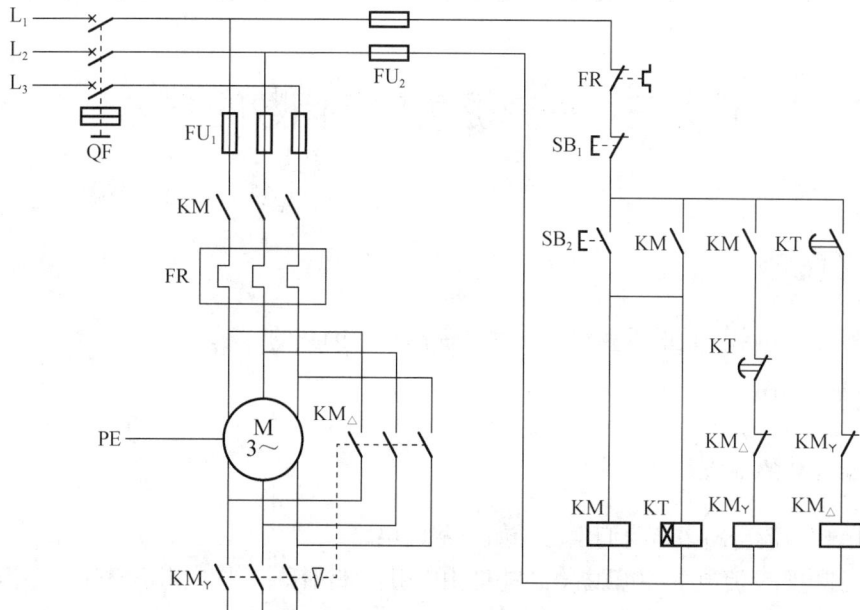

图 6-13　三相异步电动机星形-三角形降压起动控制电路

任务评价

多元过程评价表

项目		评价内容	评价分值	评价方式	量化得分
	任务描述	学习目标是否明确	5分	自评	
学习过程	相关知识	三相对称负载的星形联结	10分	互评	
		三相对称负载的三角形联结	10分	互评	
		三相对称负载的功率	5分	互评	
	任务实施	分析三相异步电动机绕组的电路连接方式，画出电路连接图	10分	互评	
		电动机三相绕组采用不同连接方式时，其相电压和线电压的关系	5分	互评	
	强化拓展	了解丫-△降压起动的目的	5分	互评	
		了解丫-△降压起动的工作原理	5分	互评	
职业素养		细致认真	2分	互评	
		自主探究	5分	互评	
		总结表达	3分	师评	
6S管理		学习状态、教材、用具	5分	互评	
课堂纪律		遵守纪律情况	10分	师评	
课后作业		完成作业	20分	师评	
出勤记录				总分	

任务三　探究提高功率因数的方法

任务描述

了解提高功率因数的重要意义，掌握提高功率因数的方法。

相关知识

一、功率因数的概念

在单相交流电路中，我们学习了如下常用电路：

1）纯电阻交流电路：电源提供的电能由电阻全部消耗掉，即电阻消耗有功功率，有

$$P = UI\cos\varphi = S\cos\varphi$$

2）纯电感、纯电容交流电路：它们不消耗电能，而只是与电源之间进行能量的转换，即无功功率 Q。

3）RL 串联电路：在这种电路中，既有电能的消耗，又有电能的转换，即有功功率和无功功率并存。

在电力系统中，感性负载使用较多，如荧光灯、电动机、电磁铁等，要想提高设备对电源的利用率和提高输电效率，就要使有功功率增大，无功功率减小。

通过有功功率的公式 $P = UI\cos\varphi = S\cos\varphi$，可知 P 的大小除与电源设备的容量 S 有关以外，还与 $\cos\varphi$ 有直接的关系，$\cos\varphi = P/S$ 称为电路的功率因数，它与有功功率成正比关系。

二、提高功率因数的目的

探究一：通过一些数据可以看出，感性负载的功率因数相对较低，如荧光灯的功率因数为 $0.45\sim0.6$，交流电焊机的功率因数为 $0.3\sim0.4$。在电源容量一定的情况下，它们获得的有功功率很小，无功功率却很大，电源的容量不能被充分利用。如果能提高功率因数，电源的利用率是否会提高？

【例 6-3】 一台容量为 100kVA 的交流电焊机，若其功率因数 $\cos\varphi = 0.3$，则其消耗的有功功率为多少？如果将交流电焊机的功率因数提高到 $\cos\varphi = 0.9$，则其消耗的有功功率又是多少？

解：1）功率因数 $\cos\varphi = 0.3$ 时，$P = UI\cos\varphi = 100\times0.3 = 30(\text{kW})$。

2）功率因数 $\cos\varphi = 0.9$ 时，$P = UI\cos\varphi = 100\times0.9 = 90(\text{kW})$。

结论：由此可以看出，当功率因数得到提高时，电源设备的利用率也会随之大大提高。

探究二：根据公式 $P = UI\cos\varphi$ 可以得到

$$I = \frac{P}{U\cos\varphi}$$

当有功功率 P 和电源电压 U 一定时，$\cos\varphi$ 与 I 成反比，$\cos\varphi$ 越小，I 越大。这样就会在输电线路引起较大的电压损失（$U = Ir$）和功率损失（$P = I^2r$），更多的电能被浪费，负载将不能正常工作，如荧光灯会变暗等。因此，要想减少电能的损失，就必须提高功率因数，即 $\cos\varphi$ 越大，I 越小，$U_{损}$ 越小，$P_{损}$ 越小。

结论：提高功率因数可以减小输电线路的电压损失和功率损失。

三、提高功率因数的方法

1. 提高用电设备自身的功率因数

目前，电网中占用无功功率最多的电气设备是电动机和变压器，当电动机的额定容量比其实际负载高太多时，功率因数将急剧下降，电动机耗用的无功功率很多，有功功率很少，造成电能的浪费。因此，要提高功率因数就必须使电动机容量与被驱动的负载相配套，并进行合理选择，避免出现"大马拉小车"现象。

　　2. 电容器的并联补偿法

　　如图 6-14 所示，RL 串联组成的感性电路，在其两端并联适当的电容器，称为并联补偿电容。如图 6-15 所示，在未补偿前，线路上的总电流为 $\dot{I}_{RL}$，总电流和电源电压之间的相位角为 φ_{RL}；当并联电容器后，总电流变为 $\dot{I}$，总电流和电源电压之间的相位角变为 φ。根据相量图我们可以看出，总电流由 $\dot{I}_{RL}$ 减小到 $\dot{I}$，总电流和电源电压之间的相位角也随之减小，因此，功率因数 $\cos\varphi > \cos\varphi_{RL}$，功率因数得到提高。在选择电容器进行并联时，可按下式求解电容：

$$C = \frac{P}{\omega U^2}(\tan\varphi_{RL} - \tan\varphi)$$

　　此外，还要特别注意：并联电容器补偿法并不要求将功率因数提高到 1，在 0.9 以上即可，否则易发生并联谐振，损坏供电线路。

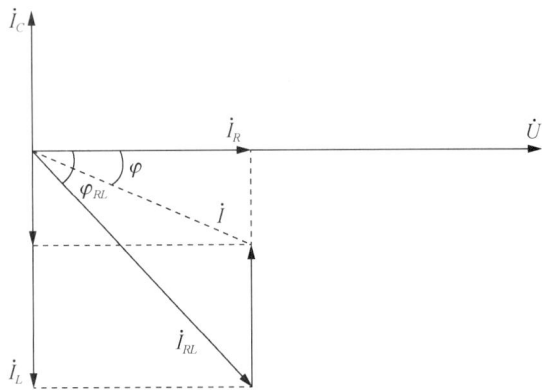

图 6-14　电路图　　　　　　　　　图 6-15　相量图

任务实施

　　让我们带着以下问题去探究现实工作中提高功率因数的意义及方法。

　　案列一：已知某发电机的额定电压为 380V，视在功率为 76kVA，试问：

　　1）用该发电机向额定电压为 380V，有功功率为 0.76kW，功率因数为 0.5 的电气设备供电，能为多少个负载供电？

　　2）若把功率因数提高到 1，又能为多少个负载供电？

　　探究：1）发电机的额定电流为

$$I = \frac{S}{U} = \frac{76 \times 10^3}{380} = 200(\text{A})$$

每个用电设备的电流为

$$I_1 = \frac{P}{U\cos\varphi} = \frac{0.76 \times 10^3}{380 \times 0.5} = 4(\text{A})$$

供电负载的数目为

$$n = \frac{I}{I_1} = \frac{200}{4} = 50(\text{个})$$

2）每个用电设备的电流为

$$I_1' = \frac{P}{U\cos\varphi'} = \frac{0.76 \times 10^3}{380 \times 1} = 2(\text{A})$$

供电负载的数目为

$$n' = \frac{I}{I_1'} = \frac{200}{2} = 100(\text{个})$$

结论：功率因数的提高，可以充分利用电源设备的容量。

案例二：有一个感性负载，其额定功率 $P = 2\text{kW}$，功率因数 $\cos\varphi_{RL} = 0.5$，接在 50Hz/380V 电源上，若使 $\cos\varphi = 0.71$，试求需要并联的电容值大小。

探究：已知当 $\cos\varphi_{RL} = 0.5$ 时，$\varphi_{RL} = 60°$；同理，当 $\cos\varphi = 0.71$ 时，$\varphi = 45°$，则需要并联的电容值为

$$C = \frac{P}{\omega U^2}(\tan\varphi_{RL} - \tan\varphi) = \frac{2000}{2\pi \times 50 \times 380^2} \times (\tan 60° - \tan 45°) \approx 32.3(\mu\text{F})$$

结论：选择适当的电容器进行并联补偿，才能提高功率因数。

━━━━━━━━━━ **强 化 拓 展** ━━━━━━━━━━

专业拓展

单相功率因数表

单相功率因数表是指在单相交流电路或电压对称负载平衡的三相交流电路中测量功率因数的仪表。其显示方式有指针式和数字式两种，如图 6-16 和图 6-17 所示。

1）根据工作原理不同，机械式功率因数表分为电动式、铁磁电动式、电磁式和变换器式等几种。

2）电动式功率因数表的结构介绍。如图 6-18 所示，电动式功率因数表的可动部分由两个互相垂直的动圈组成，动圈 1 串联一个电阻 R，并与固定线圈组合，相当于构成一个功率表；动圈 2 与电感器（或电容器）串联，并与固定线圈组合，相当于构成无功功率表。

图 6-16　指针式功率因数表

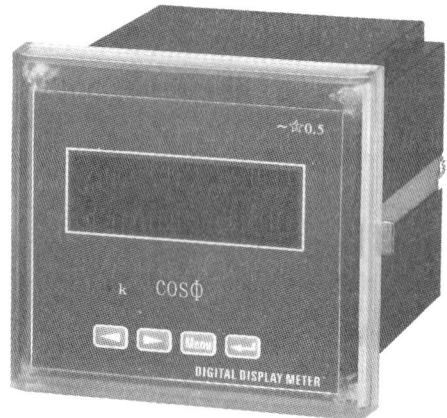

图 6-17　数字式功率因数表

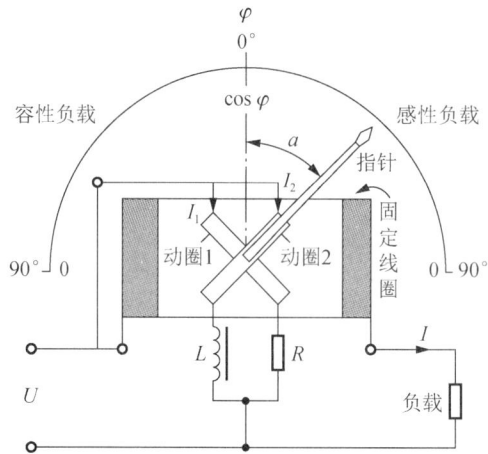

图 6-18　电动式功率因数表的结构

任务评价

多元过程评价表

项目		评价内容	评价分值	评价方式	量化得分
学习过程	任务描述	学习目标是否明确	5分	自评	
	相关知识	功率因数的概念	10分	互评	
		提高功率因数的目的	10分	互评	
		提高功率因数的方法	10分	互评	
	任务实施	提高功率因数的意义	5分	互评	
		选择合适的电容	5分	互评	

项目		评价内容	评价分值	评价方式	量化得分
学习过程	强化拓展	功率因数表的作用、分类	5分	互评	
		功率因数表的结构	5分	互评	
职业素养		细致认真	2分	互评	
		自主探究	5分	互评	
		总结表达	3分	师评	
6S管理		学习状态、教材、用具	5分	互评	
课堂纪律		遵守纪律情况	10分	师评	
课后作业		完成作业	20分	师评	
出勤记录				总分	

参 考 文 献

曹建林，2016. 电工技术[M]. 3 版. 北京：高等教育出版社.

程智宾，杨蓉青，邱玉英，等，2016. 电工技术一体化教程[M]. 北京：机械工业出版社.

胡峥，2015. 电工技术基础与技能：理实一体化[M]. 北京：高等教育出版社.

秦钟全，2014. 电工基础一点就透[M]. 北京：化学工业出版社.

邵展图，2014. 电工基础[M]. 5 版. 北京：中国劳动社会保障出版社.

王金花，2016. 电工技术[M]. 3 版. 北京：人民邮电出版社.

王兆义，莫培玲，2010. 电工技术基础与技能（电类专业通用）[M]. 北京：机械工业出版社.

魏新生，2015. 小张学电工基础[M]. 北京：中国电力出版社.

袁佩宏，2014. 电工技术基础与技能[M]. 北京：机械工业出版社.

郑怡，权建军，2016. 电工技术基础[M]. 2 版. 北京：电子工业出版社.

一体化课程教学改革教材

电工基础学生工作页

王威力　主　编

李小艳　副主编

科学出版社

北　京

内 容 简 介

　　本书是与《电工基础》教材配套的辅助教材。本书的主要内容是分解《电工基础》教材中的知识、技能的重点和难点，以工作页的形式体现课后练习、学习成果检测，每一工作页都有科学化的流程——明确任务→学习知识→任务实施→强化拓展→课后作业→任务评价，注重实用性和针对性，并辅以数字媒体资源，配合教材实现学习目标。

　　对应《电工基础》教材，本手册分为 6 个项目、30 个工作任务，知识涵盖电学基本知识、电路基本元件、直流电路、磁场、单相交流电路、三相交流电。

　　本书配合教材，供电工相关专业学生学习参考。

图书在版编目（CIP）数据

电工基础学生工作页/王威力主编. —北京：科学出版社，2017
（一体化课程教学改革教材）

ISBN 978-7-03-054618-0

Ⅰ.①电… Ⅱ.①王… Ⅲ.①电工学—教材 Ⅳ.①TM1

中国版本图书馆 CIP 数据核字（2017）第 235869 号

责任编辑：张云鹏 / 责任校对：刘玉靖
责任印制：吕春珉 / 封面设计：东方人华平面设计部

科 学 出 版 社 出版
北京东黄城根北街 16 号
邮政编码：100717
http://www.sciencep.com
新科印刷有限公司 印刷
科学出版社发行　　各地新华书店经销

*

2017 年 11 月第 一 版　　开本：787×1092　1/16
2017 年 11 月第一次印刷　　印张：21
字数：500 000
定价：53.00 元（共两册）
（如有印装质量问题，我社负责调换〈新科〉）
销售部电话 010-62136230　编辑部电话 010-62135120-2005（ST17）

前　　言

本书是与《电工基础》教材配套的辅助教材。在使用本书时，需要注意以下几点：

（1）明确目标，主动学习。

职业素养、工作能力的养成，是通过自身的实践获得的，而不是依靠教师知识的传授。因此，学生是学习的主体，通过自己的实践和课外练习，在工作过程中获得的知识与技能是最牢靠的。本工作页将引导学生完成具体的实践任务，学习真实的电工基础实践和实验内容，使学生获得与以前完全不同的学习体验。学生也必须积极主动地学习，使自己真正了解本课程的知识并能够应用于实践。

（2）熟记知识和定理。

事实证明，电工基础课程需牢固掌握基础知识并熟记定理，且单纯依赖理论讲解难以达成学习目标，必须有足够的学生个人实践和练习，才能体验所学知识应用于具体实践和实验的过程，才能真正把知识学好、记好、用好。

（3）用好工作页。

每一个工作页都明确了学习目标和知识重点。学生应该以这些目标为指引，努力去完成。学习过程中，学生要在"明确任务→学习知识→任务实施→强化拓展→课后作业→任务评价"这个流程的基础上，尽量独立地学习并完成练习任务。最后，学生要总结自己在完成本工作任务之后有哪些收获，得到了哪些提升，巩固了哪些知识，是否完成了预先制订的工作目标。

编　者

目　　录

项目一

学习电学基本知识

任务一 认 识 电 路

明确任务

认识电路，掌握电路的_____及各部分的作用，理解电路的_____，熟记基本的电气元件_____，能够识读和绘制简单的_____，学习电工实验室_____和_____常识。

（满分 5 分，自评____）

学习知识

1）电路为_____的流通提供了路径。电路由_____、_____、_____和_____四部分组成。

（满分 5 分，自评____）

2）写出电路各组成部分的作用。

（满分 5 分，互评____）

3）写出电路的功能。

（满分 5 分，互评____）

4）写出表中所示元件的名称、图形符号和文字符号。

名称	元件	图形符号	文字符号

	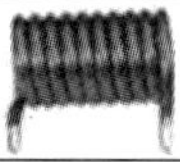		

	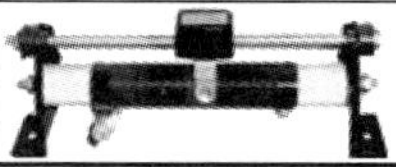		

（满分 10 分，互评____）

任务实施

1）观察教材图 1-2 和图 1-3，绘制其电路图。

（满分 5 分，互评____）

2）写出电工实验室操作规程。

（满分 5 分，互评____）

3）利用电工软件绘制 5 种电气符号。

（满分 5 分，互评____）

===== 强 化 拓 展 =====

1）电气安全操作原则是什么？

（满分 5 分，互评____）

2）如何对触电人员进行急救？

（满分 5 分，互评____）

===== 课 后 作 业 =====

选择题（每题 2 分，共 20 分。）

1）电路是（   ）通过的路径。

　　A．电压　　　　　　B．电流　　　　　　C．电位　　　　　D．电功

2）将电能转化为其他形式的能的是（   ）。

　　A．电源　　　　　　B．负载　　　　　　C．导线　　　　　D．开关

3）将其他形式的能转化为电能的是（   ）。

　　A．电源　　　　　　B．负载　　　　　　C．导线　　　　　D．开关

4）电路能实现能量的转换和（   ），又能实现信息的传递和处理。

　　A．分配　　　　　　B．交替　　　　　　C．变换　　　　　D．传输

5）下面图（   ）是电动机。

　　A．　　　　　　B．　　　　　　C．　　　　　D．

6）下列防止触电的原则描述不正确的是（   ）。

　　A．不接触低压带电体　　　　　　　　B．不靠近高压带电体

　　C．电工操作时注意绝缘　　　　　　　D．尽量双手操作

7）发现有人触电一定要先切断电源，切断低压电源的方法不正确的是（   ）。

　　A．用单手拖动触电者，使其与带电体分离

　　B．拉下触电者附近的电源开关

　　C．一时找不到电源，用绝缘工具切断导线

　　D．用干燥木棒等绝缘物品将破损的导线挑开

8）如果触电者无意识、无呼吸但有心跳，应采用（　　）法进行紧急抢救。

    A．人工呼吸　　　　　　　　　　　　B．胸外心脏按压

    C．去急救中心求救　　　　　　　　　D．等待医护人员到来抢救

9）如果触电者无意识、无心跳但有呼吸，应采用（　　）法进行紧急抢救。

    A．人工呼吸　　　　　　　　　　　　B．胸外心脏按压

    C．去急救中心求救　　　　　　　　　D．等待医护人员到来抢救

10）下列说法不正确的是（　　）。

    A．如果触电者无意识、无呼吸、无心跳，应采用人工呼吸法与胸外心脏按压法交替进行紧急抢救，同时向医院或急救中心求救

    B．发生电气火灾时应迅速切断电源，再进行救火

    C．当必须带电灭火时，禁止使用水、泡沫灭火器灭火，应使用不导电的干粉灭火器或四氯化碳灭火器灭火，与此同时要拨打"119"报警

    D．人工呼吸每分钟 5 次

任务评价

多元过程评价成绩统计表

项目	学习过程	职业素养	6S 管理	课堂纪律	作业成绩	总分
得分						

任务二　学习电路的基本物理量

明确任务

掌握电流、电压、电位和电动势的_____、_____及电路中的_____方法。理解电位的概念，掌握电压和电位的关系。

（满分5分，自评____）

学习知识

一、电流

电流的符号是_____，单位是_____，定义式为_____。

常用单位和标准单位之间的换算关系：1kA=_____A，1mA =_____A，1μA =_____A。

通常规定_____电荷流动的方向为电流的正方向。

任意假定的电流方向称为电流的_____方向。

（满分5分，互评____）

二、电压与电位

电压的符号是_____，单位是_____。电位的符号是_____，单位是_____。电压的方向规定由_____电位指向_____电位。

（满分5分，互评____）

电压与电位的关系式为_____。

（满分5分，互评____）

三、电动势

电动势的符号是_____，单位是_____，方向为由电源的_____极指向_____极。

（满分5分，互评____）

任务实施

一、判断分析

电流的参考方向如教材图 1-12 所示，$I_1 = -2\text{A}$，$I_2 = 1\text{A}$。

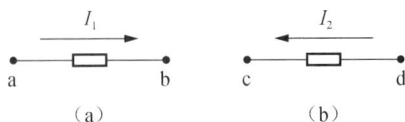

教材图 1-12　判断分析用图

分析：$I_1 = -2A$，$I_2 = 1A$，I_1 的实际方向和参考方向_____，I_2 的实际方向和参考方向_____。

结论：I_1 的方向由_____，I_2 的方向由_____。大小比较：I_1_____I_2。

（满分 5 分，互评____）

二、实验验证

结论：参考点变化，各点电位值_____，但两点间的电压_____。

（满分 5 分，互评____）

================ 强 化 拓 展 ================

强化练习

已知 $U_A = 10V$，$U_B = -5V$，$U_C = 5V$，求 U_{AB} 和 U_{BC} 各是多少？

（满分 10 分，互评____）

专业拓展

比较电位的高低。

1）$U_C = 8V$，$U_B = 2.7V$，$U_E = 2V$，比较大小。

2）$U_C = 5V$，$U_B = -0.3V$，$U_E = 0V$，比较大小。

（满分 10 分，自评____）

================ 课 后 作 业 ================

一、选择题（每题 2 分，共 14 分。）

1）电动势在电源内部由负极指向正极，即从（　　　）。

　　A．高电位指向高电位　　　　　　　　B．低电位指向低电位

C. 高电位指向低电位 D. 低电位指向高电位

2）习惯上规定（　　）移动的方向为电流方向。

    A. 电子 B. 正电荷 C. 原子 D. 离子

3）随参考点变化的物理量是（　　）。

    A. 电动势 B. 电压 C. 电流 D. 电位

4）若待测电流为5A，合适的量程是（　　）A。

    A. 1 B. 5 C. 15 D. 8

5）文字符号 E 表示的物理量是（　　）。

    A. 电动势 B. 电压 C. 电流 D. 电位

6）0.01A=（　　）μA。

    A. 100 B. 0.1 C. 1000 D. 10000

7）关于电流说法正确的是（　　）。

    A. 通过的电量越多，电流就越大

    B. 通电时间越长，电流就越大

    C. 通电时间越短，电流就越大

    D. 通过一定电量时，所需时间越短，电流就越大

二、判断题（每题2分，共6分。）

1）在电子仪器和设备中，常把金属外壳和电路的公共节点的电位规定为零电位。

    （　　）

2）电源电动势的大小由电源本身性质所决定，与外电路无关。（　　）

3）电压的方向规定由低电位指向高电位。（　　）

任务评价

多元过程评价成绩统计表

项目	学习过程	职业素养	6S 管理	课堂纪律	作业成绩	总分
得分						

任务三　探究欧姆定律

明确任务

掌握_____电路和_____电路欧姆定律，掌握电路的_____，利用_____定律解决实际问题。

（满分 5 分，自评____）

学习知识

一、部分电路欧姆定律

1）内容：电路中的电流 I 与这段电路两端的_____成正比，与整个电路的_____成反比。

2）公式为_____，公式还可变形为_____、_____。

（满分 5 分，互评____）

二、全电路欧姆定律

1）内容：在全电路中，电流与电源的_____成正比，与整个电路的_____成反比。

2）公式为_____，公式可变形为_____。

（满分 5 分，互评____）

任务实施

案例一：应用欧姆定律判断电路能否正常工作。

探究：电压的最小值为 $U =$ _____。

电压的最大值为 $U =$ _____。

（满分 5 分，互评____）

案例二：探究电烙铁发热量不足的原因。

探究：电烙铁的实际电流为 $I =$ _____。

（满分 5 分，互评____）

案例三：全电路欧姆定律分析计算。

探究：电动势 $E =$ _____。

内压降 $U_内 =$ _____。

电路中的电流 $I =$ _____。

内阻 $r =$ _____。

（满分 10 分，互评____）

======== 强 化 拓 展 ========

强化练习

有一电源电动势 $E = 9V$，$r = 0.4\Omega$，$R = 9.6\Omega$，求电路中的电流、电源端电压和内压降。

基础练习

1）一个 300Ω 的电阻，加上 6V 的电压时，流过电阻的电流为_____；电压增大到 12V 时，电流为_____。

2）一个 $3.3k\Omega$ 的电阻，流过电阻的电流为 2mA，则电阻两端的电压为_____V。

提升练习

某电阻两端的电压为 10V 时，电流为 1A，电阻值为_____；当电压升至 20V 时，电阻值为_____。

（满分 15 分，互评____）

专业拓展

电路的三种状态

电路有三种工作状态：_____、_____和_____，其中最危险的是_____。开路时，电源的端电压等于_____。短路电流很大，$I_D =$ _____。

（满分 5 分，自评____）

======== 课 后 作 业 ========

一、选择题（每题 2 分，共 14 分。）

1）电源电动势为 2V，内阻为 0.1Ω，当外电路短路时，电路中的电流和端电压分别是（   ）。

A．20A，2V   B．20A，0V

C．0A，2V   D．0A，0V

2）上题中当外电路断路时，电路中的电流和端电压分别是（   ）。

A．0A，2V   B．20A，2V

C. 20A，0V   D. 0A，0V

3）用电压表测得电路端电压为零，这说明（   ）。

    A. 外电路断路   B. 外电路短路

    C. 外电路上电流比较小   D. 电源内电阻为零

4）伏安法测电阻时根据（   ）来算出数值。

    A. 欧姆定律   B. 直接测量法

    C. 焦耳定律   D. 基尔霍夫定律

5）部分电路欧姆定律反映了在（   ）的一段电路中，电流与这段电路两端的电压及电阻的关系。

    A. 含电源   B. 不含电源

    C. 含电源和负载   D. 不含电源和负载

6）如图所示，不计电压表和电流表的内阻对电路的影响。开关接 3 时，电流表的电流为（   ）。

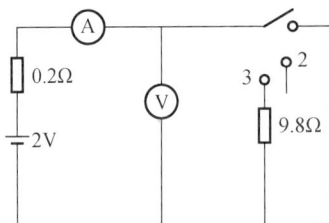

    A. 0A   B. 10A   C. 0.2A   D. 约 0.2A

7）在电路的三种状态中最危险的是（   ）。

    A. 短路   B. 开路   C. 通路   D. 断路

二、判断题（每题 2 分，共 6 分。）

1）在通路状态下，负载电阻变大，端电压就变大。   （   ）

2）在开路状态下，电流为零，电源两端的电压也为零。   （   ）

3）在电源电压一定的情况下，电阻大的负载是大负载。   （   ）

任务评价

多元过程评价成绩统计表

项目	学习过程	职业素养	6S 管理	课堂纪律	作业成绩	总分
得分						

任务四　学习电功、电功率、焦耳热

明确任务

熟练掌握计算_____的计算公式，能应用公式分析计算家庭用电情况。了解电流的_____及_____定律。

（满分 5 分，自评____）

学习知识

一、电功

电功又称_____，用_____表示，单位是_____。电功的大小用公式表示为_____。电功的实用单位为_____。

（满分 5 分，互评____）

二、电功率

电功率表示电流做功的_____，用_____表示，单位是_____。电功率和电功的关系用公式表示为_____。对于纯电阻负载，功率的公式还可以写成 $P=$_____ $=$_____ $=$_____。

（满分 5 分，互评____）

三、焦耳热

电流在通过导体时，导体消耗电能而_____的现象称为电流的热效应。焦耳定律用公式表示为_____。

（满分 5 分，互评____）

任务实施

案例一：教室用电分析。

分析：20 盏 40W 的灯的功率 $P=$_____。

使用 14h 消耗的电能 $W=$_____ $=$_____。

（满分 5 分，互评____）

案例二：家庭电热水器电线容量计算。

分析：电热水器正常工作时的电流 $I=$_____。

电源线容量为_____。

结论：_____，电源线_____满足电热水器安全工作的需要。

（满分 5 分，互评____）

================ 强 化 拓 展 ================

基础练习

1）1 度电可供 40W 的灯泡工作_____h。

2）一台抽水用的电动机的功率为 2.8kW，每天运行 5h，则一个月（按 30d 计算）消耗_____度电。

提升练习

1）额定值为 0.5W/200Ω 的碳膜电阻允许的工作电流和工作电压各是多少？

2）汽车前照灯的额定功率是 50W，电源电压为 12V，求灯丝电阻的阻值。

（满分 20 分，互评____）

专业拓展

负载的工作状态

负载的工作状态分为有_____、_____和_____三种情况，电气设备在_____功率下的工作称为满载。_____时电气设备容易被烧坏。

（满分 5 分，自评____）

================ 课 后 作 业 ================

一、选择题（每题 2 分，共 12 分。）

1）1 度电可供 220V/40W 的灯泡正常发光（   ）h。

A．20　　　　　B．40　　　　　C．45　　　　　D．25

2）220V 的照明用输电线，每根导线电阻为 1Ω，通过电流为 10A，则 10min 内可产生热量（   ）J。

A．$1×10^4$　　　B．$6×10^4$　　　C．$6×10^3$　　　D．$1×10^3$

3）电功的常用单位有（   ）。

A．焦耳　　　　B．伏安　　　　C．度　　　　D．瓦

4）为使电炉上消耗的功率减小到原来的一半，应使（ ）。

    A．电压加倍   B．电压减半   C．电阻加倍   D．电阻减半

5）12V/30W 的灯泡接入某电路中，测得通过灯丝的电流为 1A，它的实际功率（ ）。

    A．等于 6W   B．小于 6W   C．大于 6W   D．无法判断

6）12V/6W 的灯泡接入 6V 电路中，通过灯丝的实际电流为（ ）A。

    A．1   B．0.5   C．0.25   D．0.125

二、判断题（每题 2 分，共 8 分。）

1）负载在额定功率下的工作状态称为满载。   （ ）

2）功率越大的电器电流做的功越多。   （ ）

3）把 25W/220V 的灯泡接在 1000W/220V 的发电机上，灯泡会烧坏。   （ ）

4）额定电压相同的电阻炉，$R_1 < R_2$，因为 $P = I^2 R$，所以电阻大的功率大。

    （ ）

任务评价

多元过程评价成绩统计表

项目	学习过程	职业素养	6S 管理	课堂纪律	作业成绩	总分
得分						

项目二
探究电路基本元件

任务一　探　究　电　阻

明确任务

熟记电阻的符号、_____，一般利用_____来测量电阻。

（满分 5 分，自评____）。

学习知识

一、认识电阻

1）电阻的作用：电阻是反映材料或元器件对_____作用，是____的一种理想元件。所谓耗能，是指元件吸收_____转换为其他形式_____的过程，且不可逆。所以电阻的突出作用是_____。

2）电阻阻值的大小和哪些因素有关？

3）写出电阻单位之间的转换关系：

$$1k\Omega= \text{\_\_\_\_} \Omega$$
$$1M\Omega= \text{\_\_\_\_} k\Omega= \text{\_\_\_\_} \Omega$$

4）电阻率的符号是_____，单位是_____。

根据电阻率的不同，物体可分为____类，分别是_____、_____、_____。

5）随着温度升高，电阻阻值升高的热敏电阻为_____电阻；随着温度_____电阻阻值_____的热敏电阻为负温度系数热敏电阻。应用较多的是_____电阻。

6）举例说明敏感电阻的应用（至少 3 种）。

（满分 8 分，自评____）

二、电阻识读与检测

1）电阻的主要参数有哪些？

2）电阻阻值的标准方法有哪些？

3）万用表的类型很多，一般由_____、_____、_____三部分组成。转动_____可以选择不同的量程和需要检测的类别。

万用表根据读数方式不同可分为_____万用表和_____万用表。

4）简述利用指针式万用表测电阻的步骤。

（满分 17 分，互评____）

✎ **任务实施**

案例一：导体材料为铜线，其长度为 0.4m，横截面积为 $0.5m^2$，试计算该导体的电阻。

分析：

探究：

结论：电阻阻值的大小与_____、_____、_____有关。

案例二：如果把案例一中的铜线均匀拉长 1 倍，其电阻阻值会变大吗？

分析：

探究：

结论：当导体的长度发生改变时，_____也会随之改变。

（满分5分，互评____）

案例三：有一组贴片电阻，上面分别印有104、1304、3R7、7k8，请写出它们分别表示多大的电阻。

探究：

案例四：如教材图2-9所示，判断电阻的标称值及允许误差。

教材图2-9 案例四用图

探究：

结论：这两道题目中分别用了_____和_____的识读方法，准确掌握方法。

（满分6分，互评____）

案例五：如教材图2-10所示为指针式万用表标准表盘，根据要求写出下表中的读数。

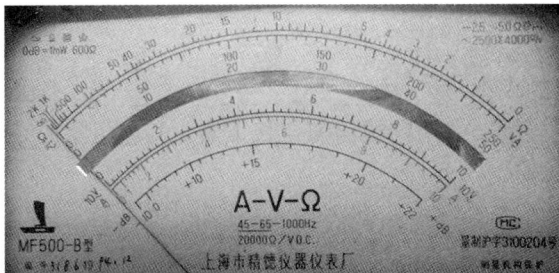

教材图2-10 指针式万用表标准表盘

选用电阻倍率挡×1Ω、×10kΩ、×1kΩ进行读数。

序号	指针位置	转换开关位置	读数	备注
1	0 左偏 4 格	×1		
2	15 右偏 3 格	×10k		
3	30 左偏 2 格	×1k		

结论：用万用表测量电阻时，最后读数不要忘记乘以转换开关所指的_____。

（满分 6 分，互评____）

强 化 拓 展

强化练习

电阻	标称阻值	实际阻值	允许误差	实际误差	质量好坏
R_1					
R_2					

（满分 8 分，师评____）

课 后 作 业

一、选择题（每题 2 分，共 14 分。）

1）电阻的单位（　　）。

 A．安培　　　　　B．伏特　　　　　C．欧姆　　　　　D．瓦特

2）导体对电流的阻碍作用称为（　　）。

 A．电流　　　　　B．电源　　　　　C．电荷量　　　　D．电阻

3）制造标准电阻器的材料一定是（　　）。

 A．高电阻率材料　　　　　　　　B．低电阻率材料

 C．高温度系数材料　　　　　　　D．低温度系数材料

4）关于万用表测量电阻的刻度，以下说法正确的是（　　）。

 A．刻度是线性的

 B．指针偏转到最右端时，电阻为无穷大

 C．指针偏转到最左端时，电阻为无穷大

 D．指针偏转到中间时，电阻为无穷大

5）导体的电阻是导体本身的一种性质，以下说法错误的是（　　）。

 A．和导体面积有关　　　　　　　B．和导体长度有关

 C．和环境温度无关　　　　　　　D．和材料性质有关

6）一根导线的电阻为 R，若将其从中间对折合并成一根新导线，其阻值为（　　）。

　A．$R/4$　　　　B．R　　　　C．$R/2$　　　　D．$R/8$

7）甲、乙两导体由同种材料做成，长度之比为 3：5，直径之比为 2：1，则它们的电阻之比为（　　）。

　A．12：5　　　　B．3：20　　　　C．7：6　　　　D．20：3

二、判断题

1）电阻的大小由电压和电流决定。　　　　　　　　　　　　　　　　（　　）

2）电阻率越大，其电阻的阻值越大。　　　　　　　　　　　　　　　（　　）

3）导体的长度和截面都增大 1 倍，则其电阻值也增大 1 倍。　　　　（　　）

任务评价

多元过程评价成绩统计表

项目	学习过程	职业素养	6S 管理	课堂纪律	作业成绩	总分
得分						

任务二 探 究 电 容

明确任务

掌握_____检测电容器的方法,理解电容器的_____的现象。

（满分 5 分,自评____）

学习知识

1）电容器在电路中只进行_____,而不消耗能量,所以是_____元件。

2）画出相应的电容器符号。

① 定值电容器:

② 可调电容器:

（满分 5 分,自评____）

3）电容器的主要参数。

① 电容量是反映电容器储存_____的能力。

② 电容量的单位是_____。

换算关系:0.1F=_____μF=_____pF。

4）电容是电容器的_____属性,电容的大小只与电容器的_____、_____等内部特性有关,与外加_____及电容所带_____的多少无关。

5）电容器的主要参数有哪些?

（满分 5 分,自评____）

6）电容器有充放电的特性:当电容器充电时,电路中的电压不断_____,直到_____;电路中的电流不断_____直到_____。

（满分 10 分,互评____）

7）利用万用表检测电容。

万用表指针摆动情况下	电容器的质量
接通后摆动,然后返回	
接通后指针不动	

续表

万用表指针摆动情况下	电容器的质量
指针正常摆动，但是不能复位	
指针变动幅度很大，且停在那里不动	

（满分 10 分，互评____）

任务实施

案例一：一个电容器外加电压 $U=20V$，测得 $q=4×10^{-8}C$，则电容量是多少？若外加电压升高为 40V，这时所带电荷量为多少？

探究：

结论：电容的_____式可以求解成品电容器的容量。

（满分 5 分，自评____）

案例二：某平行板电容器，当介质不发生改变时，若增大两极板的正对面积，电容量将_____；若增大两极板间的距离，电容量将_____。

探究：

结论：电容器的大小取决于两极板_____、两极板间_____，以及_____。

（满分 5 分，自评____）

案例三：电容器在充电过程中，充电电流逐渐_____，而两端电压逐渐_____；在放电过程中，放电电流逐渐_____，而两端电压逐渐_____。

（满分 5 分，自评____）

强化拓展

了解其他电容器，举例说明生活中所见到的电容器。

（满分 5 分，师评____）

课 后 作 业

一、选择题（每题 2 分，共 6 分。）

1）电容的单位是（　　）。

    A．安培　　　　　　B．伏特　　　　　　C．法拉　　　　　D．欧姆

2）用万用表测量较大电容的电容器时，表针根本不动，则（　　）。

    A．电容器短路　　　B．电容器已经失效　　C．电容器完好　　D．电容器漏电

3）用万用表测量较大电容的电容器时，表针回摆，但最终回摆不到起始位置，则（　　）。

    A．电容器短路　　　　　　　　　　B．电容器已经失效

    C．电容器完好　　　　　　　　　　D．电容器有漏电现象

二、判断题（每题 2 分，共 14 分。）

1）$5\mu F = 50000pF$。　　　　　　　　　　　　　　　　　　　　　（　　）

2）只有成品电容器才具有电容。　　　　　　　　　　　　　　　　　（　　）

3）平行板电容器的大小与外电压的大小成正比。　　　　　　　　　　（　　）

4）有两个电容器，且 $C_1 > C_2$，若它们所带的电量相等，则 C_1 两端电压较高。

                                          （　　）

5）电容器是耗能元件。　　　　　　　　　　　　　　　　　　　　　（　　）

6）测量电容器是要用到万用表的电压挡。　　　　　　　　　　　　　（　　）

7）电容器两端的电流不能突变。　　　　　　　　　　　　　　　　　（　　）

任务评价

多元过程评价成绩统计表

项目	学习过程	职业素养	6S 管理	课堂纪律	作业成绩	总分
得分						

任务三   探 究 电 感

明确任务

对电感元件的有了解。

（满分 5 分，自评____）

学习知识

1）电感器（简称电感）也是构成电路的_____。电感元件是实际电路中建立_____、储存_____特性的抽象和反映。电感元件在电路中只能进行能量_____，不消耗能量。一般的电感器由_____构成，所以又称电感线圈。

2）电感器按形式可分为_____和_____两大类；按导磁性能可分为_____和_____；按结构可分为_____、_____、_____等类型。

3）画出相应的电感器符号。

① 空心电感器：

② 磁心电感器：

（满分 5 分，自评____）

4）电感量是反映电感器储存_____的能力，符号是_____。

电感量的单位是_____。

换算关系：0.01 H =_____mH =_____µH。

5）电感是电感器的_____属性。

电感的大小只与线圈的_____、_____、_____等内部特性有关。

6）电感器的主要参数有哪些？

（满分 10 分，自评____）

7）用万用表测量电感器有哪些步骤？

（满分20分，互评____）

任务实施

案例： 利用万用表检测电感器的质量。

旋至电阻倍率挡×1Ω，检测电感器的电阻，判断电感器的状况，将结果填入下表。

序号	指针位置	电容器的状况
1	∞	
2	0Ω	
3	阻值小于正常值	

结论：电感元件好坏可以用_____表来检测。

（满分10分，互评____）

强 化 拓 展

1）电感元件具有_____、_____、_____、_____的特性，故电感元件又称为_____元件。

2）在直流电路中，电感元件相当于_____。

（满分5分，自评____）

课 后 作 业

一、选择题（每题2分，共8分。）

1）电感的单位是（　　）。
A．安培　　　　B．亨利　　　　C．伏特　　　　D．秒

2）测量电感时利用万用表的（　　）。
A．欧姆挡　　　B．电压挡　　　C．电流挡　　　D．交流电压挡

3）电感元件称为（　　）元件。
A．耗能　　　　B．储能　　　　C．电阻　　　　D．正确

4）电感线圈中（　　）不能发生突变。
A．电压　　　　B．电阻　　　　C．电流　　　　D．电荷量

二、判断题（每题 2 分，共 12 分。）

1）电感是耗能元件。   （   ）

2）0.4H=4000mH。   （   ）

3）电感的大小由电压和电流决定。   （   ）

4）电感元件一般由绝缘板组成。   （   ）

5）电感的符号是 H。   （   ）

6）当结构一定时，铁心线圈的电感是一个常数。   （   ）

任务评价

多元过程评价成绩统计表

项目	学习过程	职业素养	6S 管理	课堂纪律	作业成绩	总分
得分						

项目三
探究直流电路

任务一　探究串联电路

明确任务

熟记串联电路的_____和_____，熟练掌握串联电路的_____，能够应用串联知识分析和探究简单的_____问题或_____问题。

（满分 5 分，自评____）

学习知识

1）什么是串联电路？

2）绘制三个电阻串联的电路图。

（满分 2 分，自评____）

3）写出串联电路的特点。

① 电流关系：在串联电路中，流过每个元件的电流都是____的。

公式：_____。

② 电阻关系：串联电路的等效电阻等于各个电阻之____。

公式：_____。

n 个相同的电阻串联，总电阻的计算公式：_____。

③ 电压关系：串联电路两端的总电压等于各个元件上的电压之____。

公式：_____。

根据电流关系可得，各个元件上的电压与其电阻值成____比。

公式：_____。

④ 功率关系：串联电路中每个元件的电功率与其电阻值成____比。

公式：_____。

（满分 10 分，互评____）

4）补全三个电阻串联的分压公式。

分压公式：$U_1 = $ _____ U，$U_2 = $ _____ U，$U_3 = $ _____ U。

（满分 3 分，自评____）

任务实施

案例一：由四个电阻组成的串联电路，其中 $R_1 = 1\Omega$，$R_2 = 10\Omega$，$R_3 = 100\Omega$，$R_4 = 1000\Omega$。

问题：分别求 R_1 和 R_2 串联的阻值 R_{12}，R_1、R_2、R_3 串联的阻值 R_{123}，四个电阻串联的总阻值 R。

探究：

$R_{12} = $ _____

$R_{123} = $ _____

$R = $ _____

结论：串联电路可以得到阻值较_____的电阻，串入电路中的电阻越多，等效电阻阻值越_____。

问题：R_1 和 R_4 串联的阻值 R_{14} 为多少？R_{14} 与 R_1 还是 R_4 接近？

探究：$R_{14} = $ _____

结论：串联电路的总电阻比其中任一个电阻的阻值都要_____。如果两个阻值相差较大的电阻串联，总电阻略_____于并_____等于阻值大的电阻。

（满分 5 分，互评____）

案例二：一个量程为 $U_0 = 100V$ 的电压表，内阻 $r = 100k\Omega$，如教材图 3-2 所示，如果将它的量程扩大到 $U = 200V$，需要串联多大的电阻？

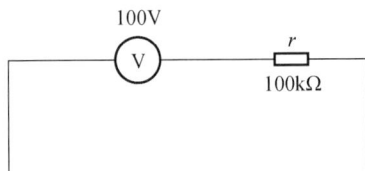

教材图 3-2　量程为 100V 的电压表

探究：

结论：串联电路可以扩大_____表的量程。

（满分 5 分，互评____）

案例三：某弧光灯的额定电压 U=40V，额定电流 I=10A，将它接到电动势 E=100V 的直流电源上，需要串联的电阻为 R，如教材图 3-4 所示，则 R 为多大？

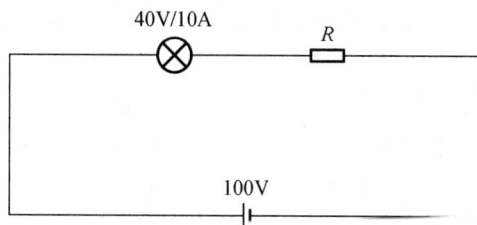

教材图 3-4　串联电阻的弧光灯电路

探究：

结论：串联电阻可以调节和_____电路中的电流，起到_____作用。

（满分 5 分，互评____）

案例四：教材图 3-5 所示为分压器电路图，求开关分别接通 E、D、C、B、A 各点时的电压。

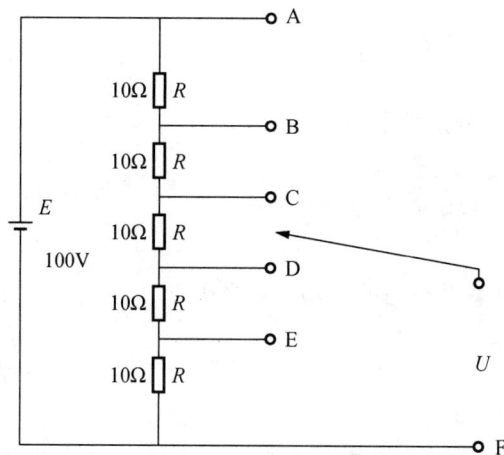

教材图 3-5　分压器电路图

探究：

$U_{EF}=$_____，$U_{DF}=$_____，$U_{CF}=$_____，$U_{BF}=$_____，$U_{AF}=$_____。

结论：串联电路可以组成____器。

（满分 5 分，互评____）

强 化 拓 展

基础练习

由 $R_1=2\Omega$ 和 $R_2=3\Omega$ 组成的串联电路接到 15V 的直流电源上，求：

1）电路的等效电阻为多少？

2）电路中的电流为多少？

3）每个电阻上分得的电压是多少？

4）每个电阻消耗的功率是多少？

5）电路的总功率是多大？

（满分 5 分，互评____）

提升练习

由三个电阻组成的串联电路，设总电压 $U=20V$，$R_1=1\Omega$，$R_2=3\Omega$，R_2 上的电压 $U_2=6V$，试求：

1）电路中的电流为多少？

2）R_1 和 R_3 上的电压分别是多少？

3）R_3 为多少？总等效电阻为多少？

4）每个电阻上的功率及电路的总功率是多少？

（满分 5 分，互评____）

专业拓展

一个量程为 10V 的电压表，其内阻为 $20k\Omega$，现将电压表的量程扩大为 100V，应将阻值为_____的电阻_____接入电路。　　　　（满分 5 分，自评____）

■ 课 后 作 业 ■

选择题（每题 2 分，共 20 分。）

1）关于串联电路的特点，下列描述不正确的是（　　）。

　　A．串联电路中的电流处处相等

　　B．串联电路的总电阻比每个电阻都大

　　C．串联电路每个电阻上的电压与电阻值成正比

　　D．串联电路中每个电阻的电功率与阻值成反比

2）一个阻值为 R 的电阻与 10Ω 的电阻串联接到 $30V$ 的直流电源上，用电压表测得阻值为 10Ω 的电阻两端的电压为 $5V$，电阻 R 的值为（　　）。

　　A．30Ω　　　　　　B．25Ω　　　　　　C．50Ω　　　　　　D．60Ω

3）由 $R_1 = 6\Omega$ 和 $R_2 = 4\Omega$ 组成的串联电路接到 $20V$ 的直流电源上，电流为（　　）A。

　　A．1　　　　　　　B．2　　　　　　　C．3　　　　　　　D．4

4）由 $R_1 = 6\Omega$ 和 $R_2 = 4\Omega$ 组成的串联电路接到 $20V$ 的直流电源上，总功率为（　　）W。

　　A．10　　　　　　　B．20　　　　　　　C．30　　　　　　　D．40

5）要使灯正常工作，须给 $50V$ 的电压和 $10A$ 的电流，现电源电压为 $100V$，则应串联阻值为（　　）Ω的电阻。

　　A．5　　　　　　　B．10　　　　　　　C．15　　　　　　　D．20

6）两个白炽灯，它们的额定电压都是 $220V$，A 灯的额定功率为 $40W$，B 灯的额定功率为 $100W$，串接在电压为 $220V$ 的电源上，则（　　）更亮。

　　A．A 灯　　　　　　B．B 灯　　　　　　C．一样亮　　　　　　D．无法确定

7）下图中 $U_{BE} = $（　　）V。

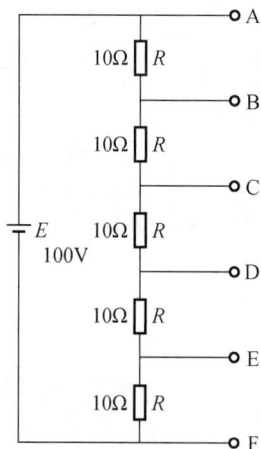

　　A．20　　　　　　　B．40　　　　　　　C．60　　　　　　　D．80

8）关于串联电路的应用，下列说法不正确的是（　　　）。

　　A．电阻越串越大

　　B．串联可以扩大电流表量程

　　C．串联可以调节和限制电流

　　D．利用串联原理可以组成分压器

9）5 个 6Ω 电阻串联后电流为 2A，则总电压为（　　　）V。

　　A．10　　　　　　　B．30　　　　　　　C．60　　　　　　　D．120

10）一个量程为 3V 的电压表，其内阻为 3kΩ，现将电压表的量程扩大为 15V，应将阻值为_____的电阻_____接入电路。（　　　）

　　A．15kΩ　　串联　　　　　　　　　　　B．12kΩ　　串联

　　C．15kΩ　　并联　　　　　　　　　　　D．12kΩ　　并联

任务评价

多元过程评价成绩统计表

项目	学习过程	职业素养	6S 管理	课堂纪律	作业成绩	总分
得分						

任务二 探究并联电路

明确任务

熟记并联电路的_____和_____，熟练掌握并联电路的_____，能够应用并联知识分析和探究简单的_____问题或_____问题。 （满分 5 分，自评____）

学习知识

1）什么是并联电路？

2）绘制 3 个电阻并联的电路图。

（满分 2 分，自评____）

3）写出并联电路的特点。

① 电压关系：每个元件两端的电压都是_____的。

公式：_____。

② 电流关系：电阻并联电路的总电流等于各支路电流之_____。

公式：_____。

③ 电阻关系：并联电路的等效电阻的倒数等于各个电阻的倒数之_____。

公式：_____。

提示：等效电阻的几种解法。

a. 3 个及 3 个以上电阻并联用"_____"法。

公式：_____。

b. 两个电阻并联用"_____"法。

公式：_____。

c. n 个相同的电阻并联用"_____"法。

公式：_____。

④ 分流：在并联电路中，并联电阻两端电压相同，并联电路中各个电阻上的电流与阻值成____比。在电阻并联电路中，电阻小的支路通过的电流____；电阻大的支路通过的电流____。

⑤ 功率关系：并联电路中每个元件的电功率与其电阻值成____比。

（满分 10 分，互评____）

4）补全两个电阻并联的分流公式。

分流公式：

（满分 3 分，自评＿＿＿）

任务实施

案例一： 我国民用市电的额定电压为 220V，各种用电器的额定电压也都是 220V，请按要求绘制电路图，要求将额定电压均为 220V 的电动机、电阻炉及 3 盏电灯接入电路，要求单独控制电动机、电阻炉和 3 盏电灯。

探究：

结论：额定电压相同的负载可以采用＿＿＿＿联电路供电，这样设计各负载单独形成回路，任何一个负载的起动和断开都相互＿＿＿＿，互不影响。

（满分 5 分，互评＿＿＿）

案例二：

问题一：有三个电阻并联，其中 $R_1 = R_2 = R_3 = 6\Omega$。求 R_1、R_2 并联的阻值 R_{12} 和 R_1、R_2、R_3 并联的阻值 R_{123}。

探究：

$R_{12} = $ ＿＿＿＿＿＿＿＿＿＿＿＿＿＿＿＿＿＿＿＿＿＿＿＿＿

$R_{123} = $ ＿＿＿＿＿＿＿＿＿＿＿＿＿＿＿＿＿＿＿＿＿＿＿＿＿

结论：并联电路可以得到阻值较＿＿＿的电阻，并入电路中的电阻越多，等效电阻值越＿＿＿＿。

问题二：有两个电阻，阻值分别为 1Ω 和 1000Ω，并联的等效电阻为多大？

探究：$R = $ ＿＿＿＿＿＿＿＿＿＿＿＿＿＿＿＿＿＿＿＿＿＿＿

结论：并联电路的总电阻比其中任一个电阻值都要＿＿＿，如果两个阻值相差较大的电阻并联，总电阻略＿＿＿于并＿＿＿等于阻值小的电阻。

（满分 5 分，互评＿＿＿）

案例三： 一个量程为 400mA 的毫安表，内阻 $r=2600\Omega$，如教材图 3-12 所示，如果将它的量程扩大到 3A，需要并联接入多大的电阻？

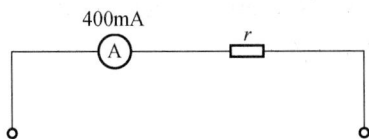

教材图 3-12　量程为 400mA 的毫安表

探究：

结论：并联电路可以扩大_____表的量程。

（满分 5 分，互评____）

强 化 拓 展

基础练习

由 $R_1 = 4\Omega$ 和 $R_2 = 6\Omega$ 组成的并联电路接到 6V 的直流电源上，求：

1）电路的等效电阻为多少？

2）电路中的总电流为多少？

3）每个电阻上的电流为多少？

4）每个电阻消耗的功率为多少？

5）电路的总功率是多大？

（满分 5 分，互评____）

提升练习

利用 3 种方法计算 3 个 9 Ω 的电阻并联的等效电阻为多少？

（满分 5 分，互评____）

专业练习

1）一个量程为 200mA 的电流表，其内阻为 2kΩ，现将电流表的量程扩大为 1A，应将阻值为_____的电阻_____接入电路。

（满分 5 分，互评____）

2）在 240V 的线路上并接 15Ω、30Ω、40Ω电热器各一个，求：

① 各电热器上的电流是多少？

② 总电流及总电阻分别是多少？

③ 总功率及各电热器消耗的电功率分别是多少？

（满分 5 分，互评____）

━━━━━■ 课 后 作 业 ■━━━━━

选择题（每题 2 分，共 20 分。）

1）关于并联电路的特点，下列描述不正确的是（   ）。

    A．并联电路中的元件的电压相等

    B．并联电路的总电阻比每个电阻都大

    C．并联电路中每个电阻上的电流与电阻值成反比

    D．并联电路中每个电阻的电功率与阻值成反比

2）5 个 30Ω的电阻并联，等效电阻值为（   ）Ω。

    A．5   B．150   C．35   D．6

3）阻值为 4Ω、6Ω、12Ω的三个电阻并联，等效电阻值为（   ）Ω。

    A．0.5   B．3   C．22   D．2

4）由 $R_1 = 6Ω$ 和 $R_2 = 3Ω$ 组成的并联电路接到 12V 的电源上，R_2 的电流为（   ）A。

    A．4   B．2   C．6   D．1

5）由 $R_1 = 6Ω$ 和 $R_2 = 3Ω$ 组成的并联电路接到 10V 的电源上，总电流为（   ）A。

    A．1.5   B．2   C．5   D．4

6）由 $R_1 = 6Ω$ 和 $R_2 = 3Ω$ 组成的并联电路接到 20V 的电源上，总功率为（   ）W。

    A．100   B．200   C．300   D．400

7）两个白炽灯，它们的额定电压都是 220V，A 灯的额定功率为 40W，B 灯的额定功率为 100W，并接在电压为 220V 的电源上，则（   ）更亮。

    A．A 灯   B．B 灯   C．一样亮   D．无法确定

8）关于并联电路的应用，下列说法不正确的是（   ）。

    A．两个阻值相差悬殊的电阻并联，其等效阻值接近于阻值较大的电阻值

B. 并联可以扩大电流表量程

C. 并联电路中的小电阻具有强分流作用

D. 利用并联电路可实现对某个元件的单独控制

9）5 个 5Ω 电阻并联后电流为 5A，则总电压为（　　）V。

A. 5　　　　　　B. 25　　　　　　C. 125　　　　　　D. 1

10）一个量程为 100mA 的电流表，其内阻为 1kΩ，现将电流表的量程扩大为 0.2A，应将阻值为_____的电阻_____接入电路。（　　）

A. 1kΩ　串联　　B. 2kΩ　串联　　C. 1kΩ　并联　　D. 2kΩ　并联

任务评价

多元过程评价成绩统计表

项目	学习过程	职业素养	6S 管理	课堂纪律	作业成绩	总分
得分						

任务三 探究混联电路

明确任务

复习串联电路和并联电路的_____，认识_____电路，探究求解混联电路的方法，能够熟练应用_____知识分析和计算混联电路。

（满分 5 分，自评____）

学习知识

1）什么是混联电路？

2）教材图 3-18 中各电阻的连接关系分别是：

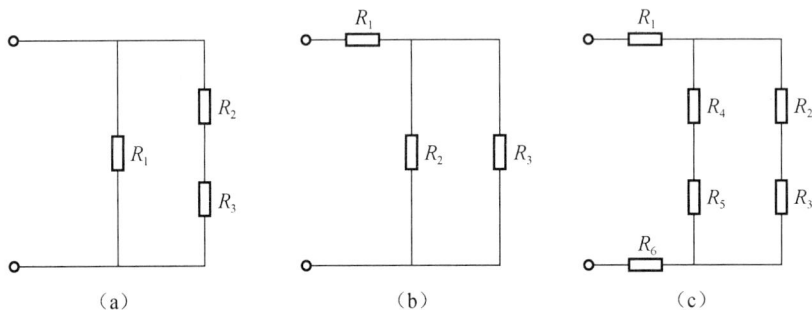

（a）　　　　　（b）　　　　　（c）

教材图 3-18　几种典型的混联电路

图（a）：

图（b）：

图（c）：

（满分 5 分，自评____）

3）复习串、并联电路的特点，填写下表。

电阻串、并联电路的特点

连接方式	串联	并联
电流		

续表

连接方式	串联	并联
电压		
电阻		
电功率		

（满分 5 分，互评____）

任务实施

一、串、并联知识的复习和综合运用

1. 串联知识复习

灯正常工作所需电压为 50V，所需电流为 10A，现电源电压为 100V，问应串联多大阻值的电阻？

探究：根据题意绘制电路图。

因为串联电路的总电压等于各段电压之_____，则电阻上的电压为_____。又因为串联电路电流处处_____，则通过电阻的电流与通过灯的电流相同，也为_____A。根据欧姆定律可求串入的电阻为_____。

（满分 5 分，互评____）

2. 并联知识复习

有一个 1000Ω 的电阻，分别与 10Ω、1000Ω、1100Ω 的电阻并联，并联后的等效电阻各为多少？

探究：

结论：并联电路的等效电阻越并越_____；两个阻值相差很大的电阻并联，其等效电阻阻值由_____电阻的阻值决定。

（满分 5 分，互评____）

3. 串、并联知识的综合运用

两个白炽灯，它们的额定电压都是 220V，A 灯的额定功率为 40W，B 灯的额定功率为 100W，电源电压为 220V。

1）将它们并联连接时，白炽灯的电阻分别为多少？它们能正常工作吗？功率分别为多少？哪一个灯亮？

2）将它们串联连接时，白炽灯的电阻分别为多少？它们能正常工作吗？实际功率分别为多少？哪一个灯亮？

探究：

白炽灯的电阻分别为_____。

因为白炽灯在____电压下工作，所以白炽灯并联时能正常工作，其功率分别为 40W 和 100W，____灯亮。

白炽灯串联时，白炽灯的电阻不变，仍为 $R_A = 1210\Omega$，$R_B = 484\Omega$，白炽灯的电压分别为_____。

白炽灯的实际功率分别为_____。

因为白炽灯_____额定电压下工作，所以白炽灯串联时_____正常工作，其实际功率分别为_____W 和_____W，所以_____灯亮。

结论：并联在同一电源下电阻_____的灯更亮，串联在同一电源下电阻_____的灯更亮。

（满分 5 分，互评____）

二、探究混联电路的求解方法

1. 相对简单的混联电路的求解方法

案例一： 在教材图 3-20 所示混联电路中，$R_1 = R_2 = R_3 = R_4 = 3\Omega$，$U = 10V$。试求总电阻、每个电阻上的电压和电流值，以及电路的总功率分别为多少？

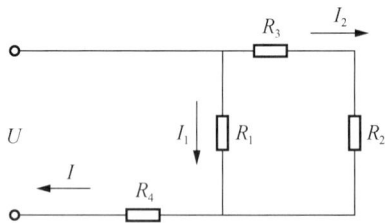

教材图 3-20　案例一电路图

探究：各电阻之间的关系为_____。

求解总电阻：

求解总电流：

求解总功率：

求解每个电阻上的电压和电流：假设 4 个电阻上的电压分别为 U_1、U_2、U_3、U_4；流过 R_2 和 R_3 上的电流为 I_2，流过 R_1 的电流为 I_1，流过 R_4 的电流为总电流 $I =$ _____A，则有_____。

R_2 和 R_3 相等，它们分得的电压也是_____的。

再根据欧姆定律得_____。

结论：能够直接看出电路层次关系的简单的混联电路，可先求出_____，再根据简单的_____特点分步计算。

（满分 5 分，互评____）

2. 相对复杂的混联电路的求解方法

案例二：在教材图 3-21 所示的混联电路中，$R_1 = R_2 = R_3 = 1\Omega$，$R_4 = R_5 = 2\Omega$。求电路的等效电阻 R_{AB}。

教材图 3-21　案例二电路图

探究：

结论：对混联电路的分析和计算大体上可分为以下几个步骤。

（满分 5 分，互评____）

强 化 拓 展

拓展练习

用等电位点法化简电路并求等效电阻 R_{AB}。

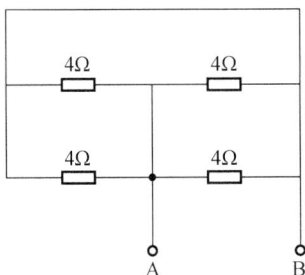

（满分 5 分，互评____）

巩固练习

1）求等效电阻 R_{ab}。

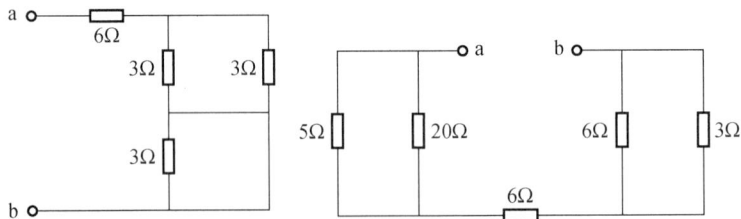

2）把三个电阻值都是 10Ω 的电阻做不同的连接，可能得到的等效电阻值有_____、_____、_____和_____。

3）电桥平衡的条件是_____，电桥平衡时桥支路_____。

（满分 5 分，互评____）

提高练习

1）要使三个标着"110V/40W"的灯泡接在照明电路中都能正常发光,它们应该（　　）。

　　A．全部串联　　　　　　　　　　　B．两个并联后与另一个串联

　　C．两个串联后与一个并联　　　　　D．每个灯泡串联合适电阻后再并联

2）标着"100Ω/4W"和"100Ω/25W"的两个电阻器串联时,允许加的最大电压是（　　）。

　　A．40V　　　　　B．50V　　　　　C．70V　　　　　D．140V

3）求下列各图中的等效电阻。

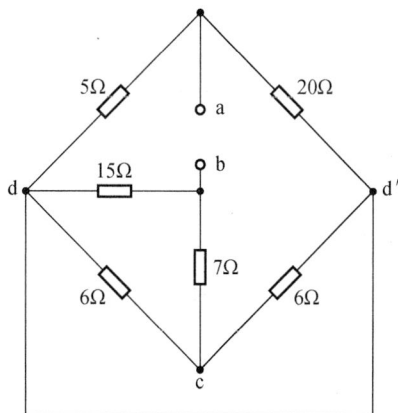

（a）

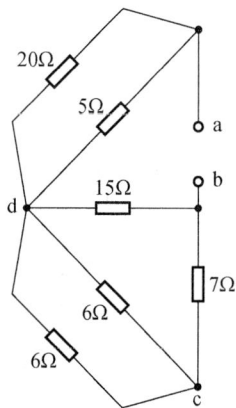

（b）

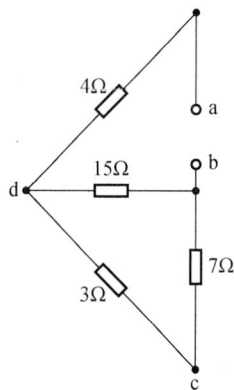

（c）

（满分5分,互评＿＿＿）

━━━━━━ **课 后 作 业** ━━━━━━

选择题（每题2分,共20分。）

1）关于混联电路的特点,下列描述正确的是（　　）。

　　A．混联电路是复杂电路

　　B．混联电路计算时不能利用串、并联知识求解

　　C．三个以上元件相连就能称为混联电路

　　D．既有串联又有并联的电路称为混联电路

2）5个10Ω的电阻并联再串上5个10Ω的电阻,等效电阻值为（　　）。

　　A．55Ω　　　　　B．100Ω　　　　　C．50Ω　　　　　D．52Ω

3）电源电压是12V,四个瓦数相同的灯泡工作电压都是6V,要使灯泡正常工作,接法正确的是（　　）。

A.

B.

C.

D.

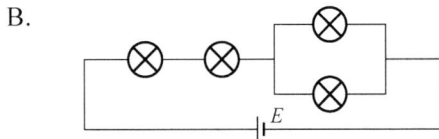

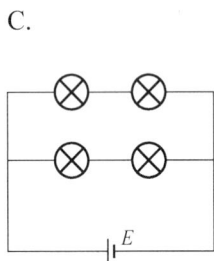

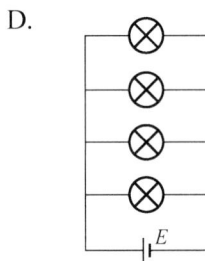

分析下图，已知：$R_1 = R_2 = R_3 = 2\Omega$，$R_4 = R_5 = 4\Omega$，$U_{AB} = 6V$。试完成4）～7）题。

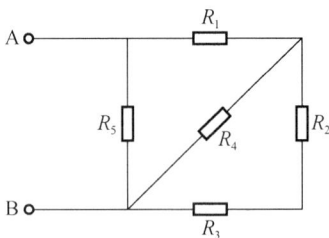

4）等效电阻 R_{AB} 为（　　）Ω。

    A. 1　　　　　　　B. 2　　　　　　　C. 4　　　　　　　D. 6

5）总电流为（　　）A。

    A. 1　　　　　　　B. 2　　　　　　　C. 3　　　　　　　D. 4

6）总功率为（　　）W。

    A. 72　　　　　　　B. 36　　　　　　　C. 18　　　　　　　D. 9

7）R_2 的电流为（　　）A。

    A. 1　　　　　　　B. 2　　　　　　　C. 1.5　　　　　　　D. 0.75

8）关于电桥电路的应用，下列说法不正确的是（　　）。

    A. 电桥平衡时不能用串、并联知识求解

    B. 电桥平衡时，桥支路电流为零

    C. 四个臂阻值相等时的电桥处于平衡状态

    D. 电桥平衡时，桥支路既可以开路又可以短路

如下图所示，已知：$R_1 = 10\Omega$，$R_2 = 20\Omega$，$R_3 = 5\Omega$，$R_4 = 10\Omega$，检流计读数为零时 $E = 120V$，完成9）、10）题。

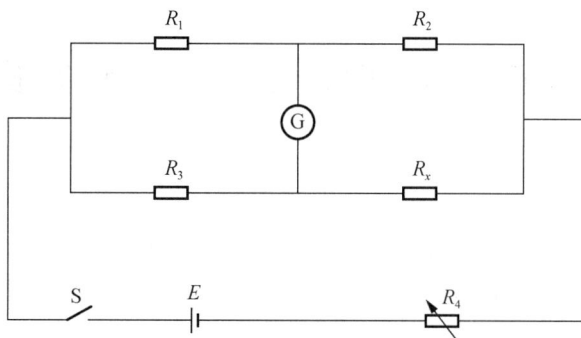

9）$R_x =$（　　　）Ω。

    A. 5   B. 10   C. 15   D. 45

10）R_x 上的电流为（　　　）A。

    A. 2   B. 4   C. 6   D. 12

任务评价

多元过程评价成绩统计表

项目	学习过程	职业素养	6S 管理	课堂纪律	作业成绩	总分
得分						

任务四　学习其他元件的连接方式

明确任务

探究电容器_____电路的特点，探究_____串、并、混联电路的特点，了解电感的_____。

（满分5分，自评____）

学习知识

一、电容器的串联

1. 绘制电容器的串联电路及其等效电路

绘制3个电容器串联的电路及其等效电路。

2. 特点及公式

1）电量特点：各电容器所带电量____，公式为_____。
2）电压特点：总电压等于每个电容器两端电压之____，公式为_____。
3）电容特点：等效电容的____等于各个电容的____之____，公式为_____。

3. 推广公式

1）两个电容器串联的等效电容：_____。
2）两个电容器串联的分压公式（各电容器两端电压与电容量成反比）：_____。
3）当 n 个电容器的电容相等，均为 C_0 时，总电容 C 为_____。

4. 总结与注意的问题

当单独一个电容器的耐压不能满足电路要求，而它的容量又足够大时，可将几个电容器起来再接到电路中使用。电容器串联时，等效电容 C 的倒数是各个电容器电容的_____。总电容比每个电容器的电容都_____。这相当于加大了电容器两极板间的_____，因而电容减小。

注意：

1）串联电容组中每一个电容器都带有_____的电荷量。
2）电容器串联时电容间的关系，与电阻_____联时电阻间的关系相似。

（满分5分，互评____）

二、电容器的并联

1. 绘制电容器的并联电路及其等效电路

绘制 3 个电容器并联的电路及其等效电路。

2. 特点及公式

1）电量特点：总电量为各个电容器的电量之____，公式为_____。

2）电压特点：各个电容器两端电压____，公式为_____。

3）电容特点：等效电容为各个电容器的电容量之____，公式为_____。

3. 推广公式

当 n 个电容器的电容相等，均为 C_0 时，总电容 C 为_____。

当单独一个电容器的电容量不能满足电路的要求，而其耐压均满足电路要求时，可将几个电容器_____起来再接到电路中使用。当电容器并联时，总电容等于各个电容之_____。并联后的总电容扩大了，这种情况相当于增大了电容器极板的_____，使电容量增大。

注意：

1）电容器并联时，加在各个电容器上的电压是_____的。每个电容器的耐压均应大于外加电压，否则，一旦某一个电容器被击穿，整个并联电路就被_____，会对电路造成危害。

2）电容器并联时电容间的关系，与电阻_____联时电阻间的关系相似。

（满分 5 分，互评____）

任务实施

一、探究串联电池组的特性

1）进行电池组串联实验，填写实验数据。

实验中选用_____节干电池组成串联电路，测得电动势值为_____，内阻为_____。

（满分 5 分，自评____）

2）串联电池组的计算公式（设串联电池组由 n 个电动势为 E、内阻为 r 的电池组成）：

① 串联电池组的电动势等于单个电池电动势之_____，公式为_____。

② 串联电池组内阻等于单个电池内阻_____，公式为_____。

③ 串联电池组干路电流的计算公式为_____。

结论：利用电池串联可以输出较_____的电动势。当用电器所要求的额定电压高于单个电池电动势时，可以用_____联电池组供电。

注意：

1）用电器的额定电流必须_____电池允许通过的最大电流。

2）电池_____应连接正确。

（满分5分，互评____）

二、探究并联电池组的特性

1）进行电池组并联实验，填写实验数据。

实验中选用_____节干电池组成并联电路，测得电动势值为_____，内阻为_____。

（满分5分，自评____）

2）并联电池组的计算公式（设并联电池组由 n 个电动势为 E、内阻为 r 的电池组成）：

① 并联电池组的电动势等于_____电池的电动势，公式为_____。

② 并联电池组的内阻等于单个电池内阻的_____，公式为_____。

③ 并联电池组的干路电流为_____。

结论：多个电池并联后，输出电动势_____，输出电流_____。所以，当用电器的额定电流_____单个电池的额定电流时，可用_____联电池组供电。

注意：电池并联时，单个电池的电动势应该满足用电器的需要。

（满分5分，互评____）

━━━━━━━━━━ 强 化 拓 展 ━━━━━━━━━━

1. 认识电感的连接方式

1）电感串联的电路图及公式：

2）电感并联的电路图及公式：

（满分5分，自评____）

2. 等效电容的计算

1）如图所示，求 C_{AB}。

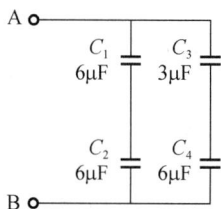

2）如图所示，求 C_{EF}。

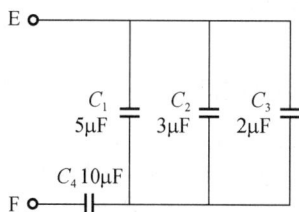

3）3 个 $9\mu F$ 的电容串联，等效电容为_____；若并联，等效电容为_____。

（满分 5 分，互评____）

巩固练习

1）有 4 个电池，若每个电池的电动势 $E = 1.5\,V$，内阻 $r_0 = 0.2\Omega$，则由 4 个电池组成的串联电池组的电动势为_____，内阻为_____；组成并联电池组时的电动势为_____，内阻为_____。

2）有 5 个相同的电池，每个电池的 $E = 1.5\,V$，$r_0 = 0.02\Omega$，将它们串联后，外接电阻 $2.4\,\Omega$，求电路的电流。

3）补全表格。

对比项目	串联电池组	并联电池组
电动势		
内阻		
输出电流（负载为 R）		
对比项目	串联电容	并联电容
等效电容		
n 个相同等效电容		

（满分 10 分，互评____）

课 后 作 业

一、选择题（每题 2 分，共 12 分。）

1）关于电容的串联知识，下列描述不正确的是（　　　）。

    A．每个电容上的电量相等

    B．每个电容两端的电压相等

    C．电容越串越小

    D．等效电容的倒数等于各电容的倒数和

2）关于电容的并联知识，下列描述不正确的是（　　　）。

    A．每个电容上的电量相等　　　　　　B．每个电容两端的电压相等

    C．电容越并越大　　　　　　　　　　D．等效电容等于各电容的和

3）有 3 个电池，若每个电池的电动势 $E = 1.5\ V$，内阻 $r_0 = 0.2\Omega$，则串联电池组的电动势为_____，内阻为_____。（　　　）

    A．4.5V　0.6Ω　　B．1.5V　0.6 Ω　　C．4.5V　0.2 Ω　　D．1.5V　0.2 Ω

4）有 5 个电池，若每个电池的电动势 $E= 2V$，内阻 $r_0 = 0.1\Omega$，组成并联电池组时的电动势为_____，内阻为_____。（　　　）

    A．10V　0.5 Ω　　B．2V　0.1 Ω　　C．10V　0.02 Ω　D．2V　0.02 Ω

5）有两个电容器，$C_1 = 200pF$，$C_2 = 300pF$，则串联后的等效电容为（　　　）pF。

    A．100　　　　　　B．120　　　　　　C．300　　　　　　D．150

6）2 个 $4\mu F$ 的电容串联时的等效电容为____，并联时的等效电容为____。（　　　）

    A．8μF 2μF　　　B．2μF 8μF　　　C．4μF 48μF　　D．8μF 4μF

二、判断题（每题 2 分，共 8 分。）

1）两个电容器串联后接到端电压为 360V 的电源上，其中 $C_1 = 100pF$，$C_2 = 400pF$，耐压分别为 100V 和 350V，电路能正常工作。　　　　　　　　　　　　　　（　　　）

2）电感越串越大。　　　　　　　　　　　　　　　　　　　　　　　　　（　　　）

3）电容器并联时，加在各个电容器上的电压是相等的。每个电容器的耐压均应大于外加电压，否则，一旦某一个电容器被击穿，整个并联电路就被短路。　　　（　　　）

4）电容器串联时电容间的关系，与电阻并联时电阻间的关系相似。　　　　（　　　）

任务评价

多元过程评价成绩统计表

项目	学习过程	职业素养	6S 管理	课堂纪律	作业成绩	总分
得分						

任务五　验证基尔霍夫定律

明确任务

认识复杂的直流电路，了解_____、_____、_____和_____的基本概念，能够利用实验验证_____定律，能够熟练应用基尔霍夫定律求解复杂电路中的基本物理量，学会利用_____法求解复杂电路。

（满分 5 分，自评____）

学习知识

一、复杂电路中的基本概念

1）不能用电阻串、并联化简求解的电路称为_____。

2）由一个或几个相互串联的电路元件所构成的无分支电路称为_____。

3）_____条或_____条以上支路所汇成的交点称为节点。

4）电路中任一条闭合路径称为_____。

5）不含任何支路的回路称为_____。

6）教材图 3-36 中的节点数为_____，支路数为_____，回路数为_____，网孔数：_____。

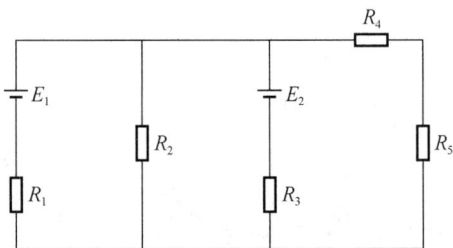

教材图 3-36　复杂电路

（满分 5 分，自评____）

二、基尔霍夫定律

1. 基尔霍夫第一定律（基尔霍夫电流定律）

基尔霍夫第一定律又称_____电流定律。它指出：流_____某一节点的电流之和恒等于流_____该节点的电流之和，公式为_____。

对任何一个节点来说，流入（或流出）该节点电流的_____恒等于零，公式为_____。

注意：在应用基尔霍夫电流定律解题时，可先任意假设_____的参考方向，列出节点电流方程。通常可先设流进节点的电流为_____，流出节点的电流为_____，再根据计算值的正负来确定未知电流的实际方向。当支路的电流是负值时，说明所假设的电流方向与实际方向相_____。

没有构成闭合回路的单支路电流为_____。

基尔霍夫电流定律可以推广应用于任何一个_____或_____（广义节点）。

教材图 3-41 方程：

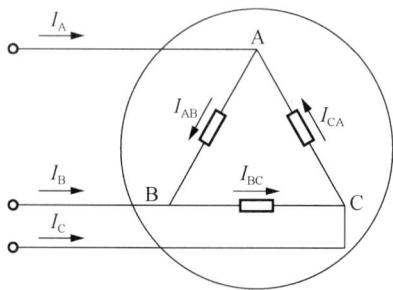

教材图 3-41　广义节点

结论：流入_____节点的电流恒等于流_____该广义节点的电流，或流入广义节点的电流的代数和为_____。

绘制晶体管，将晶体管看成广义节点，则有 $I_E =$ _____。

（满分 10 分，互评____）

2. 基尔霍夫第二定律（基尔霍夫电压定律）

基尔霍夫第二定律又称_____电压定律。它指出：在闭合回路中，各段电路电压降的_____恒等于零，公式为_____。

注意：在用式 $\sum U = 0$ 时，凡电流的参考方向与回路绕向一致者，该电流在电阻上所产生的电压降取_____，反之取_____。电动势也作为电压来处理，方向从电源的_____极指向_____极电压取正，反之取负。

基尔霍夫电压定律的另一种表示形式的公式为 $\sum$ _____ $= \sum$ _____。

结论：在回路中，_____的代数和恒等于_____上电压降的代数和。

注意：在用式 $\sum E = \sum IR$ 时，电阻上电压的规定与用式 $\sum U = 0$ 时相同，而电动势的正负号则恰好相_____。

　　基尔霍夫电压定律也可以推广应用于不完全由实际元件构成的_____回路。

（满分 10 分，互评____）

任务实施

　　实验器材：_____

　　实验电路：

　　实验过程：扫描二维码，观察实验过程。

　　实验数据：请填写数据表格。

验证基尔霍夫定律实验过程

物理量	I_1	I_2	I_3	U_{CD}	U_{DE}	U_{GH}	U_{HA}	U_{BF}
测试值								

（满分 10 分，互评____）

　　实验结论：

　　1）验证基尔霍夫电流定律：

　　流入 B 节点的电流有____，流出 B 节点的电流有____。

　　$\sum I_{进} = $_____，　$\sum I_{出} = $_____

　　结论：流入 B 节点的电流之和____流出 B 节点的电流之和，即 $\sum I_{进}$____$\sum I_{出}$。

　　2）验证基尔霍夫电压定律

　　$U_{AB} = U_{BC} = U_{EF} = U_{FE} = $____V，假定每个回路的绕向均以顺时针为正，则

　　在 ABEFGH 回路中：$\sum U_1 = $_____=____。

　　在 BCDEF 回路中：$\sum U_2 = $_____=____。

　　在 ABCDEFGH 回路中：$\sum U_3 = $_____=____。

　　结论：对于任何一个闭合回路，绕行方向的各段电压的代数和为_____，即 $\sum U = $____。

（满分 5 分，互评____）

―――――――― 强 化 拓 展 ――――――――

　　支路电流法：利用支路电流法求解下图各支路电流及 U_{AB}。

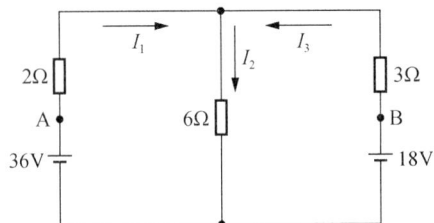

（满分 5 分，互评＿＿＿）

巩固练习

1）求下图中的未知电流。

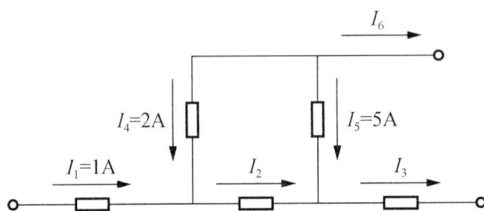

2）求下图中的未知电压。

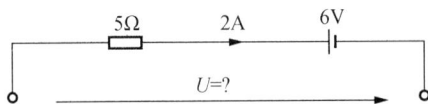

（满分 5 分，互评＿＿＿）

▰▰▰▰▰ **课 后 作 业** ▰▰▰▰▰

选择题（每题 2 分，共 20 分。）

1）如下图所示，下列说法正确的是（　　　）。

　　A．有 6 个节点　　B．有 3 个网孔　　　C．有 3 条支路　　D．有 2 条回路

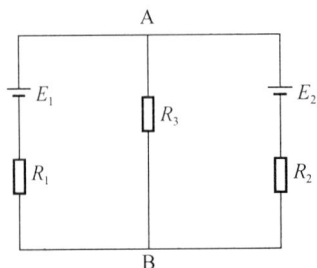

2）下列描述不正确的是（　　　）。

　　A．不能用简单的串、并联知识求解的电路是复杂电路

B. 3 条及 3 条以上支路的交点为节点

C. 凡是网孔都是回路

D. 凡是回路都是网孔

3）假设某复杂电路有 4 个节点、5 条支路，则利用支路电流法可列（   ）。

A. 独立电流方程 3 个，独立电压方程 2 个

B. 独立电流方程 2 个，独立电压方程 3 个

C. 独立电流方程 3 个，独立电压方程 0 个

D. 独立电流方程 4 个，独立电压方程 1 个

4）某节点有 4 条支路，其中 $I_1 = 5A$，$I_2 = 8A$，$I_3 = -10A$，则 $I_4 = $（   ）A。

A. −5

B. 8

C. −10

D. −3

5）如下图所示，$I_1 = 2A$，$I_2 = -3A$，$I_3 = -2A$，则 $I_4 = $（   ）A。

A. 3A

B. −3A

C. −1A

D. 2A

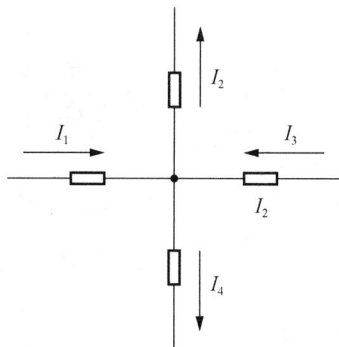

6）如下图所示，$I = $（   ）A。

A. 1

B. −1

C. −0.5

D. 0.5

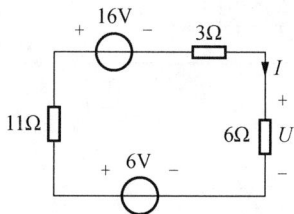

如下图所示，$E_1=E_2=17V$，$R_1=2\Omega$，$R_2=1\Omega$，$R_3=5\Omega$，完成 7）～10）题。

7）独立电流方程为（　　）。

A．$I_1 + I_2 = I_3$　　　　　　　　　B．$I_1 = I_2 + I_3$

C．$I_1 = I_2 - I_3$　　　　　　　　　D．$I_1 + I_2 + I_3 = 0$

8）按①绕向列独立电压方程为（　　）。

A．$E_1 = I_1R_1 - I_3R_3$　　　　　　B．$E_1 + I_1R_1 + I_3R_3 = 0$

C．$E_1 = -I_1R_1 + I_3R_3$　　　　　D．$E_1 = I_1R_1 + I_3R_3$

9）按②绕向列独立电压方程为（　　）。

A．$E_2 = I_2R_2 - I_3R_3$　　　　　　B．$E_2 - I_2R_2 + I_3R_3 = 0$

C．$E_2 = I_2R_2 + I_3R_3$　　　　　D．$E_2 = -I_2R_2 + I_3R_3$

10）计算结果正确的一组是（　　）。

A．$I_1 = 6A$，$I_2 = -3A$，$I_3 = 3A$

B．$I_1 = 1A$，$I_2 = 2A$，$I_3 = 3A$

C．$I_1 = 3A$，$I_2 = -3A$，$I_3 = -3A$

D．$I_1 = 3A$，$I_2 = 2A$，$I_3 = 1A$

任务评价

多元过程评价成绩统计表

项目	学习过程	职业素养	6S 管理	课堂纪律	作业成绩	总分
得分						

任务六 学习电源等效变换

明确任务

认识_____、_____模型，掌握电源变换的方法，能够熟练应用电源变换法求解复杂电路。

（满分5分，自评____）

学习知识

1. 电压源

电压源是为电路提供一定_____的电源，它是由内阻 r 和电动势 U_s _____联组成的。绘制电压源模型：

2. 理想电压源

内阻为_____的电压源称为理想电压源，又称为_____。绘制理想电压源模型：

（满分5分，自评____）

3. 电流源

电流源是为电路提供一定_____的电源，它是由内阻 r 和恒定电流 I_s _____联组成的。绘制电流源模型：

4. 理想电流源

电源内阻____时，输出电流接近于____，把内阻无限____的电流源称为理想电流源。绘制理想电流源模型：

（满分 5 分，自评____）

任务实施

应用_____可将电压源等效变换成电流源，内阻 r 阻值不变，要注意将其改为_____联；应用_____可将电流源等效变换成电压源，内阻 r 阻值不变，要注意将其改为_____联。绘制转换方法图：

注意：

1）理想电压源与理想电流源之间是_____进行等效变换的。

2）电压源与电流源等效变换时，U_s 与 I_s 的方向是_____的，即电压的_____极与电流源输出电流的方向相同。

3）两种实际电源模型等效变换是指电源的_____等效，对外部电路各部分的计算是等效的，但对电源_____的计算不是等效的。

（满分 5 分，自评____）

【教材例 3-7】试将教材图 3-52 所示电路中的电压源转换为电流源。

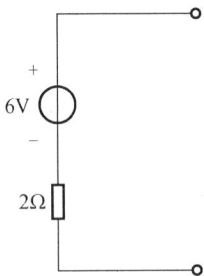

教材图 3-52　教材例 3-7 电路图

（满分 5 分，互评____）

【教材例 3-8】试将教材图 3-54 中的电流源转换为电压源。

教材图 3-54　教材例 3-8 电路图

（满分 5 分，互评____）

【教材例 3-9】试将教材图 3-56 中的电路转换为电压源。

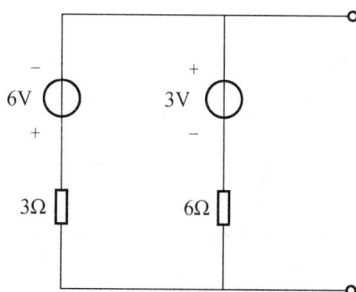

教材图 3-56　教材例 3-9 电路图

（满分 5 分，互评____）

━━━━━━ 强 化 拓 展 ━━━━━━

专业拓展

利用电源变换法分析和计算复杂电路

电源法化简复杂电路的原则：

1）

2）

3）

（满分 5 分，自评____）

【教材例 3-10】求教材图 3-58 所示电路中的电流 I_3 和 U_{AB}。

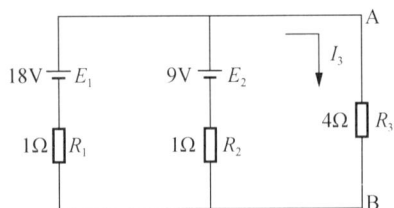

教材图 3-58　教材例 3-10 电路图

【教材例 3-11】求教材图 3-60 所示电路中的电流 I。

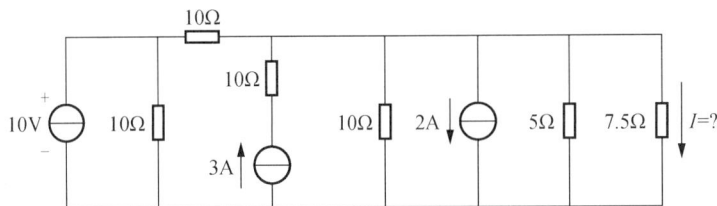

教材图 3-60　教材例 3-11 电路图

（满分 10 分，互评____）

巩固练习

1）如下图所示，电压源与电流源互换。

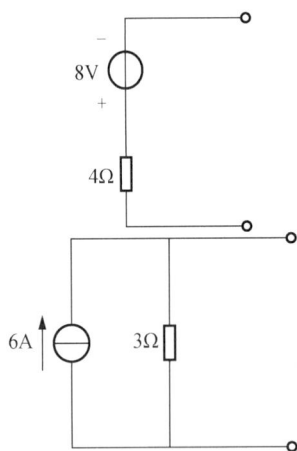

2）如下图所示，试将其等效为一个电流源电路。

（满分 5 分，互评____）

========== 课 后 作 业 ==========

一、选择题（每题 2 分，共 2 分。）

将下图中电压源转为电流源后，电流的大小、参考方向和内阻为（   ）。

  A．4A，向下，2Ω   B．4A，向上，2 Ω

  C．2A，向上，4 Ω   D．2A，向下，2 Ω

二、判断题（每题 2 分，共 18 分。）

1）内阻为零的电源为理想电源。   （   ）

2）理想电源可以互换。   （   ）

3）理想电流源称为恒流源。   （   ）

4）电流源转化为电压源，内阻值不变。   （   ）

5）理想电流源内阻趋近无穷大。   （   ）

6）等效变换是对外电路等效。   （   ）

7）电压源的正极与电流源输出电流的方向相同。   （   ）

8）与理想的电流源串联的电阻，可用该理想电流源代替；与理想电压源并联的电

阻，可用该理想电压源代替。 （　　）

9）并联的几个电压源可以合并，串联的电流源也可以合并。 （　　）

任务评价

多元过程评价成绩统计表

项目	学习过程	职业素养	6S 管理	课堂纪律	作业成绩	总分
得分						

任务七　验证叠加原理

明确任务

熟记叠加原理的____，能够利用____验证叠加原理，熟练应用叠加原理求解复杂电路。

（满分 5 分，自评____）

学习知识

【教材例 3-12】如教材图 3-65 所示，利用基尔霍夫定律求电流 I。

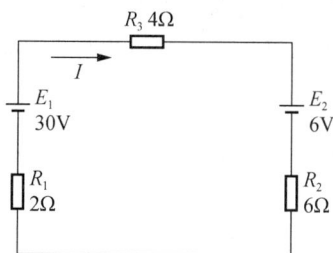

教材图 3-65　教材例 3-12 电路图

方法一：

方法二：

1）默写叠加原理内容：

（满分 5 分，互评____）

2）叠加原理的解题步骤：

① 分别作出每一个电源单独作用的分图（见下图），其余电源不起作用（不起作用是指电压源用_____替代，电流源用_____替代），只保留其内阻。

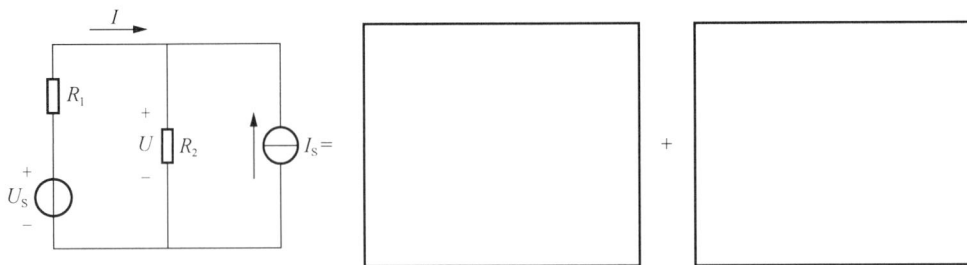

② 按电阻串、并联的特点，分别计算出分图中每一支路电流（或电压）实际的_____。

③ 求出各电源在各个支路中产生的电流（或电压）的_____，即为所有电源共同在各支路中产生的电流（或电压）。

注意：

① 在求和时要注意各个电流（或电压）的_____。

② 叠加原理只能用来求电路中的电流或电压，而不能用来计算_____。

③ 叠加原理只适用于线性电路的计算，不能用来计算_____电路。

（满分 10 分，互评____）

任务实施

实验电路：绘制电路图。

实验过程：利用电路仿真软件进行仿真，扫描二维码观看仿真过程。

验证叠加原理仿真过程

（满分 10 分，自评____）

实验数据：请完成实验报告表格。

1. 线性电路

1）E_1 单独起作用时：

项目	S_1	S_2	I_1	I_2	I_3	U
状态数据						

2）E_2 单独起作用时：

项目	S_1	S_2	I_1	I_2	I_3	U
状态数据						

3）计算电路各参数：

$I_1 =$ _____，$I_2 =$ _____，$I_3 =$ _____，$U =$ _____。

2．非线性电路

用非线性元件二极管替换电阻 R_3。

1）E_1 单独起作用时：

项目	S_1	S_2	I_1	I_2	I_3	U
状态数据						

2）E_2 单独起作用时：

项目	S_1	S_2	I_1	I_2	I_3	U
状态数据						

3）计算电路各参数：

$I_1 =$ _____，$I_2 =$ _____，$I_3 =$ _____，$U =$ _____。

（满分 10 分，互评____）

实验结论：_____。

（满分 5 分，互评____）

━━━━━━ 强 化 拓 展 ━━━━━━

例题学习

【教材例 3-13】电路如教材图 3-70 所示，试利用叠加原理求电流 I 和电压 U_{AB}。

教材图 3-70　教材例 3-13 电路图

（满分5分，自评____）

巩固练习

利用叠加原理求下图中的 I_1、I_2、I_3、U_{BF}。

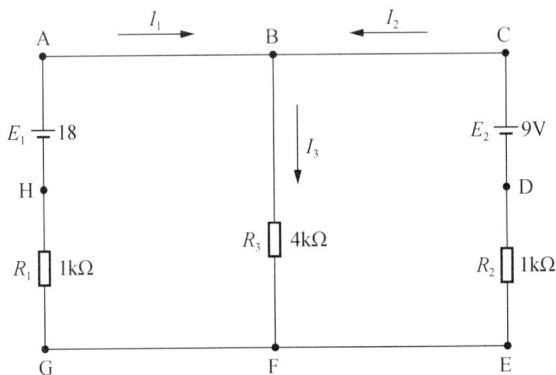

（满分5分，互评____）

━━━━━ **课 后 作 业** ━━━━━

判断题（每题2分，共20分。）

1）叠加原理主要用来求解单电源的简单电路。 （   ）

2）叠加原理主要用来求解两个以上电源的电路。 （   ）

3）叠加原理能计算电压和电流值。 （   ）

4）叠加原理能直接计算电功率。 （   ）

5）叠加原理能计算非线性电路。 （   ）

6）电流源不起作用是指电流源做短路处理。 （   ）

7）电压源不起作用是指电压源做开路处理。 （   ）

8）电压源不起作用是指电源置零。 （   ）

9）含5个以上电源的复杂电路应尽量不使用叠加原理。 （   ）

10）运用叠加原理时应注意各电压、电流的参考方向。 （   ）

任务评价

多元过程评价成绩统计表

项目	学习过程	职业素养	6S 管理	课堂纪律	作业成绩	总分
得分						

任务八　验证戴维南定理

明确任务

熟记戴维南定理的_____，能够利用_____验证戴维南定理，熟练应用戴维南定理求解_____电路，理解负载获得最大功率的_____并会求解最大功率。

（满分 5 分，自评____）

学习知识

电路也称为_____，有两个引出端的电路称为_____，含有电源的二端网络称为_____，不含电源的二端网络称为_____。

戴维南定理指出任何有源二端网络都可以用一个等效_____来代替，电压源的电动势等于二端网络的_____，其内阻等于有源二端网络内所有电源_____时，网络两端的等效电阻。

（满分 5 分，互评____）

戴维南定理的解题方法：

1）

2）

3）

4）

注意：

1）

2）

【教材例 3-14】电路如教材图 3-74 所示，求电流 I。

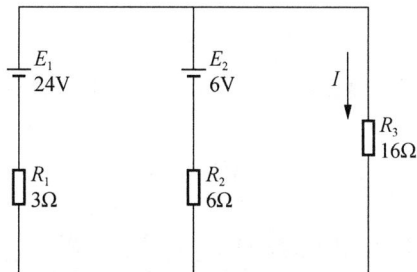

教材图 3-74　教材例 3-14 电路图

（满分 10 分，互评____）

任务实施

实验电路：绘制电路图。

实验过程：利用电路仿真软件进行仿真，扫描二维码观看仿真过程。

验证戴维南定理仿真过程

（满分 10 分，自评____）

实验数据：完成实验报告表格。

1）移走 CD 支路，测开路电压：

项目	S_1	S_2	U_{AB}
状态数据			

2）电源不起作用时，测等效电阻：

项目	S_1	S_2	R_{AB}
状态数据			

3）利用仿真软件建立电路模型。绘制模型：

（满分 5 分，互评____）

4）对比电路，电流表读数相等时，E ____ U_{AB}，R_o ____ R_{AB}。

实验结论：_____

（满分 5 分，互评____）

■ 强 化 拓 展 ■

专业拓展

负载获得最大功率的条件是：_____，即_____，
这时负载获得的最大功率为_____。

推导过程：

注意：多电源或多负载情况下必须化成_____才能利用此结论。

（满分 10 分，互评____）

巩固练习

利用戴维南定理求下图中的 I_3，此时 R_3 是否获得最大功率？若是，求出最大功率；若否，求出 R_3 为何值时获得最大功率？最大功率为多少？

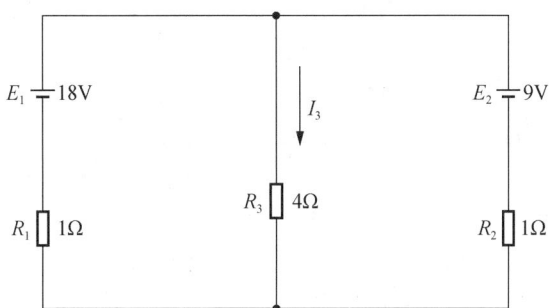

（满分 5 分，互评____）

■ 课 后 作 业 ■

一、选择题（每题 2 分，共 16 分。）

1）戴维南定理指出，任何有源二端网络都可以用一个等效的（　　）来代替。

    A．电阻　　　　　B．电源　　　　　C．电压源　　　　　D．电流源

2）电压源的电动势等于有源二端网络的（　　）。

    A．最大电源　　　B．电源电压　　　C．开路电压　　　　D．等效电阻

3）有源二端网络的内阻等于网络两端所有电源（　　）时的等效电阻。

    A．不起作用　　　B．全起作用　　　C．开路　　　　　D．短路

4）下图中的开路电压为（　　）V。

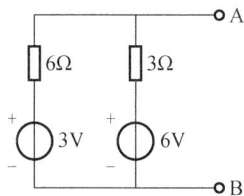

A．4.5 　　　　B．5 　　　　C．9 　　　　D．3

根据下图中的数据利用戴维南定理完成，5）～7）题。

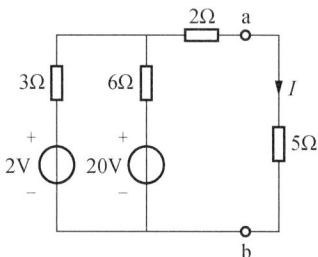

5）等效电压源的电动势为（　　）V。

A．11 　　　　B．8 　　　　C．22 　　　　D．18

6）R_L 为（　　）Ω时，获得最大功率。

A．11 　　　　B．2 　　　　C．4 　　　　D．3

7）R_L 获得的最大功率为（　　）W。

A．32 　　　　B．8 　　　　C．16 　　　　D．4

8）一个含有多个电源的二端网络，测得开路电压为10V，短路电流为1A，若给该二端网络接上10Ω的负载，电路中的电流为（　　）A。

A．0.1 　　　　B．0.5 　　　　C．1 　　　　D．2

二、判断题（每题2分，共4分。）

1）凡是有两个引出端的电路都是有源二端网络。　　　　　　　　　　（　　）

2）当负载电阻与电源内阻相等时，称为负载与电源匹配。这时负载上和电源内阻上消耗的功率相等，电源的效率即负载功率与电源输出总功率之比只有50%。（　　）

任务评价

多元过程评价成绩统计表

项目	学习过程	职业素养	6S 管理	课堂纪律	作业成绩	总分
得分						

项目四
探究磁场及其相关知识

任务一　探究电流周围产生的磁场

任务描述

　　了解_____、_____、_____、_____的基本概念，学会利用_____线来描述不同磁体周围的磁场分布情况，掌握并能够熟练应用右手螺旋定则判定_____导体周围的磁场方向。

（满分 5 分，自评____）

学习知识

　　1）磁体和磁极。

　　① 磁：物质运动的一种基本形式，由_____运动所产生。

　　② 磁性：物体能_____铁、镍、钴等金属的性质。

　　③ 磁体：具有_____的物体，分_____磁体和_____磁体两类。

　　④ 磁极：磁体外表磁性_____的部位。任何磁体都有两个极：_____极和_____极，磁极一定是_____出现的。

　　2）磁场与磁感线。

　　① 磁力：_____间的相互作用力。

　　② 磁力的作用规律：同性磁极相_____，异性磁极相_____。

　　③ 磁场：磁体周围存在的_____物质。

④ 磁场的方向：磁场中某点的磁场方向为该点小磁针静止时_____极的指向。

⑤ 磁场的性质：具有_____和_____的性质。

⑥ 磁感线：人为_____的表示磁场强弱和方向的_____曲线。人们根据磁体周围小磁针静止时的指向和磁体周围铁屑的分布情况绘制出磁感线。

（满分 10 分，自评____）

3）磁感线的特点。

① 磁感线的绘制：_____。

② 磁感线的方向：_____。

③ 利用磁感线判定磁场方向：_____。

④ 利用磁感线判定磁场大小：_____。

⑤ 磁感线并_____客观存在的，磁场_____客观存在的。

（满分 5 分，互评____）

4）绘制条形磁体磁感线。

5）绘制匀强磁场磁感线（含向右、向上、向内、向外四个方向）。

（满分 5 分，互评____）

任务实施

1. 通电直导体产生的磁场

扫描二维码观看动画，回答以下问题：

1）实验人员用的是_____（填"左"或"右"）手。

2）大拇指指向_____方向，四指弯曲的方向为_____方向。

3）通电直导体的磁感线是一系列_____，越靠近导体越_____，越远离导体越_____。说明越靠近导体，磁场越_____；越远离导体，磁场越_____。图中×表示_____，·表示_____。

通电直导体产生的磁场

（满分 5 分，互评____）

2. 通电环形导体产生的磁场

扫描二维码观看动画，回答以下问题：
1）实验人员用的是_____（填"左"或"右"）手。
2）大拇指指向_____方向，四指弯曲的方向为_____方向。

通电环形导体产生的磁场

3）通电环形导体的磁感线是一系列_____，越靠近导体越_____，越远离导体越_____。说明越靠近导体，磁场越_____；越远离导体，磁场越_____。图中×表示_____，·表示_____。

（满分 5 分，互评____）

3. 通电螺线管产生的磁场

通电螺线管产生的磁场

扫描二维码观看动画，回答以下问题：
1）实验人员用的是_____（填"左"或"右"）手。
2）大拇指指向_____方向，四指弯曲的方向为_____极的方向。
3）通电螺线管的磁感线与_____型磁体的磁感线相似。说明越靠近螺线管，磁场越_____；越远离螺线管，磁场越_____。图中×表示_____，·表示____。
4）教材图 4-12（a）所示的电流从螺线管外侧流_____，内侧流_____，产生的磁场方向为左侧为_____极，右侧为_____极。

（满分 5 分，互评____）

结论：电流周围产生的磁场，遵循_____定则，也称为_____定则，其内容为判定通电直导体周围产生的磁场情况时，用_____握住通电的直导体，大拇指指向_____的方向，四指弯曲的方向就是_____的方向；判断环形通电导体产生的磁场时，四指弯曲的方向_____方向，大拇指的指向为_____的方向；判断通电螺线管产生的磁场时，四指弯曲的方向与_____环绕方向一致，大拇指指向磁场_____极的方向。

（满分 5 分，互评____）

━━━━ 强 化 拓 展 ━━━━

专业拓展

生活中的磁应用很多，如_____等。每位中华儿女都引以为荣的是中国古代四大发明之一的_____和当今"陆上最快的交通工具"_____，这些都和磁现象有关。

磁悬浮列车的基本的原理就是充分_____之间的相互作用力，车身及路面都安有电磁铁，其中车身的磁场和路面的磁场产生_____力，使列车稳定悬浮，车身的磁场和推进磁场产生向前的_____力，推动列车前行。

（满分5分，自评____）

巩固练习

1）标出如下图所示的小磁针的磁极。

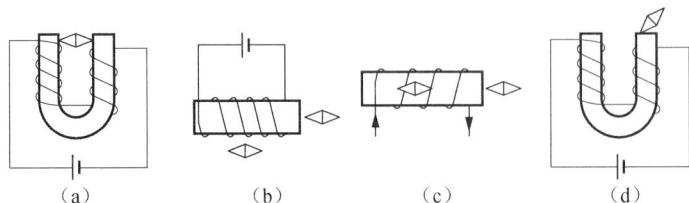

（a）　　　　　（b）　　　　　（c）　　　　　（d）

2）如下图所示，两通电螺线管在靠近时相互排斥，请在图（b）中标出通电螺线管的N、S极，螺线管中电流的方向及电源的正负极。

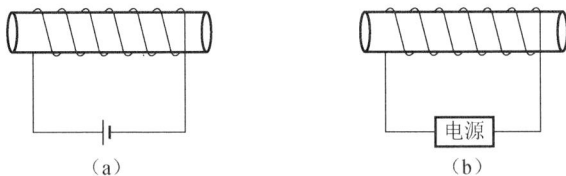

（a）　　　　　　　　　　（b）

3）在下图中标出通电螺线管的电流方向，画出磁场的磁感线的示意图，标出磁感线的方向和通电螺线管的N、S极。

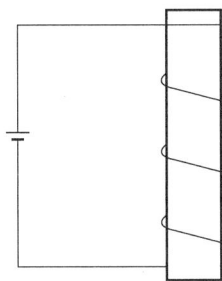

（满分5分，互评____）

课后作业

一、选择题（每题2分，共4分。）

1）磁体的磁极位于（　　　）。

　　A. 磁体中间　　　B. 磁体两端　　　C. 远离磁体位置　D. 靠近磁体位置

2）电流周围产生的磁场方向用（　　　）来判定。

　　A. 左手定则　　　B. 右手定则　　　C. 右手螺旋定则　D. 楞次定律

二、判断题（每题 2 分，共 16 分。）

1）同性磁极相斥，异性磁极相吸。　　　　　　　　　　　　　（　　）

2）磁极一定成对出现。　　　　　　　　　　　　　　　　　　（　　）

3）磁感线并不是闭合的。　　　　　　　　　　　　　　　　　（　　）

4）磁感线不可以交叉。　　　　　　　　　　　　　　　　　　（　　）

5）磁感线总是从 N 极指向 S 极。　　　　　　　　　　　　　（　　）

6）磁感线能看见，所以是存在的，磁场不是客观存在的。　　　（　　）

7）磁感线越密集，磁场越强；磁感线越稀疏，磁场越弱。　　　（　　）

8）磁场的大小和方向都相同，这部分磁场称为匀强磁场，磁感线平行等距。

　　　　　　　　　　　　　　　　　　　　　　　　　　　　（　　）

任务评价

多元过程评价成绩统计表

项目	学习过程	职业素养	6S 管理	课堂纪律	作业成绩	总分
得分						

任务二　探究磁场中的主要物理量

明确任务

掌握_____、_____、_____和_____等基本物理量的相关知识，探究这些物理量的关系，了解_____材料的分类和用途。

（满分5分，自评____）

学习知识

1. 磁感应强度

在磁场中，一段长为 l 的导体，当通过的电流为 I 时，所受的电磁力为 F，F 与 Il 乘积的比值是_____量，把这个比值定义为磁感应强度，用 B 来表示，公式为 $B = $_____，在国际单位制中，磁感应强度的单位是_____。

磁感应强度是描述某点磁场_____和_____的物理量。磁感应强度是一个_____量，它的方向即为该点的_____方向。

注意：匀强磁场中各点的磁感应强度_____和_____均相同。用_____可形象地描述磁感应强度的大小，磁感线较_____，磁场较_____，磁感应强度较_____；磁感线较稀_____，磁场较_____，磁感应强度较_____；磁感线上某点的_____方向即为该点磁感应强度的方向。

【教材例4-1】已知在匀强磁场中，有一段长为0.2m的导体与磁场的方向垂直，通入的电流为10A，导体受到的电磁力为1N，求电磁感应强度 B 的大小。

（满分5分，互评____）

2. 磁通量

在磁感应强度为 B 的匀强磁场中取一个与磁场方向垂直、面积为 S 的平面，则 B 与 S 的_____，称为穿过这个平面的_____，简称_____。

公式为：$\Phi = $_____，式中，磁通的国际单位是_____。

当面积为 S 的平面与磁场方向不垂直时，则磁通 $\Phi = $_____。磁通是_____量，表征磁场中_____的磁场强弱。

【教材例4-2】磁感应强度为0.8T的匀强磁场中有一面积为0.05m^{2}的平面，如果磁感应强度与平面的夹角分别为0°、30°、90°和180°，问通过该平面的磁通各是多少？

由 $\Phi = BS$ 可知：磁感应强度的大小等于与磁场方向垂直的_____上的磁通量，

即 $B =$ _____。磁感应强度可以看作通过_____的磁通。磁感应强度 B 也称为_____，单位是_____。

【教材例 4-3】匀强磁场中有一面积为 $2m^2$ 的平面，与磁场垂直，通过的磁通为 1.2Wb，求该磁场的磁通密度。

（满分 5 分，互评____）

3. 磁导率

物质导磁性能的强弱用_____来表示，其单位是_____。不同的物质磁导率不同。在相同的条件下，μ 值越大，磁感应强度越_____，磁场越_____；μ 值越小，磁感应强度越_____，磁场越_____。

真空的磁导率是一个常数，用 μ_0 表示，$\mu_0 =$ _____。为便于对各种物质的导磁性能进行比较，在实践中往往以真空磁导率 μ_0 为基准，将其他物质的磁导率 μ 与 μ_0 比较，其比值称为_____，用 μ_r 表示，μ_r _____。

根据相对磁导率 μ_r 的大小，可将物质分为三类：

1）顺磁性物质：μ_r _____ 1，如_____等物质都是顺磁性物质。在磁场中放置顺磁性物质，磁感应强度略有_____。

2）反磁性物质：μ_r _____ 1，如_____等物质都是反磁性物质，又称为抗磁性物质。在磁场中放置反磁性物质，磁感应强度略有____。

3）铁磁性物质：μ_r _____ 1，如_____等物质都是铁磁性物质。在磁场中放入铁磁性物质，可使磁感应强度增加_____倍。

（满分 5 分，互评____）

4. 磁场强度

在同类磁介质中，某点的_____与_____之比称为该点的磁场强度，记为 H，即 $H =$ _____。对于螺线管来说，$H =$ _____，单位是_____。

磁场强度 H 也是_____量，其方向与磁感应强度的方向_____。

注意：磁场中各点的磁场强度 H 的大小只与产生磁场的电流 I 的大小和导体的形状有关，与_____的性质无关。

（满分 5 分，互评____）

任务实施

请完成下列操作并回答问题：

1）$B = 5T$，$S = 1m^2$，$\theta = 0°$，$\Phi =$ _____。

$B = 5T$，$S = 1m^2$，$\theta = 30°$，$\Phi =$ _____。

$B = 5T$，$S = 1m^2$，$\theta = 90°$，$\Phi =$ _____。

$B=5\text{T}$，$S=1\text{m}^2$，$\theta=180°$，$\Phi=$_____。

2）$B=10\text{T}$，$S=1\text{m}^2$，$\theta=0°$，$\Phi=$_____。

$B=10\text{T}$，$S=1\text{m}^2$，$\theta=30°$，$\Phi=$_____。

$B=10\text{T}$，$S=1\text{m}^2$，$\theta=90°$，$\Phi=$_____。

$B=10\text{T}$，$S=1\text{m}^2$，$\theta=180°$，$\Phi=$_____。

3）$B=5\text{T}$，$S=2\text{m}^2$，$\theta=0°$，$\Phi=$_____。

$B=5\text{T}$，$S=2\text{m}^2$，$\theta=30°$，$\Phi=$_____。

$B=5\text{T}$，$S=2\text{m}^2$，$\theta=90°$，$\Phi=$_____。

$B=5\text{T}$，$S=2\text{m}^2$，$\theta=180°$，$\Phi=$_____。

1）、2）两组数据对比说明，_____和_____一定时，磁通与磁感应强度成_____比。1）、3）两组数据对比说明，_____和_____一定时，磁通与面积成_____比。3组数据共同表明，当磁感应强度和面积不变时，磁通与夹角θ符合_____（填"正弦"或"余弦"）规律，公式为_____；当线圈与磁场_____（填"平行"或"垂直"）时，磁通最大；当线圈与磁场_____（填"平行"或"垂直"）时，磁通最小。

（满分15分，互评____）

强 化 拓 展

1. 磁化

磁现象的电本质：磁场是由电荷运动而产生的。____是铁磁材料中最小的磁场单元，铁磁材料中的众多电荷运动的方向不同，产生的磁畴方向也不同，各作用相互抵消，对外不显磁性；如果在外界作用下，电荷运动方向相同，磁畴方向一致，作用相互叠加，对外显磁性，我们把原来没有磁性的铁磁材料变成具有磁性的过程称为____。

2. 铁磁材料

铁磁材料主要是指_____等材料，是制造和各种电气元件_____的主要材料。

在一定强度外磁场的作用下，磁畴将沿外磁场方向趋向_____排列，产生附加磁场，使通电线圈的磁场显著_____。当通过铁心线圈的电流I从零增大时，铁磁材料被磁化产生的磁感应强度B随由电流I引起的磁场强度H值变化的曲线称为铁磁材料的_____（$B-H$关系曲线）。绘制磁化曲线：

图中_____段：磁化初期，受外界磁场的影响，磁畴迅速统一方向，致使铁磁材料的磁性迅速增强，B 随 H 线性增长。＿＿＿＿＿等利用磁化曲线的此段特性。

　　图中＿＿＿＿＿段，磁化中期，部分磁畴转向完毕，部分磁畴继续转向，B 随 H 缓慢增长，图像上出现"弯度"，此段被称为磁化曲线的＿＿＿＿＿。

　　图中＿＿＿＿＿点之后，磁化后期，几乎全部磁畴转向完毕，B 基本不再增加，达到＿＿＿＿＿。

（满分 5 分，互评＿＿＿）

　　当铁心线圈中通有交变电流时，铁磁材料就受到交变磁化，磁感应强度 B 随磁场强度 H 的变化而发生变化。当 H 回到零值时，B 还未回到零值，磁感应强度 B 滞后于磁场强度 H 的性质称为铁磁材料的＿＿＿＿＿性。B 和 H 变化关系的闭合曲线，称为＿＿＿＿＿。

　　在铁心反复交变磁化的情况下，当 $H=0$（即电流 $i=0$）时，B 不为零，铁心剩余的磁感应强度称为＿＿＿＿＿，用＿＿＿＿＿表示。欲使剩余的磁感应强度消失，必须改变电流方向，得到反向的磁场强度。使 $B=0$ 的 H 值称为＿＿＿＿＿，用＿＿＿＿＿表示。

　　铁磁材料在交变磁场的作用下而反复磁化的过程中，磁畴反复互相＿＿＿＿＿，消耗能量，引起损耗，这种损耗称为＿＿＿＿＿。绘制磁滞回线：

（满分 5 分，互评＿＿＿）

3. 铁磁材料的分类

　　根据磁性材料的磁滞回线，可将磁性材料分为三种类型：软磁材料、硬磁材料和矩磁材料。

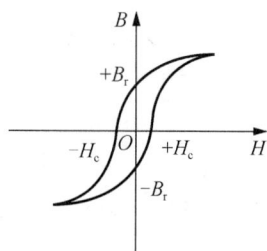 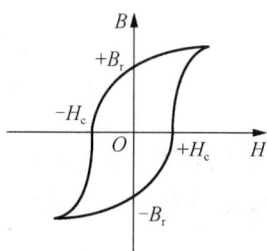 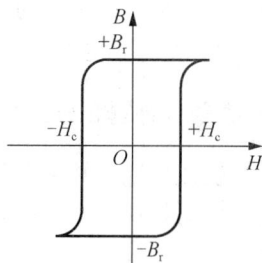

　　（a）＿＿＿＿材料　　　　　　（b）＿＿＿＿材料　　　　　　（c）＿＿＿＿材料

　　软磁材料具有磁导率高、易磁化和易去磁、磁滞回线较窄、磁滞损耗小等特点。常用的硅钢、铁镍合金、铁铝合金和铁氧体等，一般用来制＿＿＿＿＿＿＿等。

　　硬磁材料具有矫顽磁力较大、难磁化、磁化后不易消磁等特点，常见的有碳钢、铁镍铝钴合金等。＿＿＿＿＿＿＿＿＿＿＿＿＿都是用硬磁性材料制作的。

矩磁材料的磁滞回线接近矩形，剩磁大，矫顽磁力小，稳定性良好。这种材料只要受较小的外磁场作用就能磁化到饱和。当外磁场去掉，产生的剩磁较大、矫顽磁力较小。常见的材料有镁锰铁氧化体，常在_____中应用。

（满分5分，互评____）

===== 课 后 作 业 =====

一、选择题（每题2分，共16分。）

1）在磁场中，一段长为 l 的导体，当通过的电流为 I 时，所受的电磁力为 F，F 与 Il 乘积的比值是恒量，把这个比值定义为（   ）。

    A．磁感应强度　　B．磁通量　　　　C．磁导率　　　　D．磁场强度

2）磁感应强度的单位是（   ）。

    A．韦伯　　　　　B．特斯拉　　　　C．亨/米　　　　D．法拉

3）磁通的单位是（   ）。

    A．韦伯　　　　　B．特斯拉　　　　C．亨/米　　　　D．安培/米

4）磁导率的单位是（   ）。

    A．韦伯　　　　　B．特斯拉　　　　C．亨/米　　　　D．安培/米

5）磁场强度的单位是（   ）。

    A．韦伯　　　　　B．特斯拉　　　　C．亨/米　　　　D．安培/米

6）相对磁导率远大于1的是（   ）。

    A．顺磁物质　　　B．反磁物质　　　C．铁磁物质　　　D．矩磁物质

7）下列是反磁物质的有（   ）。

    A．铁　　　　　　B．铜　　　　　　C．真空　　　　　D．空气

8）与磁导率无关的物理量是（   ）。

    A．磁感应强度　　B．磁通量　　　　C．磁导率　　　　D．磁场强度

二、判断题（每题2分，共4分。）

1）磁化后期，几乎全部磁畴转向完毕，B 基本不再增加。　　　　（　　　）
2）软磁材料具有矫顽磁力较大、难磁化、磁化后不易消磁的特点。　（　　　）

任务评价

多元过程评价成绩统计表

项目	学习过程	职业素养	6S管理	课堂纪律	作业成绩	总分
得分						

任务三　探究磁场对电流的作用力

明确任务

了解通电导体在磁场中会受到_____力的作用，学会利用公式计算安培力的_____，利用_____定则来判定安培力的方向，能够利用安培力知识探究_____的工作原理，了解_____系仪表的工作原理。

（满分 5 分，自评____）

学习知识

通电导体在磁场中所受到的力称为_____，也称为_____，是_____量，既有大小，又有_____。

1. 安培力的大小

磁感应强度 B 的公式为 $B = \dfrac{G}{IL}$，整理可得 $F =$ _____。若 I 与 B 的夹角为 α，则导体受到的安培力 $F =$ _____。

在均匀磁场中，通电导体受到的电磁力（安培力）的大小与_____、_____、_____、_____成正比。当导体与磁场_____时，安培力最大；当导体与磁场_____时，安培力大小为零。

【教材例 4-4】已知在匀强磁场中，有一段长为 0.2m 的导体与磁场的方向垂直，通入的电流为 10A，电磁感应强度 B 为 2T，导体受到的电磁力为多少？

（满分 10 分，互评____）

2. 安培力的方向

安培力 F 的方向可用_____定则判断：伸出左手，使拇指与其他四指_____，并都跟手掌在一个平面内，让_____垂直穿入手心，四指指向_____的方向，大拇指所指的方向即为通电直导线在磁场中所受_____的方向。

（满分 5 分，互评____）

3. 左手定则强化练习

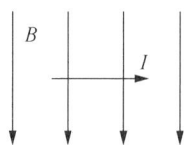

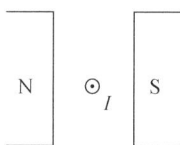

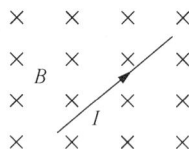

（满分 5 分，互评____）

任务实施

1）直流电动机由_____、_____、_____和_____组成，并在图中标出。

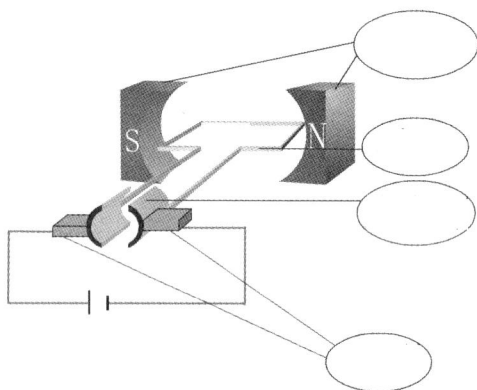

（满分 5 分，互评____）

2）通电时，线圈 ab 边的电流方向为_____，受力向_____；线圈 cd 边的电流方向为_____，受力向_____，此时线圈_____时针转动。

3）当线圈转到 90° 时，电流为____，安培力为_____，线圈_____（填"能"或"不能"）转动，原因是_____。

4）当线圈从与磁场成 90° 转制 180° 过程中，在_____作用下，电流改变了方向，线圈 ab 边的电流方向为_____，受力向_____；线圈 cd 边的电流方向为_____，受力向_____，此时线圈_____时针转动。

5）当线圈转到 180° 时，线圈 ab 边的电流方向为_____，受力向_____；线圈 cd 边的电流方向为_____，受力向_____；此时线圈_____时针转动且受安培力最_____。

6）当线圈从与磁场成 180° 转制 270° 过程中，线圈 ab 边的电流方向为_____，受力向_____；线圈 cd 边的电流方向为_____，受力向_____，此时线圈_____时针转动。

7）当线圈转到 270° 时，电流为_____，安培力为_____，线圈_____（能或不能）转动，原因是_____。

8）当线圈从与磁场成270°转制360°过程中，在_____作用下，电流改变了方向，线圈 ab 边的电流方向为_____，受力向_____；线圈 cd 边的电流方向为_____，受力向_____，此时线圈_____时针转动。

9）当线圈转到 360°时与通电时相同，线圈 ab 边的电流方向为_____，受力向_____；线圈 cd 边的电流方向为_____，受力向_____；此时线圈_____时针转动。

10）直流电动机原理：在外加直流电源的作用下，线圈中产生电流，通电线圈两侧在磁场中受到_____的作用，形成转矩，发生_____，借助线圈自身的_____及_____和_____的作用改变电流的方向，维持线圈连续转动。

（满分 15 分，互评____）

━━━━ **强化拓展** ━━━━

磁电系仪表由____、____、____、____、____和____等元件组成。

（满分 5 分，互评____）

磁电系仪表的工作原理：电流通过线圈时，线圈会在磁场中受到安培力而_____，被固定在转轴上的_____也随着线圈发生偏转，转轴同时受到游丝的_____力，当二者_____时，指针稳定在_____的某一个位置，即可读出相应的读数。由安培力的知识可知，磁电系仪表的指针转动角度和通过线圈的电流的大小成_____比，因此将磁电系仪表_____联在电路中，就可以测量电路的电流大小。如果在磁电系仪表内部串联或者并联上_____元件，就可以把它们改装成电压表和电流表等，_____的表头就是应用磁电系仪表制成的。

（满分 5 分，互评____）

━━━━ **课 后 作 业** ━━━━

一、选择题（每题 2 分，共 10 分。）

1）两根平行导线中通过同向电流，它们会（　　）。
　　A．相互无作用　　B．相互吸引　　　C．相互排斥　　D．转动

2）若一通电直导线在匀强磁场中受力最大，则导体与磁感线的夹角为（　　）。
　　A．0°　　　　　B．90°　　　　　C．30°　　　　　D．60°

3）如下图所示，磁极中间通电导线受力方向为（　　）。
　　A．垂直向上　　B．垂直向下　　　C．水平向左　　D．水平向右

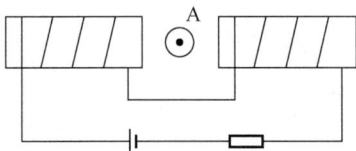

4）已知在匀强磁场中，有一段长为 0.1m 的导体与磁场的方向垂直，通入的电流为 100A，电磁感应强度 B 为 0.5T，导体受到的电磁力为（   ）N。

    A．5   B．50   C．100   D．0.05

5）通电导体在磁场中受力的方向用（   ）判定。

    A．左手定则   B．右手定则   C．右手螺旋定则 D．楞次定律

二、判断题（每题 2 分，共 10 分。）

1）通电导体放在磁场中就会受到力的作用。   （   ）

2）电动机是根据通电导体在磁场受力的原理制成的。   （   ）

3）磁电系仪表由永久磁铁、可动线圈、转轴、游丝、指针和刻度盘等元件组成。

                                        （   ）

4）由左手定则可知：$F \perp B$，$F \perp I$，F 垂直于 B 和 I 所在的平面。 （   ）

5）磁感应强度增大为原来的 2 倍，电流也增大为原来的 2 倍，导体的长度不变，则该导体受到的电磁力的大小也不变。   （   ）

任务评价

多元过程评价成绩统计表

项目	学习过程	职业素养	6S 管理	课堂纪律	作业成绩	总分
得分						

任务四　探究电磁感应原理

明确任务

理解_____现象，探究感应电流产生的_____，掌握法拉第电磁感应定律、楞次定律和右手定则，能够综合利用电磁感应知识求解导体产生感应电动势的_____和_____，了解_____原理。

（满分 5 分，自评____）

学习知识

1. 电磁感应现象

在一定条件下，由磁场产生电流的现象，称为_____，产生的电流称为_____。由电磁感应产生的电动势称为_____。

2. 磁感应条件

产生电磁感应的条件是_____。

（满分 5 分，互评____）

3. 感应电动势的大小

（1）法拉第电磁感应定律

法拉第电磁感应定律：感应电动势的大小与磁通量的_____成正比。

当将磁铁插入或抽出线圈的过程中，线圈的磁通发生了变化，根据法拉第电磁感应定律，在线圈中的感应电动势表达式为

$$e = \underline{\hspace{2cm}}$$

注意：磁通量的变化率是指磁通量变化的_____，并不是磁通量的大小也不是磁通量变化的多少。

【教材例 4-5】有一线圈的匝数为 1000，已知磁通在 1s 内由 0 上升到 0.1Wb，求线圈的感应电动势。

（满分 5 分，互评____）

（2）直导体切割磁感线产生感应电动势

在匀强磁场中，磁场的磁感应强度为 B，长度为 l 的直导体以速度 v 垂直于磁场方向运动，导体切割磁感线时，感应电动势的表达式为

$$e = \underline{\qquad}$$

【教材例 4-6】一个匀强磁场的磁感应强度 $B=1T$，有效长度 $L=0.1m$ 的直导线以 $v=5m/s$ 的速度做垂直切割磁感线的运动，求导线产生的感应电动势。

（满分 5 分，互评____）

4. 感应电动势的方向

（1）楞次定律

扫描二维码观看实验，完成表 1。

楞次定律实验

表 1　实验现象汇总

磁体运动方向	N 极在下插入	N 极在下拔出	S 极在下插入	S 极在下拔出
原磁场方向				
原磁场变化				
检流计偏转				
感应电流方向				
感应磁通方向				
感应磁通与原磁通关系				

当磁铁插入线圈时，原磁通在_____，线圈所产生的感应电流的磁场方向总是与原磁场方向_____，即感应电流的磁场总是_____原磁通的增加；

当磁铁拔出线圈时，原磁通在_____，线圈所产生的感应电流的磁场方向总是与原磁场方向_____，即感应电流的磁场总是_____原磁通的减少。

楞次定律：_____。

注意：

① 楞次定律的核心是"_____"二字，感应电流产生的磁通既可以阻碍原磁通的增加，又可以阻碍原磁通的减少，具体可理解为"增_____减_____，来_____去_____"。

② 利用楞次定律分析问题的方法是"一_____、二_____、三_____"，即先判定原磁通方向及变化，再利用"增反减同"原则判定感应磁通量的方向，最后以感应磁通的方向为依据，利用右手螺旋定则判定感应电流的方向。

【教材例 4-7】判断教材图 4-32 中导体棒向左移动时检流计指针的偏转方向。

1）原磁通方向：

2）感应磁通方向：

3）感应电流的方向：

4）检流计的偏转方向：

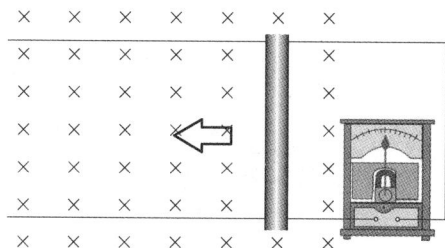

教材图 4-32 导体棒左移

（满分 10 分，互评＿＿＿）

（2）右手定则

直导体切割磁感线产生的感应电动势方向除了用楞次定律判定外，还可以利用右手定则来判断。

右手定则：伸开右手，大拇指与四指垂直，＿＿＿＿垂直穿过手心，大拇指指向导体的＿＿＿＿方向，四指所指的方向就是＿＿＿＿的方向。 电动势的方向是由负极指向正极，因此四指指向导体产生的感应电动势的＿＿＿＿极。

右手定则适合判断＿＿＿＿导体的感应电流方向，而楞次定律＿＿＿＿适用，更多用来判断＿＿＿＿的感应电流方向。

（满分 5 分，互评＿＿＿）

任务实施

探究一：请按要求完成操作并利用电磁感应知识回答下面问题。

1）当开关断开时，无论怎样移动导体都不会有感应电流产生，这是为什么？

2）开关闭合后，将导体竖直向上或向下移动时，检流计指针是否有偏转？为什么？

3）开关闭合后，导体向左平移，回路中的磁通量怎样变化？检流计指针向哪个方向偏转？

4）开关闭合后，导体向右平移，回路中的磁通量怎样变化？检流计指针向哪个方向偏转？

5）感应电流产生的条件是什么？

（满分 5 分，互评____）

探究二：请按要求完成操作并利用电磁感应知识回答下面问题：

1）闭合开关瞬间，原磁通向_____（填"上"或"下"）并且要_____（填"增"或"减"），产生的感应电流为_____（填"顺"或"逆"）时针方向，检流计指针向_____（填"上"或"下"）偏转。

2）闭合开关稳定后，检流计_____（填"有"或"无"）偏转。

3）闭合开关稳定后，滑动变阻器上移，原磁通向_____（填"上"或"下"）并且要_____（填"增"或"减"），产生的感应电流为_____（填"顺"或"逆"）时针方向，检流计指针向_____（填"上"或"下"）偏转。

4）电路稳定后断开开关，原磁通向_____（填"上"或"下"）并且要_____（填"增"或"减"），产生的感应电流为_____（填"顺"或"逆"）时针方向，检流计指针向_____（填"上"或"下"）偏转。

5）判断线圈产生感应磁通量的方向用_____，根据感应磁通的方向判断产生的感应电流的方向用_____。（A．左手定则 B．右手定则 C．安培定则 D．楞次定律）

（满分 5 分，互评____）

探究三：如教材图 4-36 所示，请按要求完成操作并利用电磁感应知识回答下面问题：

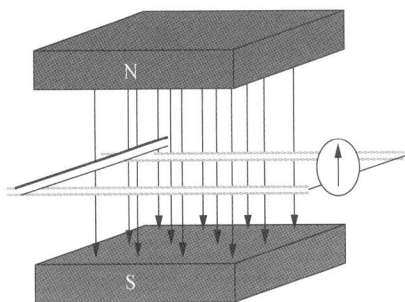

（a）导体垂直慢速切割磁感线

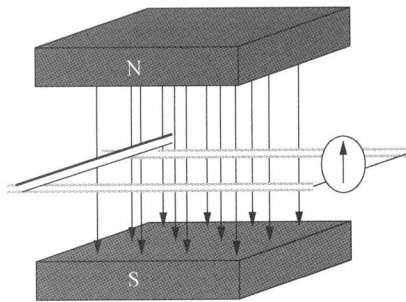

（b）导体垂直快速切割磁感线

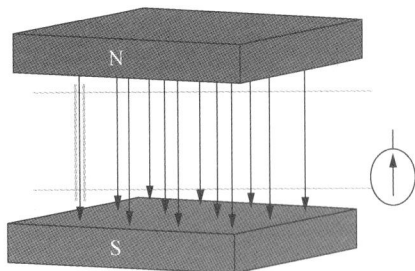

（c）导体平行于磁感线移动

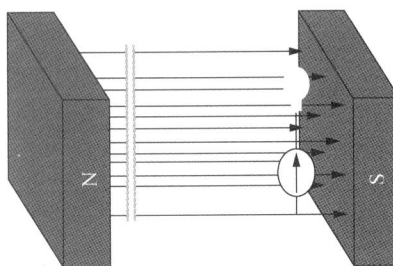

（d）导体沿磁感线移动

教材图 4-36　探究三操作界面

1）检流计能够发生偏转的是图_____，不能发生偏转的是图_____。

2）产生感应电流最大的是图_____。

3）图（a）中导体向右侧缓慢移动时，导体棒的内侧相当于感应电动势的_____（填"正"或"负"）极，外侧相当于感应电动势的_____（填"正"或"负"）极。

4）图（a）中导体向左侧缓慢移动时，导体棒的内侧相当于感应电动势的_____（填"正"或"负"）极，外侧相当于感应电动势的_____（填"正"或"负"）极。

5）图（b）中导体静止不动，减弱外部磁场，导体棒的内侧相当于感应电动势的_____（填"正"或"负"）极，外侧相当于感应电动势的_____（填"正"或"负"）极。

（满分5分，互评____）

探究四：如教材图 4-37 所示，请按要求完成操作并利用电磁感应知识回答下面问题（选作）。

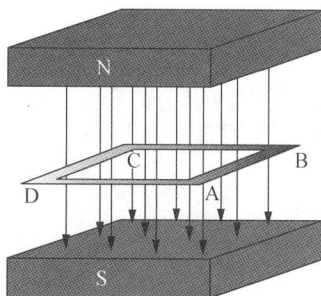

教材图 4-37　探究四操作界面

1）线圈沿着磁感线方向上下移动时，线圈中能否产生感应电动势？能否产生感应电流？

2）AB 进入磁场，CD 在磁场外的平移过程，能否产生感应电动势？是否有感应电流产生？方向如何？

3）整个线圈都在磁场中的平移过程，能否产生感应电动势？是否有感应电流产生？方向如何？

4）AB 离开磁场，CD 仍在磁场内的平移过程，能否产生感应电动势？是否有感应电流产生？方向如何？

5）以 AD 边为轴线，线圈向上转过 90° 的过程中，能是否有感应电流产生？方向如何？

（附加 10 分，互评＿＿＿）

========= 强化拓展 =========

发电机是根据＿＿＿＿原理制成的，＿＿＿＿的方向固定不动，利用其他形式的能量带动线圈＿＿＿＿，线圈就会在磁场中不断地＿＿＿＿磁感线，就会有源源不断的＿＿＿＿产生，这就是发电机的工作原理。

（满分 5 分，互评＿＿＿）

========= 课 后 作 业 =========

一、选择题（每题 2 分，共 10 分。）

1）法拉第电磁感应定律：感应电动势的大小与（　　）成正比。
    A．磁通的大小　　　　　　　　　　　B．磁通的变化量
    C．磁通的变化率　　　　　　　　　　D．以上都不对

2）有一线圈的匝数为 100，已知磁通在 3s 内由 0.4Wb 上升到 0.7Wb，则线圈的感应电动势为（　　）V。
    A．3　　　　　　B．30　　　　　　C．10　　　　　　D．100

3）一个匀强磁场的磁感应强度 $B=0.5$T，有效长度 $l=2$m 的直导线以 $v=10$m/s 的速度做垂直切割磁感线的运动，导线产生的感应电动势为（　　）V。
    A．10　　　　　　B．20　　　　　　C．100　　　　　　D．200

4）直导体切割磁感线产生的感应电动势方向用（　　）判定。
    A．左手定则　　　　　　　　　　　　B．右手定则
    C．右手螺旋定则　　　　　　　　　　D．安培定则

5）条形磁体插入线圈过程所产生的感应电动势方向用（　　）判定。
    A．左手定则　　　　　　　　　　　　B．右手定则
    C．右手螺旋定则　　　　　　　　　　D．楞次定律

二、判断题（每题 2 分，共 10 分。）

　　1）产生电磁感应的条件是磁通发生变化。　　　　　　　　　　（　　）

　　2）感应电流所产生的磁通方向总是与原磁通方向相反。　　　　（　　）

　　3）楞次定律的核心思想是"增反减同"。　　　　　　　　　　（　　）

　　4）电动机原理是电磁感应。　　　　　　　　　　　　　　　　（　　）

　　5）感应电流从左侧流入检流计，指针向右偏转。　　　　　　　（　　）

任务评价

多元过程评价成绩统计表

项目	学习过程	职业素养	6S 管理	课堂纪律	作业成绩	总分
得分						

任务五　探究自感与互感现象

明确任务

认识_____和_____现象，会判断自感电动势和互感电动势的方向，能够_____自感电动势的大小，学会判断_____端，了解_____原理。

（满分 5 分，自评____）

学习知识

1. 自感现象

通电自感实验现象：当开关闭合时，与电阻相连接的灯泡_____，与电感串联的灯泡_____。断电自感实验现象：当开关断开时，灯泡并_____立即熄灭。

当线圈中的电流变化时，线圈本身就产生了感应电动势，这个电动势总是_____线圈中电流的变化。这种由于线圈_____发生变化而产生电磁感应的现象称为_____现象，简称_____。在自感现象中产生的感应电动势称为_____。

（满分 5 分，互评____）

自感电动势的大小与线圈中_____成正比，即

$$e_L = \underline{\qquad}$$

当电感为 1H 的线圈中的电流在 1s 内变化 1A 时，自感电动势是_____V。

（满分 5 分，互评____）

2. 互感现象

一个线圈中电流变化，在另一个线圈中产生_____，这种现象称为_____现象。由互感现象产生的电动势称为_____，产生的电流称为_____。

互感现象在电气技术中应用非常广泛，如_____、_____、_____等都是根据互感原理工作的。

（满分 5 分，互评____）

在电子电路中，对两个或两个以上的线圈，常常需要知道互感电动势的极性。

在同一变化_____的作用下，感应电动势极性始终保持_____的端子称为_____端，感应电动势极性始终保持_____的端子称为_____端。同名端可用黑点"_____"或星号"_____"作标记，在图中标出同名端。

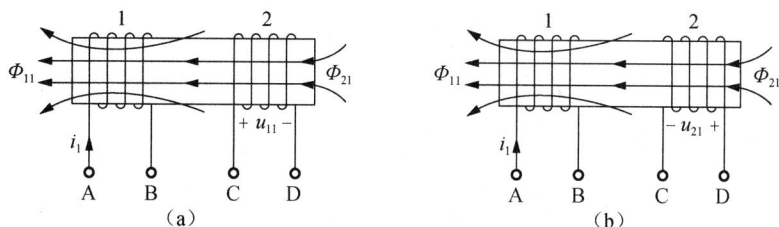

（a）　　　　　　　　　（b）

（满分 5 分，互评＿＿＿）

任务实施

1）若已知线圈的绕法，可用＿＿＿＿＿＿＿定律直接判定。

多个线圈缠绕在长直铁心上，磁通的变化方向＿＿＿＿＿＿＿，此时＿＿＿＿＿＿＿相同的端子就是同名端，试判断图中的同名端。

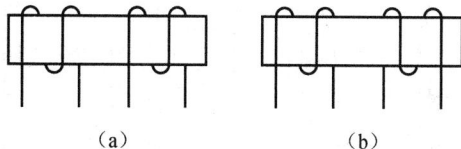

（a）　　　　　　　（b）

如果线圈缠绕在矩形铁心的对边，磁通的变化方向＿＿＿＿＿＿＿，此时＿＿＿＿＿＿＿不同的端子是同名端，试判图中同名端。

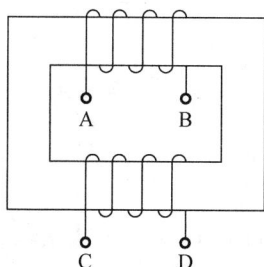

（满分 10 分，互评＿＿＿）

2）若不知道线圈的具体绕法，可用实验法来判定。

当开关 S 闭合时，电流从线圈的端子＿＿＿＿＿＿＿流入，且电流随时间在＿＿＿＿＿＿＿，A 为感应电动势＿＿＿＿＿＿＿。若此时电压表读数为正值，C 端为感应电动势的＿＿＿＿＿＿＿极，则说明 A 与＿＿＿＿＿＿＿是同名端，否则 A 与＿＿＿＿＿＿＿是同名端。

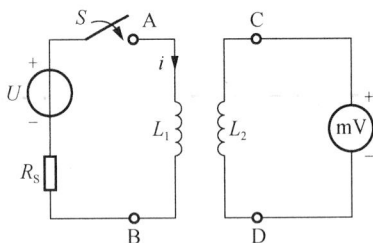

（满分 10 分，互评____）

━━━━ **强 化 拓 展** ━━━━

常用变压器都由____和绕在铁心上的_____两部分组成。铁心是变压器的_____的路径。线圈又称_____，是变压器的_____。通常把变压器与电源相接的绕组称为_____绕组，与负载相接的绕组称为_____绕组。

根据法拉第电磁感应定律可知：$u_1 =$_____，$u_2 =$_____，可得

$$\frac{u_1}{u_2} = \underline{\hspace{2cm}} = K$$

式中，K 为变压器的_____比，$K > 1$ 为_____变压器，$K < 1$ 为升压变压器。

（满分 10 分，互评____）

━━━━ **课 后 作 业** ━━━━

一、选择题（每题 2 分，共 2 分。）

下图中互感线圈同名端正确的是（   ）。

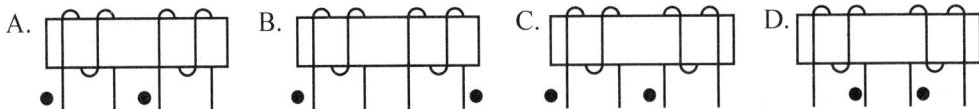

A.   B.   C.   D.

二、判断题（每题 2 分，共 18 分。）

1）当开关闭合时，与电感串联的灯泡立即发光到正常亮度。　　　　　　　（　　）

2）当开关断开时，与电感串联的灯泡并没有立即熄灭。　　　　　　　　（　　）

3）由于线圈本身电流发生变化而产生电磁感应的现象称为自感现象。　　（　　）

4）自感电动势的大小与线圈中电流的大小成正比。　　　　　　　　　　（　　）

5）当电感为 1H 的线圈中的电流在 1s 内变化 1A 时，自感电动势是 1V。（　　）

6）变压器是根据自感原理工作的。 （   ）

7）在同一变化磁通的作用下，感应电动势极性始终保持相同的端子称为同名端。

（   ）

8）变压比 $K > 1$ 的为升压变压器。 （   ）

9）常用变压器都是由铁心和绕在铁心上的线圈两部分组成的。 （   ）

任务评价

多元过程评价成绩统计表

项目	学习过程	职业素养	6S 管理	课堂纪律	作业成绩	总分
得分						

任务六　认识磁路

明确任务

认识_____，掌握_____和_____的概念及_____定律，理解磁路与电路的不同，了解_____原理。

（满分 5 分，自评____）

学习知识

1. 磁路

铁磁材料的导_____很强，在电机、变压器及各种铁磁元件中常用_____材料做成一定形状的铁心，铁心的磁导率比周围空气或其他物质的磁导率_____，几乎所有磁通都经过铁心，这样铁心成为磁通通过的_____。磁通所通过的_____称为磁路。闭合的_____可以认为是磁路。

磁通只有一条的磁路称为_____磁路，磁路不只一条的磁路称为_____磁路。磁路中除铁心外，还有一小段非铁磁材料，如_____等。由于磁感线是闭合的，所以无分支磁路各处横截面的磁通是_____的。

在铁心内的磁通称为_____，一小部分不经过铁心的磁通，通过周围物质形成回路，这部分磁通称为_____。

磁路中可能存在较小的空气间隙，简称_____。一般情况通过气隙的磁感线是的，但有时会出现少数磁感线向外延伸，这种现象称为_____效应。

（满分 10 分，互评____）

2. 磁路中的物理量

（1）磁动势

我们把产生磁通的电流称为_____电流。磁通的大小由线圈的_____和_____的大小共同决定，线圈的匝数 N 越多，励磁电流 I 越大，磁通就越_____。线圈的匝数 N 和励磁电流 I 的_____定义为_____，用_____表示，公式为

$$F_{\mathrm{m}} = \text{_____}$$

磁动势的单位与电流的单位相同，为_____。

（满分 5 分，互评____）

（2）磁阻

磁路对磁通的____作用称为磁阻，磁阻用_____表示。研究发现，磁路长，磁导率小，横截面积小的磁路对磁通的阻碍作用_____，磁阻_____；磁路短，磁导率大，横截面积小的磁路对磁通的阻碍作用_____，磁阻_____。磁阻的大小与磁路的_____成正比，与磁路材料的_____及____成反比，公式为

$$R_{\mathrm{m}} = \text{_____}$$

将长度的单位_____，磁导率的单位____，面积的单位_____代入磁阻公式中，得到磁阻的单位是_____。

（满分 5 分，互评____）

3.　磁路欧姆定律

与电路的欧姆定律相似，磁路欧姆定律的内容为：通过磁路的磁通与_____成正比，与_____成反比，公式为

$$\varPhi = \text{_____}$$

（满分 5 分，互评____）

任务实施

磁路中的物理量有许多与电路中的物理量有对应关系，请同学们仔细分析，完成表格。

对比项目	磁路		电路	
	表示	单位	表示	单位
能量的来源				
流通的物质				
材料性质				
欧姆定律（公式）				
作图对比				

（满分 20 分，互评____）

强 化 拓 展

可以采用磁屏蔽的方法将易受干扰的部分屏蔽_____起来，也可以把产生较大磁场的物质采用磁屏蔽与外界_____。将被屏蔽的物质置于_____中，采用空腔_____壳密封，由于铁磁材料的_____很大，铁心的磁阻远_____空腔的气隙的磁阻，所有磁通都从_____通过，使空腔内的磁通为_____，这就是_____的原理。

（满分 5 分，互评____）

━━━━━■ 课 后 作 业 ■━━━━━

判断题（每题 2 分，共 20 分。）

1）铁心的磁导率比周围空气或其他物质的磁导率高。 （　　）

2）磁通所通过的路径称为磁路。 （　　）

3）磁路是闭合的，不可能存在较小的空气间隙。 （　　）

4）线圈的匝数 N 越多，励磁电流 I 越大，磁通就越大。 （　　）

5）磁动势的单位是 V。 （　　）

6）磁路对磁通的阻碍作用称为磁阻，磁阻用 R_m 表示，公式为 $R_m = \dfrac{l}{\mu S}$。 （　　）

7）磁阻的单位是 H。 （　　）

8）磁路短，磁导率大，横截面积小的磁路对磁通的阻碍作用弱，磁阻小。

（　　）

9）磁路欧姆定律的内容为：通过磁路的磁通与磁动势成正比，与磁阻成反比。

（　　）

10）由于磁感线是闭合的，无分支磁路各处横截面的磁通是相等的。 （　　）

任务评价

多元过程评价成绩统计表

项目	学习过程	职业素养	6S 管理	课堂纪律	作业成绩	总分
得分						

项目五
分析单相交流电路

任务一　认识交流电

明确任务

通过示波器观察交流电波形，说出交流电的特点，说出交流电的特点，知道交流电的产生过程和_____，会绘制正弦交流电的_____，根据解析式准确说出交流电的各个物理量。

（满分 5 分，自评____）

学习知识

1）交流电的特点。

（满分 5 分，互评____）

2）交流发电机的工作原理。

（满分 5 分，互评____）

3）本节介绍了两种正弦交流电的表示方法，即_____和_____。

写出正弦交流电的解析式：

$e =$ ＿＿＿＿＿＿＿＿＿＿＿＿＿，$i =$ ＿＿＿＿＿＿＿＿＿＿＿＿＿，$u =$ ＿＿＿＿＿＿＿＿＿＿＿＿＿。

（满分 5 分，互评＿＿＿＿）

4）交流电的物理量。

① 交流电的三要素是＿＿＿＿＿＿＿＿＿、＿＿＿＿＿＿＿＿＿、＿＿＿＿＿＿＿＿＿。

② 交流电和最大值之间的关系是＿＿＿＿＿＿＿＿＿＿＿＿＿＿＿＿＿。

③ 周期表示交流电＿＿＿＿＿＿＿＿＿＿＿＿＿＿＿＿＿＿＿＿，用＿＿＿＿＿＿＿表示，单位为＿＿＿＿。频率表示交流电＿＿＿＿＿＿＿＿＿＿＿＿＿＿＿＿＿＿＿，用＿＿＿＿＿＿＿表示，单位为＿＿＿＿＿＿＿。角频率与周期、频率之间的关系：＿＿＿＿＿＿＿＿＿＿、＿＿＿＿＿＿＿＿＿＿。

④ 相位差指的是两个＿＿＿＿＿＿＿交流电的相位之差，相位差实际就是＿＿＿＿＿＿＿之差。表示两个交流电在到达零值或最大值的时间上＿＿＿＿＿＿＿＿＿＿＿＿＿的关系。

（满分 10 分，互评＿＿＿＿）

任务实施

探究一： 根据解析式画出交流电的波形图并探究如何根据波形图判断初相。

用五点法作图画出 $e_1 = 100\sin(\omega t + 60°)$，$e_2 = 100\sin(\omega t - 30°)$ 的波形图。

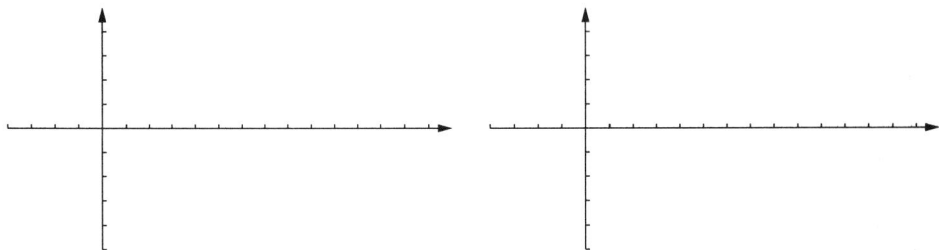

结论：

$t=0$ 时正弦量的瞬时值为正，则初相为＿＿＿＿＿＿＿＿；$t = 0$ 时正弦量的瞬时值为负，则初相为＿＿＿＿＿＿＿＿。

体会：

$e_1 = 100\sin(\omega t + 60°)$ 的波形图是在初相为 0 的基础上向＿＿＿＿＿＿＿＿（左/右）移动所成的。

$e_2 = 100\sin(\omega t - 30°)$ 的波形图是在初相为 0 的基础上向＿＿＿＿＿＿＿＿（左/右）移动所成的。

（满分 5 分，互评＿＿＿＿）

探究二： 由波形图判断两个交流电的相位关系。

两个同频率的交流电，画在同一坐标系中，如教材图 5-8 和教材图 5-9 所示，判断两个交流电的相位关系。

结论：i_1＿＿＿＿＿＿＿，i_2＿＿＿＿＿＿＿；e_1、e_2＿＿＿＿＿＿＿。　　（满分 5 分，互评＿＿＿＿）

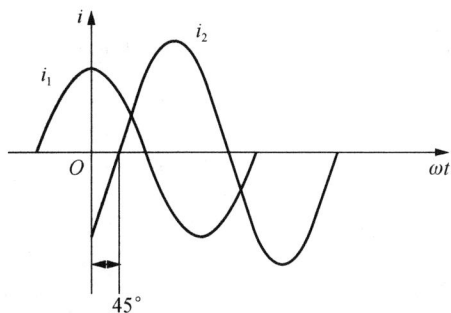

教材图 5-8　两个同频率的交流电的电流相位关系

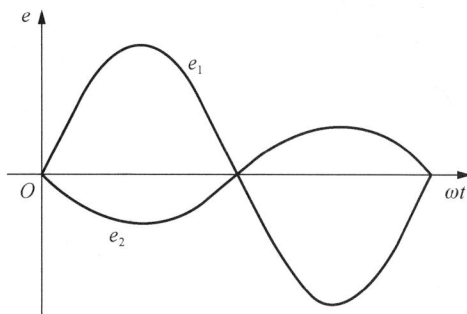

教材图 5-9　两个同频率的交流电的电动势相位关系

强 化 拓 展

强化练习

1）一交流电动势 $e = 220\sqrt{2}\sin\left(314t - \dfrac{\pi}{2}\right)$，它的最大值、角频率、初相位各是多少？

2）写出 1）中交流电动势的有效值、频率和周期。

3）已知一正弦电压的最大值为 220V，角频率为 314，初相位为 30°，试写出此电压的解析式。

4）已知一正弦电流的有效值为 10A，频率 50Hz，初相位为 30°，试写出此电流的解析式。

提升练习

一交流电压 $u = 40\sin(314t - \pi/3)\mathrm{V}$，它的最大值、有效值、频率、周期、角频率、初相位各是多少？

（满分 10 分，互评____）

专业拓展

三个电动势的最大值_____，三个电动势的频率_____，三个电动势的相位差都是_____。

（满分 5 分，自评____）

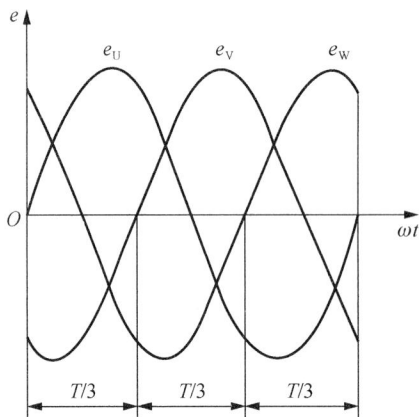

━━━━━━━━━━━ 课 后 作 业 ━━━━━━━━━━━

一、选择题（每题 2 分，共 16 分。）

1）已知 $u_1 = 20\sin\left(314t - \dfrac{\pi}{6}\right)$V，$u_2 = 40\sin\left(314t - \dfrac{\pi}{3}\right)$V，则（　　　）。

　　A．u_1 比 u_2 超前 30°　　　　　　　B．u_1 比 u_2 滞后 30°

　　C．u_1 比 u_2 超前 90°　　　　　　　D．不能判断相位差

2）交流电的周期越长，说明交流电变化得（　　　）。

　　A．越快　　　　　B．越慢　　　　　C．无法判断

3）已知 $i_1 = 10\sin(314t - 90°)$A，$i_2 = 10\sin(628t - 30°)$A，则（　　　）。

　　A．i_1 比 i_2 超前 60°　　　　　　　B．i_1 比 i_2 滞后 60°

　　C．i_1 比 i_2 超前 90°　　　　　　　D．不能判断相位差

4）正弦量的平均值与最大值之间的关系正确的是（　　　）。

　　A．$E = E_m / 1.44$　　　　　　　　B．$U = U_m / 1.44$

　　C．$I_{av} = 2 / \pi \cdot I_m$　　　　　　　D．$E_{av} = I_m / 1.44$

5）已知一个正弦交流电压波形如图所示，其瞬时值表达式为（　　　）V。

　　A．$u = 10\sin\left(\omega t - \dfrac{\pi}{2}\right)$

B．$u = -10\sin\left(\omega t - \dfrac{\pi}{2}\right)$

C．$u = 10\sin\left(\omega t - \pi\right)$

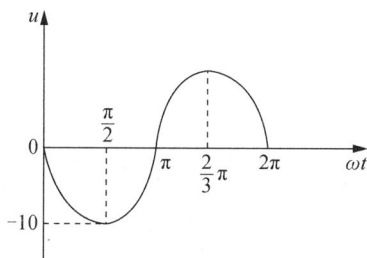

6）我国民用电工频为（　　　）。

　　A．50Hz　　　　　　B．60Hz　　　　　　C．200~300 Hz

7）如图所示 3 个正弦图像中，表示 $u = U_{\mathrm{m}}\sin(\omega t - \pi/6)$V 的是（　　　）。

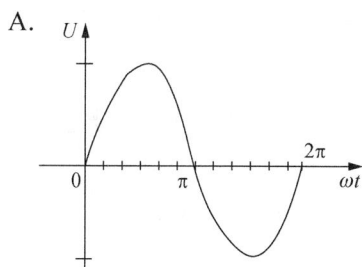

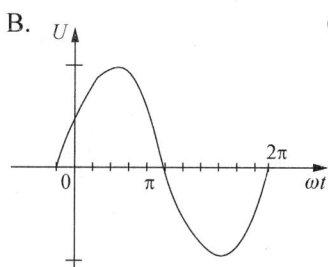

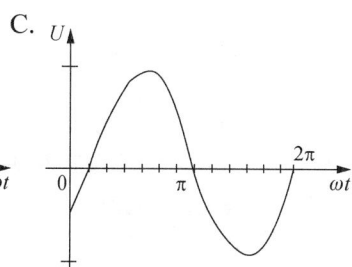

8）交流仪表读数为（　　　）。

　　A．有效值　　　B．最大值　　　　　C．平均值　　　　D．以上都不对

二、判断题（每题 2 分，共 4 分。）

1）一个额定电压为 220V 的白炽灯，可以接到最大值为 311V 的交流电源上。

（　　　）

2）用交流电压表测得的交流电压是 220V，则此交流电压的最大值是 380V。

（　　　）

任务评价

多元过程评价成绩统计表

项目	学习过程	职业素养	6S 管理	课堂纪律	作业成绩	总分
得分						

任务二　探究纯电阻电路

明确任务

认识纯电阻正弦交流电路，探究、掌握纯电阻交流电路_____和_____的计算。

分析对比交流电路计算和直流电路计算的_____和_____。

（满分 5 分，自评____）

学习知识

1）绘制纯电阻正弦交流电路模型。

（满分 5 分，互评____）

2）纯电阻正弦交流电路的特点：

① 在纯电阻电路中，电流与电压的有效值之间符合_____。

公式：

② 纯电阻正弦交流电路中电压与电流同_____同_____。

③ 交流电在一个周期内消耗功率的平均值称为_____，也称为_____功率，用_____表示，单位是 W。

公式：$P = $_____$= $_____$= $_____。

（满分 10 分，互评____）

任务实施

案例一：已知一个电烙铁的额定参数为 220V/60W，其正常工作时电路中的电流是多少？电烙铁本身的电阻是多少？

探究：

根据公式 $P = UI$，$I = $_____。

根据欧姆定律，$R = $_____。　　　　（满分 5 分，互评____）

案例二：一个 1000Ω 的电阻接在一交流电源上，电阻两端的电压 $u = 220\sqrt{2}\sin\left(\omega t - \dfrac{2}{3}\pi\right)\text{V}$，试求：

1）电阻上电流的大小和解析式；

2）电路中的功率。

探究：

$I = $ _____ ，

$i = $ _____ ，

$P = $ _____ 。

（满分 10 分，互评____）

强 化 拓 展

强化练习

一个 220V/25W 的灯泡接在 $u = 220\sqrt{2}\sin(314t + 60°)\text{V}$ 的电源上，试求：

1）灯泡的工作电阻；

2）电流的瞬时值表达式。

（满分 10 分，互评____）

提升练习

1）在纯电阻电路中，已知端电压 $u = 311\sin(314t + 30°)\text{V}$，其中 $R = 1000\Omega$，那么电流 $i = $ _____ A，电压与电流的相位差 $\varphi = $ _____ ，电阻上消耗的功率 $P = $ _____ W。

2）某电热水瓶的铭牌标有电源 220V/50Hz；功率：加热时 1100W，保温时 30W。若热水瓶内装满水，在额定电压下工作。试求：

① 保温时通过电热水瓶的电流是多大？

② 加热时电热水瓶的电阻是多大？

（满分 10 分，互评____）

课 后 作 业

一、选择题（每题 2 分，共 10 分。）

1）正弦电流通过电阻元件时，下列关系正确的是（　　　）。

A．$I_m = \dfrac{U}{R}$　　　　B．$I = \dfrac{U}{R}$　　　　C．$i = \dfrac{U}{R}$　　　　D．$I = \dfrac{U_m}{R}$

2）已知一个电阻上的电压 $u = 10\sqrt{2}\sin\left(314t - \dfrac{\pi}{2}\right)$ V，测得电阻上所消耗的功率为 20W，则这个电阻的阻值为（　　）Ω。

  A．5   B．10   C．40   D．20

3）220V/100W 电烙铁的电阻 $R =$（　　）Ω。

  A．22   B．484   C．0.45   D．44

4）纯电阻交流电路中，电压、电流的相位关系是（　　）。

  A．同相   B．电压超前电流 90°

  C．电流超前电压 90°   D．以上都不对

5）额定参数是 220V/100W 的白炽灯，在其两端加电压 $u = 220\sqrt{2}\sin\left(314t - \dfrac{\pi}{2}\right)$ V，则电路中的电流为（　　）A。

  A．22   B．2.2   C．0.45   D．4.5

二、判断题（每题 2 分，共 10 分。）

1）平均功率指的是交流电在半个周期内消耗功率的平均值。   （　　）

2）平均功率又称有功功率，用 P 表示，单位是瓦（W）。   （　　）

3）纯电阻交流电路中，电压和电流总是同相位同频率。   （　　）

4）纯电阻交流电路中，功率在任一瞬间都大于零或等于零，说明电阻是耗能元件。

                       （　　）

5）纯电阻交流电路中，电压和电流的瞬时值、最大值和有效值都满足欧姆定律。

                       （　　）

任务评价

多元过程评价成绩统计表

项目	学习过程	职业素养	6S 管理	课堂纪律	作业成绩	总分
得分						

任务三 探究纯电感电路

明确任务

掌握_____的概念及影响感抗大小的因素，牢记纯电感正弦交流电路中____和____的关系，理解纯电感电路中的_____。

（满分 5 分，自评____）

学习知识

1）绘制纯电感正弦交流电路模型。

（满分 5 分，互评____）

2）什么是感抗？写出公式。

（满分 5 分，互评____）

3）纯电感正弦交流电路的特点：

① 数值关系：纯电感交流电路中电压、电流的有效值满足_____，公式为 $I=$_____。

② 相位关系：电感两端的电压要_____电流_____。

③ 功率：电感与电源之间转换能量的大小，称为_____，用_____表示，单位为_____，公式为 $Q_L=$_____$=$_____$=$_____。

（满分 10 分，互评____）

任务实施

案例一：一个 0.7H 的电感线圈，电阻可以忽略不计，先将它接在 50Hz 的交流电源上，感抗为多少？若电源频率为 500Hz，感抗为多少？

探究：

当频率 $f=50$Hz 时，线圈的感抗 $X_L=$_____；

当频率 $f=500$Hz 时，$X_L=$_____。

结论：感抗和频率成____，若其他条件不变，频率变大 10 倍，感抗也_____。

（满分 10 分，互评____）

案例二：在电感线圈交流电路中，若其他条件不变，增大电源频率，电路中的电流怎么变化？

探究：

当频率增大时，线圈的感抗变____，根据欧姆定律，电路中的电流变____。

（满分 15 分，互评____）

============ 强 化 拓 展 ============

基础练习

1）在纯电感电路中，已知电压的初相角为 0°，则电流的初相角为_____。

2）电感对电流的阻碍作用与_____和_____成正比。

提升练习

1）一个纯电感接在直流电源上，其感抗 $X_L =$ ____，电路相当于____。

2）有一纯电感线圈，接电感量 $L = 127\text{mH}$，接 $u = 220\sqrt{2}\sin(314t + 90°)\text{V}$ 的交流电源上，求：①线圈的感抗；②电流的有效值；③电流的瞬时表达式；④电路的无功功率。

（满分 10 分，互评____）

专业拓展

扼流圈就是对交流电起阻碍作用的_____。低频扼流圈的特点是_____，高频扼流圈的特点是_____。

（满分 5 分，自评____）

============ 课 后 作 业 ============

一、选择题（每题 2 分，共 14 分。）

1）下列说法正确的是（　　）。

　　A．无功功率是无用的功率

　　B．无功功率是表示电感元件建立磁场能量的平均功率

　　C．无功功率是电感元件与外电路进行能量交换的瞬时功率的最大值

2）电感两端的电压超前电流（　　）。

　　A．90° 　　　　　B．180° 　　　　　C．360° 　　　　D．30°

3）下列说法错误的是（　　）。

　　A．感抗的单位是欧姆

　　B．感抗与电感的大小成正比

　　C．感抗与电源的频率成反比

4）在纯电感电路中，已知电流的初相角为-60°，则电压的初相角为（　　）。

　　A．30° 　　　　　B．60° 　　　　　C．90°

5）在纯电感正弦交流电路中，电压有效值不变，增加电源频率时，电路中电流
（　　）。

　　A．增大 　　　　B．减小 　　　　　C．不变 　　　　D．无法确定

6）白炽灯与线圈组成如图所示的电路，由交流电源供电，如果交流电的频率增大，
则线圈的（　　）。

　　A．电感增大 　　B．感抗增大 　　　C．感抗减小

7）在纯电感电路中，下列各式正确的是（　　）。

　　A．$i = \dfrac{u}{X_L}$ 　　　　B．$i = \dfrac{u}{\omega L}$ 　　　　C．$I = \dfrac{U}{\omega L}$

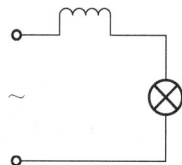

二、判断题（每题 2 分，共 7 分。）

1）电感对不同频率的交流电的阻碍作用相同。 （　　）

2）电感只能通过交流电，不能通过直流电。 （　　）

3）低频扼流圈对低频的交流电阻碍作用较大，对高频的交流电阻碍作用较小。
　　　　　　　　　　　　　　　　　　　　　　　　　　　　　　　（　　）

任务评价

多元过程评价成绩统计表

项目	学习过程	职业素养	6S 管理	课堂纪律	作业成绩	总分
得分						

任务四 探究纯电容电路

明确任务

掌握_____的概念及影响容抗大小的因素，牢记纯电容交流电路中_____和_____的关系，理解纯电容电路中的_____。

（满分 5 分，自评____）

学习知识

1）绘制纯电容正弦交流电路模型。

（满分 5 分，自评____）

2）什么是容抗？写出公式。

（满分 5 分，自评____）

3）纯电容正弦交流电路的特点。

① 数值关系：

纯电容交流电路中电压、电流的有效值满足_____。

公式：$I = $_____。

② 相位关系：

电容两端的电压要____电流____。

③ 功率：

公式：$Q_C = $_____$ = $_____$ = $_____。

（满分 5 分，互评____）

任务实施

案例：如教材图 5-28 所示，电源电压 U=220V，$f = 50$Hz，三只灯泡亮度相同。

探究：

问题一：电源频率变大，对电阻_____，但电感对电流的阻碍作用会_____，电容对电流的阻碍作用会_____。所以 L_1 支路电流变_____，L_2 支路电流变_____，L_3 支路电流变_____。

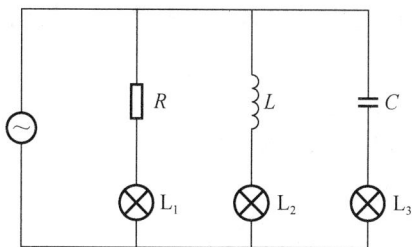

教材图 5-28　任务实施案例用图

问题二：把电源改为 $U=220\text{V}$ 的直流电，对于电阻，当电压不变时，直流电和交流电_____，所以 L_1 支路电流_____。电感对直流电_____阻碍作用，$X_L=$_____，也就是阻碍变小，L_2 支路电流变_____。直流电是_____通过电容器的，L_3 支路是断开的，_____电流。

（满分 20 分，互评____）

━━━━━━━━━━ 强 化 拓 展 ━━━━━━━━━━

基础练习

1）容抗与_____和_____成反比。

2）纯电容交流电路中，电压、电流的相位关系可以描述为_____或_____。

提升练习

加在容抗是 $100\,\Omega$ 的纯电容两端的电压 $u=100\sin(\omega t-60°)\text{V}$，写出流过它的电流的解析式。

（满分 10 分，互评____）

专业拓展

单相电容运转异步电动机是在起动绕组上串联了一个_____。

（满分 5 分，自评____）

━━━━━━━━━━ 课 后 作 业 ━━━━━━━━━━

一、选择题（每题 2 分，共 14 分。）

1）若某元件两端的电压 $u=36\sin\left(314t-\dfrac{\pi}{2}\right)\text{V}$，电流 $i=4\sin(314t)\text{A}$，该元件是（　　）。

　　A．电阻　　　　B．电感　　　　　　C．电容　　　　D．无法确定

2）在纯电容正弦交流电路中，增大电源频率时，其他条件不变，电路中电流将（   ）。

    A．增大　　　　　B．减小　　　　　C．不变　　　　　D．无法确定

3）电容器接到直流电源上，容抗为（   ）

    A．0　　　　　　　B．1Ω　　　　　　C．∞　　　　　　D．2Ω

4）在纯电容电路中，下列各式正确的是（   ）。

    A．$i = \dfrac{u}{X_C}$　　　　B．$i = \omega C U$　　　　C．$I = \omega C u$　　　　D．$I = \omega C U$

5）在纯电容电路中的有功功率 $P =$ （   ）。

    A．0　　　　　　　B．UI　　　　　　C．$I^2 X_C$　　　　D．$I X_C$

6）容抗与频率的关系是（   ）。

    A．容抗与频率成正比

    B．容抗与频率成反比

    C．容抗与频率无关

7）加在容抗为100Ω的纯电容两端的电压 $u_C = 110\sin(\omega t - 60°)$，则通过它的电流应为（   ）A。

    A．$i_C = \sin(\omega t + 60°)$　　　　　　B．$i_C = \sin(\omega t + 30°)$

    C．$i_C = \sqrt{2}\sin(\omega t + 60°)$　　　　D．$i_C = \sqrt{2}\sin(\omega t + 30°)$

二、判断题（每题 2 分，共 6 分。）

1）纯电容电路中电压、电流同相位同频率。　　　　　　　　　　（   ）

2）电容只能通过交流电，不能通过直流电。　　　　　　　　　　（   ）

3）纯电容电路中电压超前电流 90°。　　　　　　　　　　　　　（   ）

任务评价

多元过程评价成绩统计表

项目	学习过程	职业素养	6S 管理	课堂纪律	作业成绩	总分
得分						

任务五 绘制相量图

明确任务

会用_____表示正弦交流电，掌握_____法则，能够运用相量图法解决两个_____频率正弦量的_____运算。

（满分 5 分，自评____）

学习知识

1. 相量的概念

用来表示交流电的_____称为相量，用_____表示。

（满分 5 分，互评____）

2. 相量的画法

1）确定参考方向，一般以直角坐标系_____为参考方向。

2）作一有向线段，长度对应于正弦量_____，与参考方向的夹角为正弦量的_____。

（满分 5 分，互评____）

3. 有效值相量

在实际中，我们经常讨论的是交流电的有效值，所以常用的长度对应于交流电的_____，与参考方向的_____等于初相位的相量，称为有效值相量，用_____表示。

（满分 5 分，互评____）

4. 相量图

1）同一相量图中，各正弦交流电的_____应相同。

2）同一相量图中，相同单位的相量应按_____画出。

3）一般取直角坐标轴的水平正方向为参考方向，_____时针转动的角度为正。

4）用相量表示正弦交流电后，它们的加、减运算可按_____法则进行。

（满分 5 分，互评____）

任务实施

案例一：用相量图表示 $u = 220\sqrt{2}\sin(314t + 30°)\text{V}$ ， $i = 10\sqrt{2}\sin(314t - 60°)\text{A}$ 。

探究：

画图：

结论：_____超前_____。

（满分 5 分，互评____）

案例二：用相量图求解交流电的加减法。

$u_1 = 3\sqrt{2}\sin(314t)\text{V}$ ， $u_2 = 4\sqrt{2}\sin(314t + 90°)\text{V}$ 。

探究：

问题一：求 $u_1 + u_2$ 的瞬时值表达式。

画图：

$U = $ _____

$\varphi = $ _____

结论： $u = $ _____ 。

问题二：求 $u_1 - u_2$ 的瞬时值表达式。

画图：

$U' = \underline{\hspace{2cm}}$, $\quad \varphi' = \underline{\hspace{2cm}}$

结论：$u' = \underline{\hspace{4cm}}$。

（满分 5 分，互评＿＿＿）

强 化 拓 展

强化练习

用相量图表示 $i_1 = 5\sqrt{2}\sin(314t + 90°)\,\text{A}$、$i_2 = 10\sqrt{2}\sin(314t - 90°)\,\text{A}$。

（满分 10 分，互评＿＿＿）

专业拓展

1）画出纯电阻电路、纯电感电路、纯电容电路中电压、电流相量图（以电流为参考相量）。

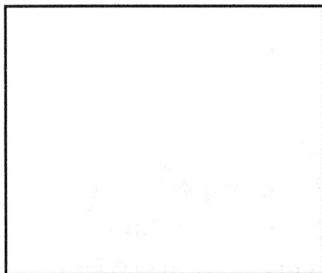

纯电阻电路电压、电流相量图	纯电感电路电压、电流相量图	纯电容电路电压、电流相量图

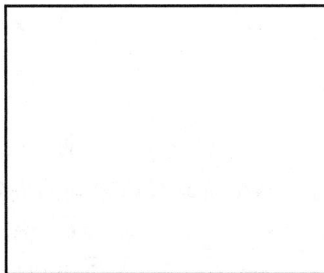

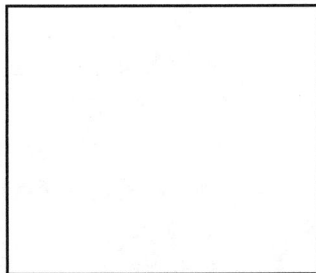

2）电阻和电感串联的电路中，以电流为参考相量，画出总电压和电阻上电压、电感上电压的相量图。

（满分 10 分，自评____）

━━━━━ 课 后 作 业 ━━━━━

一、选择题（每题 2 分，共 10 分。）

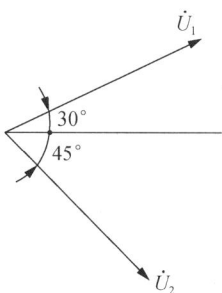

1）图示相量图中，交流电压 u_1 和 u_2 的相位关系是（   ）。

A．u_1 比 u_2 超前 75°

B．u_1 比 u_2 滞后 75°

C．u_1 比 u_2 超前 30°

D．u_1 比 u_2 滞后 30°

2）同一相量图中的两个正弦交流电，（   ）必须相同。

A．有效值　　　　　　　B．初相

C．频率　　　　　　　　D．幅值

3）相量求和的方法是（   ）。

A．代数和　　　　　　　　　　　B．标量法

C．平行四边形法则　　　　　　　D．以上都不对

4）用相量图表示交流电时，两个有向线段之间的夹角表示两个正弦量的（   ）。

A．频率　　　　B．相位　　　　C．相位差　　　　D．初相位

5）两个交流电 $u_1 = 3\sqrt{2}\sin(314t)$ V，$u_2 = 4\sqrt{2}\sin(314t + 90°)$ V，应用相量图法可得出 $u = u_1 + u_2$ 的有效值为（   ）V。

A．7　　　　　　B．1　　　　　　C．5　　　　　　D．无法确定

二、判断题（每题 2 分，共 10 分。）

1）两个同频率交流电相加或相减得到的是和它同频率的正弦交流电。（   ）

2）画相量图时，一般取直角坐标轴的水平正方向为参考方向，逆时针转动的角度为负。（   ）

3）同一相量图中，不同单位的相量也应按相同比例画出。（   ）

4）用相量图表示交流电时，线段的长度可表示交流电的最大值或有效值。

（　　）

5）正弦量可以用相量表示，因此可以说，相量等于正弦量。 （　　）

任务评价

多元过程评价成绩统计表

项目	学习过程	职业素养	6S 管理	课堂纪律	作业成绩	总分
得分						

任务六　求解单相交流电路

明确任务

通过本任务的学习，我们应该学会用_____分析计算_____电路，理解_____功率和_____的概念，了解 RC 电路的_____作用，了解_____现象，掌握谐振频率的公式。

（满分 5 分，自评____）

学习知识

1）绘制 RL 串联电路模型。

（满分 5 分，互评____）

2）RL 串联电路中总电压和分电压之间的关系：$U = $_____。
画出电压三角形。

（满分 5 分，互评____）

3）RL 串联电路中电压与电流的数值关系：$I = $_____，$Z = $_____。
画出阻抗三角形。

（满分 5 分，互评____）

4）RL 串联电路中电压与电流的相位关系：电压_____电流。

（满分 5 分，互评____）

5）RL 串联电路中的功率：
有功功率 $P = $_____。
无功功率 $Q = $_____。
视在功率 $S = $_____。

功率因数用_____表示，公式为_____。

画出功率三角形。

（满分 5 分，互评____）

任务实施

案例一：一个 $R=20\Omega$、$L=48mH$ 的线圈接在频率为 50Hz 的交流电源上，电路中的电流为 20A，则电源电压是多少？电路的功率因数为多少？

探究：$X_L = $ _____，$Z = $ _____，$U = $ _____，

$\cos\varphi = $ _____。

（满分 5 分，互评____）

案例二：教材图 5-44 所示为电子电路中的 RC 移相电路，画出两个电压的相量图，分析相位关系。

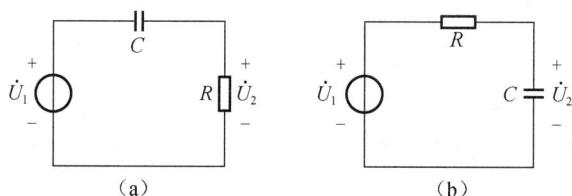

（a）　　　　　　　　（b）

教材图 5-44　RC 移相电路

探究：绘制 RC 串联电路的相量图。

（满分 5 分，互评____）

━━━━━━━━ **强 化 拓 展** ━━━━━━━━

强化练习

一个电感线圈接在电压为 30V 的直流电源上，电流为 0.6A；接在 50Hz/65V 的交流电源上，电流为 0.5A，试求：

1）线圈的电阻 R；

2）线圈的感抗；

3）线圈的自感系数。

（满分 10 分，互评＿＿＿）

专业拓展

在 RLC 串联电路中，当 $X_L = X_C$ 时，电压、电流同相。这种现象称为＿＿＿＿＿＿＿＿。谐振频率 f_0 ＿＿＿＿＿＿＿＿＿＿＿＿＿＿。当 $X_L > X_C$，电路为＿＿＿＿电路；当 $X_L < X_C$，电路为＿＿＿＿＿＿＿电路。

（满分 5 分，自评＿＿＿）

━━━━ 课 后 作 业 ━━━━

一、选择题（每题 2 分，共 18 分。）

1）三个 RLC 串联电路的参数如下，其中只有＿＿＿＿属电感性电路。

    A．$R = 5\Omega$，$X_L = 7\Omega$，$X_C = 4\Omega$

    B．$R = 5\Omega$，$X_L = 4\Omega$，$X_C = 7\Omega$

    C．$R = 5\Omega$，$X_L = 4\Omega$，$X_C = 4\Omega$

2）在 RLC 串联正弦交流电路中，$X_L = X_C = R = 20\Omega$，总电压有效值为 220V，则电感上电压为（　　）V。

    A．0   B．220   C．73.3

3）串联谐振的谐振频率表达式为（　　）。

    A．$f_0 = \dfrac{1}{2\pi\sqrt{LC}}$ B．$f_0 = \dfrac{2}{\pi\sqrt{LC}}$ C．$f_0 = \dfrac{\pi}{2\sqrt{LC}}$

4）如下图所示正弦交流电路，当电源频率为 50Hz 时，电路发生谐振。现其他条件不变，将电源的频率增加，这时灯泡的亮度（　　）。

    A．比原来亮   B．比原来暗   C．和原来一样

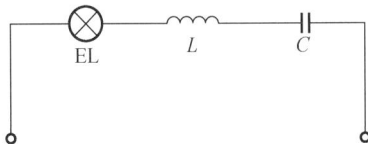

5）在正弦交流电路中，电路的功率因数取决于（　　）。

    A．电路外加电压的大小   B．电路各元件参数及电源频率

    C．电路的连接形式   D．电路的电流

6) 在 RL 串联电路中，$U_R = 16V$，$U_L = 12V$，则总电压为（   ）V。

    A. 28   B. 20   C. 2   D. 4

7) RC 串联电路中，$R = 6\Omega$，$X_C = 8\Omega$，则电路的功率因数为（   ）。

    A. 0.6   B. 0.8   C. 1   D. 0

8) RL 串联电路中，$R = 300\Omega$，$X_L = 400\Omega$，则电路的阻抗 Z 为（   ）Ω。

    A. 700   B. 100   C. 500   D. 400

9) 两个同规格的无铁心线圈，分别加上 220V 的直流电压与 220V 的交流电压，下面说法正确的是（   ）。

    A. 发热一样快   B. 无法比较

    C. 加交流电压的发热快   D. 加直流电压的发热快

二、判断题（每题 2 分，共 2 分。）

正弦交流电路的视在功率等于有功功率和无功功率之和。   （   ）

任务评价

多元过程评价成绩统计表

项目	学习过程	职业素养	6S 管理	课堂纪律	作业成绩	总分
得分						

项目六
运用三相交流电

任务一　探究家用照明电路原理图的设计

🔍 明确任务

　　了解三相交流电的产生，熟练掌握_____供电系统的特点并能运用到实际任务中，特别要分清楚___电压和___电压，掌握三相电源绕组_____联结时线电压、相电压的关系，设计出家用照明电路的原理图。　　　　　　　　　（满分5分,自评____）

📚 学习知识

一、探究三相交流电的产生及特点

　　扫描二维码，观看动画"三相交流电的产生过程"。

　　　　1）仔细观察三相交流发电机，它主要由哪两大部分构成？

三相交流电的
　产生过程

　　　　2）三相交流发电机的定子中嵌放了几相绕组？这些绕组的尺寸、匝数、绕法是否相同？它们在空间位置上互差多少度？

3）以 U 相为参考正弦量（即最大值为 E_m，角频率为 ω，初相位为 0），写出三相对称交流电动势 e_U、e_V、e_W 的解析式。

4）画出三相对称交流电动势的相量图。

（满分 10 分，互评____）

二、探究三相四线制供电体系

1）画出三相四线制供电体系的连接形式，并标注每条线的颜色及名称。

2）在上面绘制的图中标出线电压和相电压。

3）写出线电压与相电压的数值关系：

线电压与相电压的相位关系：

4）扫描二维码，观看三相异步电动机的正反转运行动画，完成下面的任务。

当按下 SB₁ 时，电动机的出线端 U、V 和 W 一一对应电源的_____、_____、_____相，此时电动机_____时针运转。而当按下 SB₂ 时，电动机的出线端 U、V 和 W 一一对应电源的_____、_____、_____相，此时电动机_____时针运转。因此，电动机的正反转控制就是通过改变三相电源的_____来实现的。在实际接线中，我们只要对调任意两____就可以实现电动机的反转。

三相异步电动机的
正反转运行

① 相序的概念：

② 相序的分类：

（满分 15 分，互评____）

任务实施

家用照明线路是生活中不可缺少的一部分，现在提供一组三相四线制电源（380V/220V），额定电压为220V的灯泡一盏，开关一个，如何连接实验电路，灯泡才能正常工作呢？设计并画出电路原理图。

分析题意：

灯泡要想正常发光，需要的额定电压是_____V，而三相四线制电源为我们提供_____种电压：_____（V）和_____（V）。根据新知识的学习，线电压是指两条_____线之间的电压，相电压是指一条_____线和一条_____线之间的电压。通过分析便可以知道灯泡所需要的电压是_____电压，所接的位置在_____线和_____线之间，这样电路原理图便可以画出了。

（满分5分，互评____）

画出电路原理图：

（满分10分，互评____）

================ 强 化 拓 展 ================

专业拓展

三相五线制包括三相交流电的_____个相线（_____、_____和_____线）、_____线（N线）和_____（PE线）。其中，中性线也称为_____线，三相五线制就相当于在三相四线制基础上再增加_____条零线，我们通常称为_____，能更好地起到保护作用。三相五线制导线的颜色分别是：L_1相线为_____色，L_2相线为_____色，L_3相线为_____色，N线为_____色，PE线为_____色相间。

（满分5分，互评____）

如教材图6-5所示，把电气设备的金属外壳用电阻很_____的导线与电源的中性线可靠地连接起来，称为_____。如果某相绕组因绝缘损坏而使电动机外壳带电，则相电压就被短路，瞬间短路电流立即将熔断器熔断，切断该相电压，采用三相五线制供电后，保护接零线发挥其作用，从而消除了人体触电的危险。

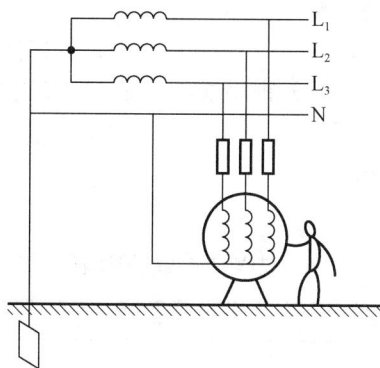

教材图 6-5 保护接零

（满分 5 分，互评＿＿＿）

━━━ 课 后 作 业 ━━━

选择题（每题 2 分，共 20 分。）

1）三相对称电路的线电压比对应相电压（　　）。

　　A．超前 30°　　　　B．超前 60°　　　　C．滞后 30°　　　D．滞后 60°

2）U-V-W-U 称为（　　）。

　　A．零序　　　　　　B．正序　　　　　　C．负序

3）三相交流电中 V 相的颜色是（　　）色。

　　A．黄　　　　　　　B．绿　　　　　　　C．红

4）在如图所示三相四线制电源中，用电压表测量电源线的电压以确定中性线，测量结果 $U_{12}=380\text{V}$，$U_{23}=220\text{V}$，则＿＿＿＿。

　　A．2 号为中性线　　B．3 号为中性线　　C．4 号为中性线

5）中性线上（　　）安装开关和熔断器。

　　A．可以　　　　　　　　　　　　　　　B．不可以

6）三相对称交流电的电动势最大值相等，角频率相同，相位互差（　　）度。

　　A．60　　　　　　　B．90　　　　　　　C．120

7）线电压是相电压的（　　）倍。

　　A．$\sqrt{3}$　　　　　　B．2　　　　　　　C．3

8）目前低压供电系统多数采用（　　）供电。

　　A．三相三线制　　　　　　　　　　　　B．三相四线制

　　C．三相五线制　　　　　　　　　　　　D．单相制

9）两根相线之间的电压称为（　　　）。

    A．相电压　　　　　　　　　　　　　　B．线电压

10）三相五线制指的是（　　　）根相线、1 根中性线线加 1 根地线所组成的电路。

    A．4　　　　　　　B．2　　　　　　　C．3

任务评价

多元过程评价成绩统计表

项目	学习过程	职业素养	6S 管理	课堂纪律	作业成绩	总分
得分						

任务二　探究三相异步电动机绕组的连接方式

明确任务

通过实验，掌握三相负载做_____联结和_____联结的方式，并能通过实验和相量图分析出三相负载做星形联结和三角形联结时，负载_____电压和_____电压的关系，相电流和线电流的关系。通过学习，掌握_____接线方式的选择，了解星形-三角形降压起动原理。

（满分 5 分，自评____）

学习知识

一、三相对称负载的星形联结

扫描二维码学习微课，探究以下新知识。

1）根据线路的连接方式画出三相负载做星形联结时的电路原理图。

三相对称负载的
星形联结

根据电路原理图分析如下问题。

电源的线电压为_____线之间的电压，负载两端的电压称为_____，如 U_U、U_V、U_W。流过每相负载上的电流称为_____，用 I_U、I_V、I_W 表示；流过每根相线上的电流称为_____，用 I_U、I_V、I_W 表示；流过中性线上的电流称为_____，用 I_N 表示。

2）通过记录的数据，写出相电流和线电流之间，以及相电压和线电压之间的数量关系。

① 通过数据可以得出三相负载做星形联结时，相电流和线电流的大小关系为_____。

公式：_____。

② 三相负载做星形联结时，相电压和线电压的大小关系用公式表示：_____。

③ 通过测量得到中性线电流为_____。

由于三相负载是对称的，通过相量图分析可知，三相电流的相量和为_____，即_____。

由此可以得出，三相对称负载做星形联结时，中性线电流为_____，因此，可省去_____线。三相四线制变成_____制，达到节约线路成本还不影响正常工作的目的。

（满分 10 分，互评____）

二、三相对称负载的三角形联结

三相对称负载的三角形联结

扫描二维码学习微课，探究以下新知识。

1）根据线路的连接方式画出三相负载做三角形联结时的电路原理图。

大家仔细观察电路原理图，每相负载都是接在了_____之间，这样的连接方式称为三相负载的_____联结。电源的线电压为两根____之间的电压，负载两端的电压称为负载的____电压，如 U_{UV}、U_{VW}、U_{WU}；流过每相负载上的电流称为_____，如 I_{UV}、I_{VW}、I_{WU}。流过每根相线上的电流称为_____，如 I_U、I_V、I_W。

2）根据观察和所测数据写出相电压和线电压之间及相电流和线电流之间的数量关系。

① 电压关系：不管负载是否对称，负载的相电压都_____电源的线电压。

公式：_____。

② 电流关系：三相负载做三角形联结时，相电流和线电流大小关系为_____。

公式：_____。

3）相电流和线电流的相位关系

根据相量图可以看出线电流总是_____于其对应的相电流_____。

有一台三相电炉，其每相电阻值为10Ω，接到线电压为380V 的对称三相电源上。

① 当电炉接成星形时，求相电压、相电流和线电流。

② 当电炉接成三角形时，求相电压、相电流和线电流。

（满分 10 分，互评____）

三、三相对称负载的功率

1）写出三相对称负载所消耗的总有功功率的公式。

2）写出三相负载做不同联结时，其有功功率的公式。

① 星形联结时：

② 三角形联结时：

3）写出无功功率和视在功率的公式。

无功功率：

视在功率：

（满分 5 分，互评＿＿＿）

任务实施

有一台三相交流异步电动机，其每相绕组的额定电压为 220V，现在所提供的三相电源的线电压为380V。

1）请分析这台电动机的绕组采用哪种连接方式才能正常工作？画出电路连接图。

（满分 10 分，互评＿＿＿）

2）分别写出电动机三相绕组在不同联结方式时，其相电压和线电压的关系。

（满分 5 分，互评＿＿＿）

强 化 拓 展

专业拓展

三相异步电动机起动时，有一种起动方法称为＿＿＿＿起动，如教材图6-13所示，即电动机起动时，把电动机的定子绕组先接成_____，电动机定子绕组电压低于电源电压起动，起动即将完毕时再恢复成_____，电动机便在额定电压下正常全压运行。

（满分 5 分，互评____）

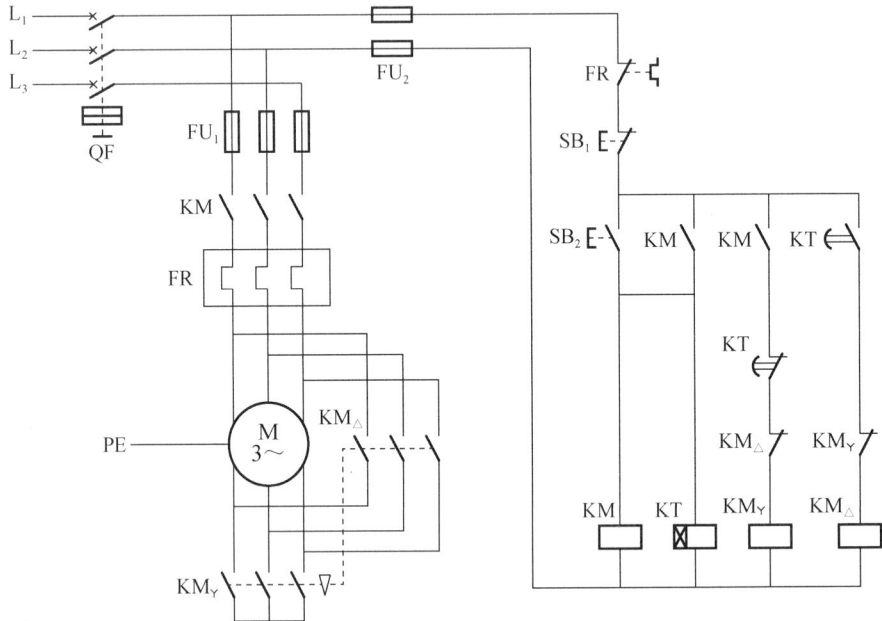

教材图 6-13　三相异步电动机星形-三角形降压起动控制电路

其工作原理如下：

1）闭合电源开关 QF。

2）起动：按下起动按钮 SB_2，KM 和 KT 线圈得电，KM 主触点闭合，KM 自锁触点闭合，电动机得电准备起动。同时，KM 辅助常开触点闭合，KM_Y 线圈得电，KM_Y 主触点闭合，电动机 M 在_____形联结工作状态下开始_____起动。

当时间继电器 KT 计时时间到达规定值以后，KT 通电延时断开触点分断，使得 KM_Y 线圈失电，KM_Y 主触点断开，电动机结束星形工作状态，即电动机起动过程结束。同时，KT 通电延时闭合触点闭合，使得 $KM_\triangle$ 线圈得电，$KM_\triangle$ 主触点闭合，KM 自锁触点闭合，电动机 M 在_____形联结工作状态下开始_____运行。

3）停止：在电动机三角形联结工作状态时，按下停止按钮 SB_1，使得 KM、$KM_\triangle$ 和 KT 线圈失电，KM、$KM_\triangle$ 和 KT 的各个触点恢复原始状态。当 KM 和 $KM_\triangle$ 主触点断开后，电动机 M 失电_____运行。

（满分 5 分，互评____）

课后作业

选择题（每题 2 分，共 20 分。）

1）三相对称负载做三角形联结时，负载的相电压等于电源的（　　）。

    A．相电压　　　　B．线电压　　　　C．相电压的最大值

2）同一三相对称负载接在同一电源中，做三角形联结时有功功率是做星形联结时的（　　）倍。

    A．4　　　　　　B．2　　　　　　C．3

3）一台三相电动机，每个绕组的额定电压是 220V，现三相电源的线电压是 380V，则这台电动机的绕组应连成（　　）。

    A．星形　　　　　B．三角形　　　　C．以上都不对

4）三个相同的灯泡做星形联结时，在三相四线制供电线路上，如果供电总中线断开，则（　　）。

    A．三个灯泡都变暗

    B．三个灯泡都变亮

    C．三个灯泡的亮度不变

5）三相异步电动机旋转磁场的方向是由三相电源的（　　）决定。

    A．相序　　　　　B．相位　　　　　C．频率

6）三相负载做星形联结时，相电流是线电流的（　　）倍。

    A．1　　　　　　B．2　　　　　　C．3

7）三相负载做三角形联结时，各线电流在相位上比相对应的相电流滞后（　　）。

    A．60°　　　　　B．90°　　　　　C．30°

8）每相负载都接在了两根相线之间，这样的连接方式称为三相负载的（　　）联结。

    A．星形　　　　　B．三角形　　　　C．以上都不对

9）每相负载都是接在了一根相线和中性线之间，这样的连接方式称为三相负载的（　　）联结。

    A．星形　　　　　B．三角形　　　　C．以上都不对

10）三相对称负载做星形联结时，中线电流为（　　）。

    A．0　　　　　B．两个相电流之和　　　　C．两个相电流之积

任务评价

多元过程评价成绩统计表

项目	学习过程	职业素养	6S 管理	课堂纪律	作业成绩	总分
得分						

任务三　探究提高功率因数的方法

明确任务

了解提高功率因数的重要意义，掌握提高功率因数的方法。

（满分 5 分，自评____）

学习知识

一、功率因数的概念

在单相交流电路中，我们学习了如下常用电路：

1）_____，电源提供的电能由电阻全部消耗掉，即电阻消耗_____功率公式：_____。

2）_____、_____交流电路：它们不消耗电能，而是只与电源之间进行能量的转换，即_____功率 Q。

3）_____串联形电路：在这种电路中，既有电能的_____，又有电能的_____，即_____功率和_____功率并存。

在电力系统中，感性负载使用较多，如荧光灯、电动机、电磁铁等，要想提高设备对电源的利用率和提高输电效率，就要使有功功率_____，无功功率_____。

通过有功功率的公式_____可知，P 的大小除与电源_____有关以外，还与_____有直接的关系，我们把_____称为电路的_____，它与有功功率成_____关系。

（满分 10 分，互评____）

二、提高功率因数的目的

1）通过一些数据我们可以看出，感性负载的功率因数相对_____，如荧光灯的功率因数为 0.45～0.6，交流电焊机的功率因数为 0.3～0.4。在电源容量一定的情况下，它们获得的有功功率_____，无功功率却_____，电源的容量不能被充分利用。如果能提高功率因数，电源的利用率是否会提高？

一台容量为 50kVA 的交流电焊机，若其功率因数 $\cos\varphi = 0.3$，则其消耗的有功功率为多少？如果将交流电焊机的功率因数提高到 $\cos\varphi = 0.9$，则其消耗的有功功率又是多少？

结论：由此可以看出，当功率因数提高时，电源设备的利用率_____。

2）当有功功率 P 和电源电压 U 一定时，$\cos\varphi$ 与 I 成_____比，$\cos\varphi$ 越小，I _____。这样就会在输电线路引起较大的电压损失（$U = Ir$）和功率损失（$P = I^2 r$），更多的电能被浪费，负载将不能正常工作，如荧光灯会变暗等。因此，要想减少电能的损失，就必须_____功率因数，即 $\cos\varphi$ 越大，I _____，$U_{损}$ _____，$P_{损}$ _____。

结论：提高功率因数，可以_____。

（满分 10 分，互评____）

三、提高功率因数的方法

1）写出提高功率因数的两种方法。

① _____。

② _____。

2）根据教材图 6-14 和教材图 6-15 回答以下问题。

如教材图 6-14 所示，RL 串联组成的感性电路，在其两端并联适当的电容器，称为_____。

如教材图 6-15 所示，在未补偿前，线路上的总电流为 $\dot{I}_{RL}$，总电流和电源电压之间的相位角为____；当并联电容器后，总电流变为____，总电流和电源电压之间的相位角变为____。根据相量图我们可以看出，总电流由____减小到____，总电流和电源电压之间的相位角也随之____，因此，功率因数 $\cos\varphi$ ____ $\cos\varphi_{RL}$，功率因数得到____。在选择电容器进行并联时，求解电容大小的公式为_____。

（满分 10 分，互评____）

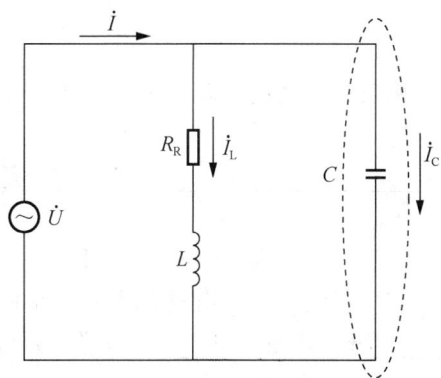

教材图 6-14　电路图

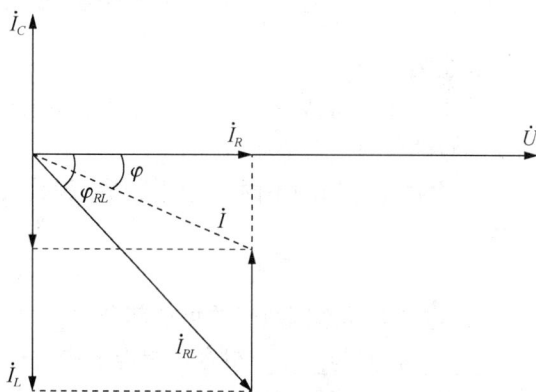

教材图 6-15　相量图

任务实施

探究提高功率因数的意义及方法。

问题一：已知某发电机的额定电压为 380V，视在功率为 40kVA。

试求：

1）用该发电机向额定电压为 380V，有功功率为 0.4kW，功率因数为 0.71 的电气设备供电,能为多少个负载供电?

2)当把功率因数提高到 1 时,又能为多少个负载供电?

解:

结论:功率因数的提高,可以充分利用_____。

（满分 5 分,互评____）

问题二:有一个感性负载,其额定功率 $P = 2kW$,功率因数 $\cos\varphi = 0.71$,接在 50Hz/380V 电源上,若使 $\cos\varphi = 0.866$,试求需要并联的电容值大小和并联电容前后的电流值。

解:

结论:选择_____进行并联补偿,才能提高功率因数。

（满分 5 分,互评____）

==================== 强 化 拓 展 ====================

专业拓展

单相功率因数表是指在单相交流电路或电压对称负载平衡的三相交流电路中测量功率因数的仪表。其显示方式有_____和_____两种。

1)根据工作原理不同,机械式功率因数表分为_____、_____、_____和_____等几种。

（满分 5 分,互评____）

2)电动式功率因数表的可动部分由_____个互相垂直的_____组成,动圈 1 串联一个_____,并与_____组合,相当于构成一个_____表;动圈 2 与_____串联,并与_____组合,相当于构成_____表。

（满分 5 分,互评____）

==================== 课 后 作 业 ====================

选择题（每题 2 分,共 20 分。）

1)提高功率因数的方法是（　　　）。
　　A.并联电容器　　　B.串联电容器　　　　C.并联电阻

2）当功率因数得到提高时，电源设备的利用率会（　　　）。

　　A．提高　　　　　　　　　　　　　B．减小

3）提高功率因数，可以（　　　）输电线路的电压损失和功率损失。

　　A．提高　　　　　　　　　　　　　B．减小

4）在电源设备的容量一定的前提下，功率因数的大小与有功功率成（　　　）关系。

　　A．正比　　　　　　　　　　　　　B．反比

5）感性负载的功率因数相对较低，数值一般为（　　　）。

　　A．0.3～0.4　　　　　　　　　　　B．0.45～0.6

6）当有功功率 P 和电源电压 U 一定时，$\cos\varphi$ 与 I 成（　　　）。

　　A．正比　　　　　　　　　　　　　B．反比

7）有功功率 P 和电源电压 U 一定时，$\cos\varphi$ 越小，I（　　　）。

　　A．越大　　　　　　　　　　　　　B．越小

8）为了提高供电设备所提供的能量利用率，就必须（　　　）功率因数。

　　A．提高　　　　　　　　　　　　　B．减小

9）并联电容器补偿法，并不要求将功率因数提高到 1，在 0.9 以上即可，否则易发生（　　　）谐振，损坏供电线路。

　　A．串联　　　　　　　　　　　　　B．并联

10）选择适当的电容器进行（　　　）补偿，才能提高功率因数。

　　A．串联　　　　　　　　　　　　　B．并联

任务评价

多元过程评价成绩统计表

项目	学习过程	职业素养	6S 管理	课堂纪律	作业成绩	总分
得分						

课后作业参考答案

项 目 一

任务一

    B   B   A   D   D   D   A   A   B   D

任务二

    一、D   B   D   D   A   D   D

    二、√   √   ×

任务三

    一、B   A   B   A   B   C   A

    二、√   ×   ×

任务四

    一、D   B   C   C   B   C

    二、√   ×   ×   ×

项 目 二

任务一

    一、C   D   D   C   C   A   B

    二、×   ×   ×

任务二

    一、C   B   D

    二、×   ×   ×   ×   ×   ×   ×

任务三

一、B   A   B   C

二、×   ×   ×   ×   ×   √

项　目　三

任务一

D   C   B   D   A   A   C   B   C   B

任务二

B   D   D   A   C   B   B   A   A   C

任务三

D   D   C   B   C   C   D   A   B   B

任务四

一、B   A   A   D   B   B

二、√   ×   √   √

任务五

C   D   A   D   A   C   A   D   C   B

任务六

一、A

二、×   ×   √   √   √   √   √   ×   ×

任务七

×   ×   √   ×   ×   ×   ×   √   √   √

任务八

一、C   C   A   B   B   C   D   B

二、×   √

项　目　四

任务一

　　一、B　　C
　　二、√　　√　　×　　√　　×　　×　　√　　√

任务二

　　一、A　B　A　C　D　C　B　D
　　二、√　　×

任务三

　　一、B　B　B　A　A
　　二、×　　√　　√　　√　　×

任务四

　　一、C　C　A　B　D
　　二、×　　×　　√　　×　　×

任务五

　　一、AD（双选）
　　二、×　　√　　√　　×　　√　　×　　√　　×　　√

任务六

　　√　　√　　×　　√　　×　　√　　×　　√　　√　　√

项　目　五

任务一

　　一、C　B　D　C　C　A　B　A
　　二、√　　×

任务二

一、B A B A C

二、√ √ √ √ √

任务三

一、C A C A B B C

二、× × ×

任务四

一、C A C D A B B

二、× √ ×

任务五

一、B C C C C

二、√ × × √ ×

任务六

一、A B A B B B A C D

二、×

项 目 六

任务一

A B B B B C A B B C

任务二

B C A C A A C B A A

任务三

A A B A B B A A B B